spatial research lab
forschungslabor raum

spatial research lab
forschungs-labor raum

The Logbook
Das Logbuch

Editor Herausgeber: „Internationales Doktorandenkolleg Forschungslabor Raum"

jovis

INVITATION TO A VOYAGE OF DISCOVERY
EINLADUNG ZU EINER ERKUNDUNGSREISE
10

Foreword: Research Adventure—the Doctoral College as Exploration Shared 12
Vorwort: Abenteuer Forschung – das Doktorandenkolleg als gemeinsame Expedition 13
Michael Koch, Markus Neppl, Walter Schönwandt, Bernd Scholl, Andreas Voigt, Udo Weilacher

EXPEDITION DESTINATIONS AND NAVIGATION
EXPEDITIONSZIELE UND NAVIGATION
20

Collaborative Exploring New Fields of Knowledge 22
Gemeinsam unterwegs zu neuen Regionen des Wissens 23
Michael Koch, Markus Neppl, Walter Schönwandt, Bernd Scholl, Andreas Voigt, Udo Weilacher

Holding Course in the College 32
Kurs halten im Kolleg 33
Hany Elgendy

Communication and the Design of Processes within the College 42
Kommunikation und Prozessgestaltung im Kolleg 43
Eva Ritter

"The Image Precedes the Idea" Images in Spatial Planning 50
„Das Bild geht der Idee voraus" Von Bildern in der Raumplanung 51
Rolf Signer

Designing in Spatial Planning—Designing with a Difference? 70
Raumplanerisches Entwerfen – das andere Entwerfen? 71
Michael Heller

CONTINENTS AND BEACONS
KONTINENTE UND LEUCHTFEUER
80

Comparative Synopsis of the Six Metropolitan Regions Investigated
Vergleichende Zusammenschau der sechs untersuchten Metropolregionen

ZURICH METROPOLITAN REGION
METROPOLREGION ZÜRICH
82

On the Significance of the Limmat Valley as a Laboratory Space for Switzerland 84
Zur Bedeutung des Limmattals als Laborraum für die Schweiz 85
Bernd Scholl

The Didactics and Curriculum of the Doctoral College "Forschungslabor Raum" 92
Zur Didaktik und zum Curriculum des Doktorandenkollegs „Forschungslabor Raum" 93
Bernd Scholl

Thesis Descriptions from the Zurich Metropolitan Region by:
Dissertationsporträts aus der Metropolregion Zürich von:
Felix Günther [108 109]   Yose Kadrin [110 111]   Markus Nollert [112 113]   Florian Stellmacher [114 115]
Ilaria Tosoni [116 117]

VIENNA METROPOLITAN REGION
METROPOLREGION WIEN
118

Portrait of Vienna Metropolitan Region 120
Porträt zur Metropolregion Wien **121**
Andreas Voigt

The Planning World Meets the Life World 130
Planungswelt trifft Alltagswelt **131**
Andreas Voigt

Thesis Descriptions from the Vienna Metropolitan Region by:
Dissertationsporträts aus der Metropolregion Wien von:
Silke Faber [138 139], Marita Schnepper [140 141], Werner Tschirk [142 143]

STUTTGART METROPOLITAN REGION
METROPOLREGION STUTTGART
144

Portrait of Stuttgart Metropolitan Region 146
Porträt zur Metropolregion Stuttgart **147**
Walter Schönwandt/Jenny Atmanagara

Nine Levels of Scientific Work in Planning 156
Neun Ebenen wissenschaftlichen Arbeitens in der Planung **157**
Walter Schönwandt

Thesis Descriptions from the Stuttgart Metropolitan Region by:
Dissertationsporträts aus der Metropolregion Stuttgart von:
Susanna Caliendo [186 187]   Xenia Diehl [188 189]   Reinhard Henke [190 191]   Antje Herbst [192 193]

RHINE-NECKAR METROPOLITAN REGION
METROPOLREGION RHEIN-NECKAR
194

The Small, Medium-sized, and Large 196
Die Kleinen, die Mittleren und die Großen **197**
Markus Neppl

Two Realities. Between Visions and Projects 206
Zwei Wirklichkeiten. Zwischen Visionen und Projekten **207**
Markus Neppl

Thesis Descriptions from the Rhine-Neckar Metropolitan Region by:
Dissertationsporträts aus der Metropolregion Rhein-Neckar von:
Kristin Barbey [222 223]   Martin Berchtold [224 225]   Philipp Krass [226 227]
Dorothee Rummel [228 229]   Matthias Stippich [230 231]

HANOVER BRUNSWICK GÖTTINGEN WOLFSBURG METROPOLITAN REGION
METROPOLREGION HANNOVER BRAUNSCHWEIG GÖTTINGEN WOLFSBURG

232

Portrait of Hanover Brunswick Göttingen Wolfsburg Metropolitan Region   234
Porträt zur Metropolregion Hannover Braunschweig Göttingen Wolfsburg   235
Udo Weilacher

We Have to Learn to Perceive Landscape.   244
Landschaft wahrzunehmen muss gelernt sein.   245
Udo Weilacher

Thesis Descriptions from the Hanover Brunswick Göttingen Wolfsburg Metropolitan Region by:
Dissertationsporträts aus der Metropolregion Hannover Braunschweig Göttingen Wolfsburg von:
Susanne Brambora-Seffers [258 259]   Andreas Nütten [260 261]   Heike Schäfer [262 263]

HAMBURG METROPOLITAN REGION
METROPOLREGION HAMBURG

264

Portrait of Hamburg Metropolitan Region   266
Porträt zur Metropolregion Hamburg   267
Michael Koch, Julian Petrin

In Praise of Pragmatism Or: The Applicability of New Design and Research Concepts in Urban Development   278
Lob des Pragmatismus Oder: Zur Tauglichkeit neuer Begriffe für das städtebauliche Entwerfen und Forschen   279
Michael Koch

Thesis Descriptions from the Hamburg Metropolitan Region by:
Dissertationsporträts aus der Metropolregion Hamburg von:
Britta Becher [294 295]   Rainer Johann [296 297]   Julia Lindfeld [298 299]   Julian Petrin [300 301]
Simona Weisleder [302 303]

APPENDIX
ANHANG

304

Biographies   306
Biografien   307

Notes   312
Anmerkungen   313

Acknowledgements   318
Dank   318

Picture Credits   319
Bildnachweis   319

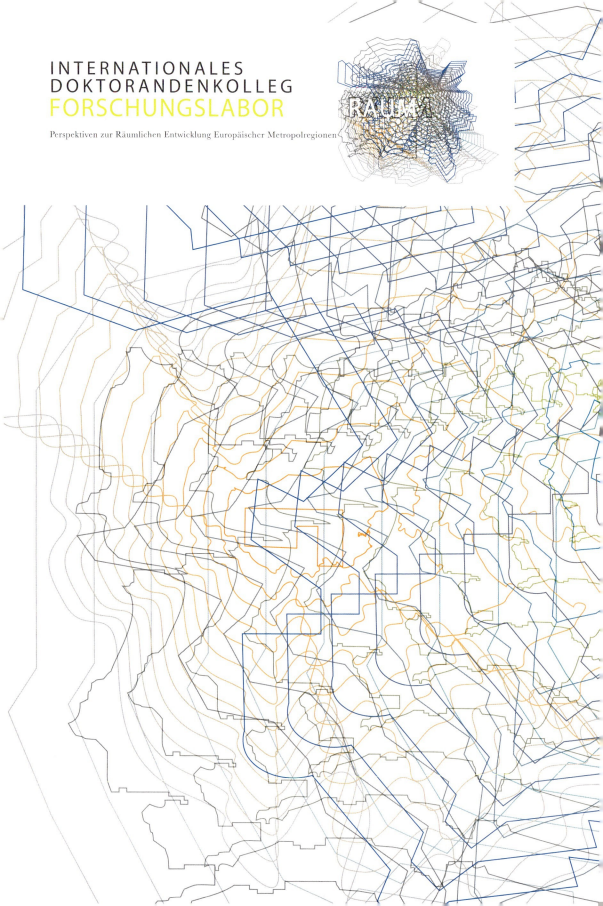
INTERNATIONALES
DOKTORANDENKOLLEG
FORSCHUNGSLABOR

Perspektiven zur Räumlichen Entwicklung Europäischer Metropolregionen

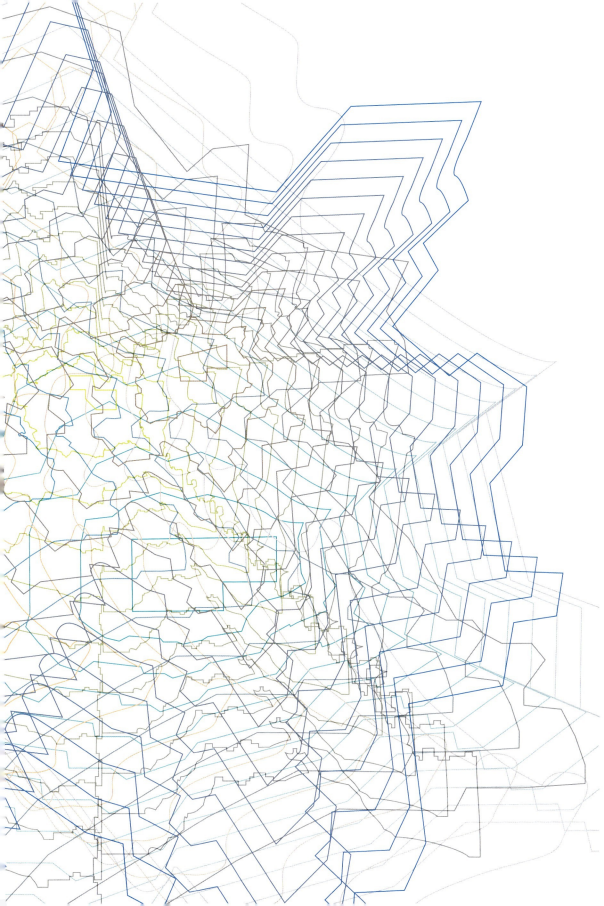

INVITATION TO A VOYAGE OF DISCOVERY
EINLADUNG ZU EINER ERKUNDUNGSREISE

RESEARCH ADVENTURE—
THE DOCTORAL COLLEGE AS
EXPLORATION SHARED

Crossing borders with initiative

Higher studies in land-use planning and spatial development tend to occur mainly on the level of doctoral theses (PhD). This level is characterised by a demand for independent investigation of the unknown, and calls for debate with often changing, wide-ranging object fields. Communication and cooperation crossing factual and organisational borders are essential to this process. Higher studies need to implement a practicable international exchange. Here, the intention is to meet various aims: concentration on key questions within a thematic framework, comparability of research results and more effective tests of transferability, the chance for subject-related networks to evolve independently, opportunities for academic discourse, and finally training and coaching in so-called soft-skills within an internationally constituted research group. And above all, higher studies in spatial planning are interdisciplinary: e.g., they encompass the fields of spatial development and landscape planning, town planning, urban and transport development, and planning methodology.

Future challenges and opportunities across this wide spectrum of tasks have prompted us to initiate a doctoral college organised on an international and interdisciplinary basis.

The context of planning culture

At the level of the doctorate, as we see it, there is a need for fresh impulses to expand the individual's personal and very specific academic horizon. As the resources for corresponding colleges and colleges are unavailable in many universities, collaboration across university boundaries appears sensible. Here, one should not overlook the fact that spatial planning and spatial development are tied up with the language, culture, and pattern of thinking in any country. This explains varying planning cultures and colleges of education in the different regions of Europe and beyond. That is why we chose very consciously to run our first doctoral college in the German-speaking countries only; and note that planning approaches and methods are very different and multifaceted even within this cultural region.

Practised space as a laboratory

Today, universities and technical colleges are educating students for the tasks of the future. Ideas about significant, coming tasks of spatial plan-

ABENTEUER FORSCHUNG – DAS DOKTORANDENKOLLEG ALS GEMEINSAME EXPEDITION

Mit Initiative Grenzen überschreiten

Höhere Studien in der räumlichen Planung und der Raumentwicklung finden insbesondere auf der Stufe von Doktorarbeiten (PhD) statt. Diese Stufe ist gekennzeichnet durch die Anforderung zum eigenständigen Eindringen in Unbekanntes und sie bedingt die Auseinandersetzung mit wechselnden, breiten Objektbereichen. Eine die sachliche und organisatorische Grenzen überschreitende Kommunikation und Kooperation ist dabei unerlässlich.

Höhere Studien müssen einen praktikablen internationalen Austausch verwirklichen. Damit sollen verschiedene Ziele erreicht werden: Konzentration auf Kernfragen innerhalb eines Rahmenthemas, Vergleichbarkeit von Forschungsergebnissen und effektivere Prüfung der Übertragbarkeit, Möglichkeit eigenständiger Entwicklung von fachrelevanten Netzwerken, Gelegenheit zum akademischen Diskurs sowie Training und Coaching im Bereich sogenannter Soft Skills im Rahmen einer international zusammengesetzten Forschungsgruppe. Und vor allem sind höhere Studien in der räumlichen Planung interdisziplinär. Sie umfassen beispielsweise Gebiete der Raumentwicklung und Landschaftsplanung, des Städtebaus, der Stadt- und Verkehrsentwicklung sowie der Planungsmethodik.

Die zukünftigen Herausforderungen und Möglichkeiten in diesen Aufgabenfeldern haben uns dazu bewogen, die Initiative für ein internationales und interdisziplinär angelegtes Doktorandenkolleg zu ergreifen.

Planungskultureller Kontext

Namentlich auf der Stufe des Doktorats bedarf es nach unserer Ansicht zusätzlicher Impulse zur Erweiterung des fachlichen und persönlichen Horizonts. Da in vielen Universitäten für entsprechende Programme und Kollegs die Ressourcen nicht vorhanden sind, erschien uns eine Zusammenarbeit über die Universitätsgrenzen hinaus von Bedeutung. Dabei darf jedoch nicht übersehen werden, dass Raumplanung und Raumentwicklung in besonderer Weise mit Sprache, Kultur und Denkweisen eines Landes verbunden sind. Von dort her erklären sich unterschiedliche Planungskulturen und auch Ausbildungsprogramme in den verschiedenen Regionen Europas und darüber hinaus. Wir bewegten uns deshalb beim ersten Doktorandenkolleg bewusst im deutschen Sprachraum und stellten dabei fest, wie unterschiedlich und facettenreich Planungsansätze und Methoden schon allein in diesem Kulturraum sind.

ning and development therefore need to be a key starting point of university education. There is close interplay here between research and teaching. Suitable models to discover and test solutions to problems may provide valuable insights and principles, but rarely can they replace real space as a laboratory. This is particularly true when it comes to understanding organisational, social, and political contexts and interactions. Cooperation with leading practitioners is also very important in high-quality training—and for international comparison as well. Therefore, we see it as essential to refer directly to laboratory spaces in which challenging tasks are faced.

Metropolitan regions as a field of exploration

The overall theme selected for the doctoral college was the development of "Perspectives of European Metropolitan Regions." Urgent tasks facing our societies and communities are massed in these spaces. Sustainable development in such areas demands that high priority is given to the renewal and expansion of existing settlements and infrastructures. The expansion of settlement areas needs to take a back seat. Here, special significance is attributed to the integration of landscape areas and their knowing design. Such tasks place increased demands on cooperation and communication across subject-specific and political boundaries; and this is against a background of national, European, and global competition; changes in demography and climate; and the continuing worldwide trend towards bigger and bigger metropolises. We were attracted by the idea of investigating common features and existing differences in selected metropolitan regions, and so we initiated research laboratories in the locations of our universities and colleges. For the participants, debate with key questions within these laboratory areas was to facilitate rapid, concrete access to the overall theme, helping them to define the specific subjects of their doctoral theses and, ultimately, to explore their selected field of research.

On-site college weeks

In order to set the necessary process in motion, every three to four months we organised weeks for the doctoral candidates in the cities of the participating universities. They proved valuable as a central platform of exchange, discourse, and the critical comments so important to research. The periods between these weeks were dedicated to personal study, cooperation in the research laboratories, and to increasingly intense bi- and multilateral exchange on matters of shared interest across the university boundaries. Modern technical aids were a huge support in this context.

Different ways of looking at things

The college provided a context in which to bring together not only different disciplinary approaches, but also a range of perspectives, perceptual and interpretative abilities, and values shaped by personality and experience. Because a doctorate also involves a personal as well as a subject-related maturing process, we regard confrontation with uncertainties, risks and

Der gelebte Raum als Labor

Universitäten und Technische Hochschulen bilden heute für die Aufgaben der Zukunft aus. Vorstellungen über die dann bedeutsamen Aufgaben von Raumplanung und Raumentwicklung müssen deshalb ein zentraler Ausgangspunkt universitärer Ausbildung sein. Forschung und Lehre stehen dabei in engem Wechselspiel. Die für das Auffinden und Prüfen von Problemlösungen verwendbaren Modelle können wertvolle Einsichten und Grundlagen ergeben, doch sie ersetzen selten den realen Raum als Labor. Das gilt besonders für das Verständnis der organisatorischen, sozialen, rechtlichen und politischen Zusammenhänge und Interaktionen. Zusammenarbeit mit führenden Akteuren der Praxis ist für eine – auch im internationalen Vergleich – hoch stehende Ausbildung von zentraler Bedeutung. Wir erachteten deshalb den direkten Bezug zu den Laborräumen, in denen sich herausfordernde Aufgaben stellen, als unverzichtbar.

Metropolregionen als Erkundungsraum

Als Rahmenthema für das Doktorandenkolleg wählten wir die Entwicklung von „Perspektiven europäischer Metropolregionen". In diesen Räumen kommen drängende Aufgaben unserer Gesellschaften und Gemeinwesen zusammen. Nachhaltige Entwicklung in diesen Räumen verlangt mit hoher Priorität, bestehende Siedlungen und Infrastrukturen zu erneuern und zu ergänzen. Siedlungsflächenerweiterung muss zur Ausnahme werden. Dabei kommt der Integration von Landschaftsräumen und ihrer bewussten Gestaltung eine besondere Bedeutung zu. Solche Aufgaben stellen erhöhte Anforderungen an die Kooperation und Kommunikation über Fach- und politische Grenzen hinweg; dies vor dem Hintergrund nationaler, europäischer und globaler Konkurrenz, dem Wandel von Demografie und Klima und der weltweit anhaltenden Metropolisierung. Es erschien uns reizvoll, an ausgewählten Metropolregionen zu erkunden, wo Gemeinsamkeiten und wo Unterschiede bestehen. Wir richteten deshalb an den Standorten unserer Universitäten und Hochschulen Forschungslabore ein. Die Auseinandersetzung mit zentralen Fragen in den Laborräumen sollte den Teilnehmern einen raschen und konkreten Einstieg in das Rahmenthema ermöglichen, ihnen bei der Eingrenzung des spezifischen Dissertationsthemas helfen und sie schließlich bei der Auseinandersetzung mit dem gewählten Forschungsgegenstand unterstützen.

Vor-Ort-Kollegwochen

Um den dafür notwendigen Prozess in Gang zu setzen, haben wir alle drei bis vier Monate an den Orten der beteiligten Universitäten Doktorandenwochen durchgeführt. Sie haben sich als zentrale Bühne des Austausches, des Diskurses und der bei Forschung so wichtigen kritischen Begleitung erwiesen und sehr bewährt. Die Zeiten zwischen den Doktorandenwochen waren dem persönlichen Studium, der gemeinsamen Arbeit in den Forschungslaboren und zunehmend intensiver dem bi- und multilateralen Austausch zu im gemeinsamen Interesse liegenden Themen über die Hochschulgrenzen

pressure as essential. Discussion of related questions was an important component—namely during presentation and communication training—and helped to promote a top-level thematic discourse in interplay between proposals and criticism.

A beginning with an end

We were well aware that a doctoral college needs a time limit. This time limit compelled us to deliberate on sensible procedures and the practicable organisation of the college. International experience suggests a period of approximately three years. Although we knew that a reasonable time would be required for the definition of a heterogeneous group of participants' specific themes, we managed to keep roughly to this limit. It enabled us to organise two weeks for the doctoral candidates at each of the six participating locations. In this context, we saw that the changing "role of host" helped us to gain important insights into the current planning situation in the participating metropolitan regions within a relatively short time. This comparative survey provided a background to the post-graduate college and lent it a value that should not be underestimated—for all those involved. The time limit, setting up of research laboratories, and regular weeks for the doctoral candidates were the fixed principles of our college—everything else would be designed by the participants; it was an experiment in itself, so to speak. The primary aim of this publication is to report on this experiment.

Not without support

At this point we would like to express our thanks, in particular to the participants of the doctoral college. They joined in this experiment with great enthusiasm and commitment. We hope that they will all complete their highly promising work successfully.

We are also very grateful to the associate lecturers of the doctoral college. Their experience, personal commitment, and willingness for critical discourse made a considerable contribution to the weeks for doctoral candidates.

We would also like to thank the scientific coordinator of the doctoral college, who made such an excellent job of reconciling the demands of the day with the overall aims and perspectives of the doctoral college. His sensitive facilitation and great ability to focus on the broader picture allowed the critical discourse we had hoped for during the weeks organised for the candidates.

Finally, we would also like to express our appreciation to all those institutions that enabled us to implement the doctoral college in this form, offering their advice and assistance but also special funding. First and foremost, this list includes the heads of the participating universities, the host cities and regions, various foundations, and private and public companies.

We were also glad to enjoy the collaboration of many high ranking experts with an interest in our field. Their lectures, which were interesting and al-

hinweg gewidmet. Die modernen technischen Hilfsmittel sind auch dafür eine große Unterstützung.

Unterschiedliche Sichtweisen

Im Rahmen des Kollegs begegnen sich außer unterschiedlichen disziplinären Zugängen auch individuelle, durch Persönlichkeit und Erfahrungen geprägte Sichtweisen, Wahrnehmungs- und Interpretationsfähigkeiten und Werte. Weil mit der Promotion auch immer ein persönlicher und fachlicher Reifeprozess verbunden ist, erachten wir die Auseinandersetzung mit Unsicherheiten, mit Risiken und mit Belastung als unverzichtbar. Der Austausch zu damit verbundenen Fragen war ein wichtiger Bestandteil – namentlich im Training von Präsentation und Kommunikation – und dient der Förderung eines hochstehenden fachlichen Diskurses im Wechselspiel von Entwurf und Kritik.

Ein Anfang mit Ende

Wir waren uns darüber im Klaren, dass ein Doktorandenkolleg zeitlich begrenzt sein muss. Die zeitliche Befristung zwingt zum intensiven Durchdenken zweckmäßiger Abläufe und einer praktikablen Organisation des Kollegs. Internationale Erfahrungen gehen von ungefähr drei Jahren aus. Auch wenn uns bewusst war, dass für die Eingrenzung der spezifischen Themen einer heterogenen Teilnehmergruppe besondere Zeit einzuplanen ist, haben wir uns schließlich ungefähr an dieses Limit gehalten. Es erlaubte, je zwei Doktorandenwochen an jedem der sechs beteiligten Standorte durchzuführen. Wir konnten dabei erfahren, dass die wechselnde „Gastgeberrolle" dazu verhalf, innerhalb kurzer Zeit wichtige Einblicke in die aktuelle Planungssituation der beteiligten Metropolregionen zu erhalten. Diese vergleichende Übersicht ist ein nicht zu unterschätzender Hintergrund und Wert des Doktorandenkollegs und zwar für alle Mitwirkenden. Zeitliche Befristung, Einrichtung von Forschungslaboren und regelmäßige Doktorandenwochen waren die unveränderlichen Festlegungen unseres Kollegs – alles andere war durch die Teilnehmer zu gestalten: gleichsam ein Experiment für sich. Darüber wollen wir in dieser Publikation vor allem berichten.

Nicht ohne Unterstützung

Wir möchten an dieser Stelle unseren Dank vor allem an die Teilnehmerinnen und Teilnehmer des Doktorandenkollegs richten. Sie haben an diesem Experiment mit viel Begeisterung und großem Einsatz mitgewirkt. Wir wünschen ihnen allen einen erfolgreichen Abschluss ihrer vielversprechenden Arbeiten.

Zu großem Dank sind wir auch den Lehrbeauftragten des Doktorandenkollegs verpflichtet. Mit ihren Erfahrungen, ihrem persönlichen Einsatz und ihrer Bereitschaft zum kritischen Diskurs sind die Doktorandenwochen wesentlich bereichert worden.

Zu danken haben wir auch dem wissenschaftlichen Koordinator des Doktorandenkollegs, der es verstanden hat, die Anforderungen des Tages mit den

ways to the point, inspired and encouraged the participants in the doctoral college—and us—to continue from our initial approaches.

We hope that this publication about the evolution of the doctoral college "Forschungslabor Raum, Perspectives of European Metropolitan Regions" and initial experiences with its realisation will inspire discourse on research in our fields. It remains to the successful students of the doctoral college to present its results.

The professors of the doctoral college Forschungslabor Raum

Michael Koch
Markus Neppl
Walter Schönwandt
Bernd Scholl (speaker of the doctoral college)
Andreas Voigt
Udo Weilacher

Hamburg, Karlsruhe, Stuttgart, Zurich, Vienna and Munich/Freising, August 2012

Zielen und Perspektiven des Doktorandenkollegs in Einklang zu bringen. Seine einfühlsame und von Übersicht getragene Moderation der Doktorandenwochen hat den von uns so erwünschten kritischen Diskurs ermöglicht. Schließlich möchten wir uns bei allen Institutionen bedanken, die uns mit Rat und Tat, aber auch mit Bereitstellung besonderer Mittel die Durchführung des Doktorandenkollegs in dieser Form ermöglicht haben. Dazu gehören zuvorderst die Leitungen der beteiligten Universitäten, die Gastgeberstädte und -regionen, Stiftungen sowie private und öffentliche Unternehmungen.

Große Freude hat uns auch die Mitwirkung zahlreicher unserem Gebiet zugewandter Fachpersönlichkeiten bereitet. Sie haben die Teilnehmer des Doktorandenkollegs und auch uns mit ihren pointierten Vorträgen inspiriert und ermuntert, die eingeschlagenen Wege weiterzugehen.

Wir hoffen, mit dieser Publikation über das Werden des Doktorandenkollegs Forschungslabor Raum „Perspektiven europäischer Metropolregionen" und erste Erfahrungen seiner Durchführung den Diskurs über die Forschung in unseren Gebieten beleben zu können. Es bleibt den Absolventen des Doktorandenkollegs vorbehalten, seine Ergebnisse zu präsentieren.

Die Professoren des Doktorandenkollegs „Forschungslabor Raum"

Michael Koch
Markus Neppl
Walter Schönwandt
Bernd Scholl (Sprecher des Doktorandenkollegs)
Andreas Voigt
Udo Weilacher

Hamburg, Karlsruhe, Stuttgart, Zürich, Wien und München/Freising
im August 2012

EXPEDITION DESTINATIONS AND NAVIGATION

EXPEDITIONSZIELE UND NAVIGATION

COLLABORATIVE EXPLORING NEW FIELDS OF KNOWLEDGE

We have often been asked how the doctoral college "Forschungslabor Raum" came about. The answer is almost too simple. A group of three had decided to adopt the initiative for a doctoral college. The basic idea was to implement an academic discourse on questions of spatial development, which went further than the everyday university context due to regular weeks organised for the doctoral candidates. It soon became clear that this discourse could be stimulating for the participating professors and other associate lecturers and teachers, not just for the doctoral candidates. After all, when do we have the opportunity to exchange views about fundamental questions of spatial development in direct discourse, on the basis of concrete problems, without the usual time pressure and conference routines, and free of the restraints presented by our own university business—and to become acquainted with attitudes and opinions from neighbouring subject areas? Each professorial chair was to play the role of host according to a general procedure still to be established, enabling us to offer a stimulating college. Research laboratories were to be set up in each location, providing the doctoral candidates with references to real assignments, and so inviting debate. In especially important thematic fields, threads were to be drawn across the entire doctoral college by incorporating the work of associate lecturers. Finally, a post-doctoral researcher would act as scientific coordinator and so ensure the cohesion of the college outside of the organised weeks for doctoral candidates.

The idea of the doctoral college became more concrete, and each colleague was expected to win over the cooperation of another specialist suitable in his or her eyes. We were successful within only a few weeks. In the context of two preparatory meetings, we were able to discuss and register important starting points and principles for a doctoral college. We rapidly agreed that our initiative should contribute to the promotion of higher studies in the field of spatial planning and development.

In the context of those higher studies, doctoral candidates generally work as "lone warriors," the only contact being with their personal supervisors. As a rule, their assignments refer to a clearly outlined, predefined field within one discipline. Generally speaking this is impossible in spatial planning, as the relevant issues and thematic fields span regions, subjects and organisations. Real cases and discussion with those working on them represent an important basis, for significant research questions as well. In our field, they help to visualise the state and limitations of our knowledge in an exemplary way. Exchanging insights from each of the laboratories would make it possible to recognise and examine the common features and regularities of development. Several laboratories should be available for the realisation of experiments.

GEMEINSAM UNTERWEGS ZU NEUEN REGIONEN DES WISSENS

Oft wurden wir gefragt, wie das Doktorandenkolleg „Forschungslabor Raum" zustande kam. Die Antwort darauf ist fast zu einfach. Eine Dreiergruppe hatte sich entschlossen, die Initiative für ein Doktorandenkolleg zu ergreifen. Die Grundidee sollte darin bestehen, durch regelmäßige Doktorandenwochen einen über den universitären Alltag hinausreichenden akademischen Diskurs zu Fragen der räumlichen Entwicklung zu führen. Schnell wurde klar, dass dieser Diskurs nicht nur für die zukünftigen Doktoranden, sondern auch für die beteiligten Professoren und weiteren Dozenten anregend sein könnte. Wann besteht schon Gelegenheit, anhand konkreter Probleme sich ohne den üblichen Zeitdruck und Kongressroutinen und frei von den Hemmnissen des eigenen Universitätsbetriebes über grundlegende Fragen der räumlichen Entwicklung im direkten Diskurs auszutauschen und Haltungen und Meinungen benachbarter Fachgebiete kennenzulernen? Jede Professur sollte dabei einmal die Rolle des Gastgebers nach einem noch festzulegenden prinzipiellen Ablauf übernehmen und ein anregendes Programm auf die Beine stellen können. Forschungslabore sollten am jeweiligen Ort eingerichtet werden, um den Doktoranden Bezüge zu realen Aufgaben vermitteln zu können und zur Auseinandersetzung damit einzuladen. Für besonders wichtige Themenfelder sollten durch Einbezug von Lehrbeauftragten rote Fäden durch das Doktorandenkolleg gezogen werden. Schließlich sollte ein Postdoktorand als wissenschaftlicher Koordinator für den Zusammenhalt des Kollegs außerhalb der Doktorandenwochen sorgen.

Die Idee des Doktorandenkollegs wurde konkreter und jeder Kollege bekam den Auftrag, eine aus seiner Sicht geeignete weitere Fachpersönlichkeit zur Mitwirkung zu gewinnen. Dies gelang innerhalb weniger Wochen. Im Rahmen von zwei Vorbereitungstreffen konnten wichtige Ausgangspunkte und Grundsätze besprochen und festgelegt werden. Schnell einigten wir uns darauf, dass unsere Initiative ein Beitrag zur Förderung der höheren Studien im Bereich der räumlichen Planung und Entwicklung sein sollte.

Im Rahmen jener höheren Studien arbeiten die Doktoranden dabei üblicherweise als „Einzelkämpfer", im Kontakt nur mit ihren jeweiligen Betreuern. Ihre Aufgaben betreffen in der Regel einen klar begrenzbaren und vorgegebenen Bereich innerhalb einer Disziplin. Dies ist im Bereich der räumlichen Planung wegen der raum-, fach- und organisationsübergreifenden Fragestellungen und Themenfelder in der Regel nicht möglich.

Reale Fallbeispiele und die Diskussion mit den daran Beteiligten bilden eine wichtige Grundlage, auch für bedeutsame Forschungsfragen. Durch sie können in unserem Gebiet der Stand und die Grenzen des Wissens exemplarisch veranschaulicht werden. Durch Austausch von Erkenntnissen aus den jeweiligen Labors können Gemeinsamkeiten und Regelmäßigkeiten der

It is not easy to find interesting, varied examples and to secure direct contact with the players in them. The search cannot stop at national borders. Increasingly, difficult problems of spatial development impact on international fields of discourse. Besides, without internationalisation, there is a danger that the focus will be placed on national, formal planning systems. But future tasks will be characterised to a large degree by emerging cooperation between different state levels by means of processes tailored to a specific situation. In this way, informal processes and instruments—including those consolidated across national borders—will supplement the existing instruments, etc.

That is why higher studies need to implement practicable internationalisation. In addition, scarcely any university has all the necessary disciplines and lecturers available for higher studies and the supervision of doctoral theses. This applies even more to experts from the field of communication, who are necessary in order to observe, criticise, and promote communicative skills.

In addition, when envisaging a doctoral college, we need to consider the particular situation of the doctoral candidates. After deciding in favour of a doctoral thesis and summoning initial enthusiasm for a specific theme, doubts may arise and questions of definition, limitation, and precision must be answered. Rarely does the title first chosen for a thesis remain fixed until the end. The changes often experienced as a painful process express the fact that deeper immersion in difficult issues leads to fresh problems and sets a process in motion that many find uncomfortable—the process of learning. People question knowledge and experience acquired in the past, and uncertainty arises. Socrates' wise remark, "The more I learn, the more I realise how little I know" describes this situation all too well. That is why a good tradition is to refer to the title of a doctoral thesis as a working title, and therefore as only temporary. The final task when reviewing a doctorate is to ensure that the title of the work is still applicable.

We ought not to ignore the uncertainties that go along with learning at this level. They are part and parcel of the maturing process of both thesis and doctoral candidate him- or herself. And even more: we know from learning psychology that they are essential to the process. Problems arise when such uncertainties cannot be communicated. A doctoral college offering the possibility of regular exchange intends to help people deal with this, and students should experience the fact that a step-by-step approach to one's special theme, as well as the associated confusion and sidetracking are unavoidable. In order to forward and accelerate this process, research laboratories were set up in the locations of the participating universities. In an attempt to investigate the key questions of a metropolitan region, the aim was for the doctoral candidates in one location to get to know each other and reach agreement. The shared "running" of a research laboratory prompts questions about one's personal attitude to discipline and to research, raising issues of understanding and agreement within the group of doctoral candidates: by its very nature, this cannot be entirely without conflict.

Entwicklung erkannt und thematisiert werden. Für die Durchführung von Experimenten stehen mehrere Labors zur Verfügung.

Interessante, unterschiedliche Beispiele zu finden und die direkten Kontakte zu sichern, ist nicht einfach. Die Suche darf sich nicht an nationale Grenzen halten. Schwierige Probleme der räumlichen Entwicklung betreffen zunehmend auch internationale Gegenstandsbereiche. Ohne Internationalisierung besteht ohnedies die Gefahr, die nationalen, formellen Planungssysteme ins Zentrum zu stellen. Zukünftige Aufgaben werden jedoch in starkem Maße davon geprägt sein, Zusammenarbeiten zwischen verschiedenen staatlichen Ebenen durch maßzuschneidernde Prozesse in Gang zu setzen. Damit kommen informelle Verfahren und Instrumente, verstärkt auch über nationale Grenzen hinaus, als Ergänzung zu den bestehenden ins Spiel.

Höhere Studien müssen deshalb eine praktikable Internationalisierung verwirklichen. Keine Universität verfügt zudem vermutlich über alle Disziplinen und Dozenten, die für höhere Studien und das Betreuen von Doktorarbeiten erforderlich sind. Das trifft noch mehr zu für die Experten aus dem Bereich der Kommunikation, die für das Beobachten, Kritisieren und Fördern kommunikativer Fähigkeiten erforderlich sind.

Bei der Konzipierung eines Doktorandenkollegs ist zudem die besondere Situation der Doktoranden zu bedenken. Nach der Entscheidung für eine Dissertation und der anfänglichen Begeisterung für ein bestimmtes Thema können Zweifel entstehen, tauchen Fragen der Abgrenzung, Eingrenzung und Präzisierung auf. Selten bleibt der anfangs gewählte Titel einer Dissertation bis zum Ende bestehen. Die oft als schmerzlicher Prozess empfundene Veränderung bringt zum Ausdruck, dass ein tieferes Eindringen in schwierige Fragestellungen neue Probleme hervorbringt und einen für viele unbequemen Prozess in Gang setzt – den des Lernens. Bisher erworbenes Wissen und Erfahrungen werden infrage gestellt. Unsicherheit stellt sich ein. Die sokratische Weisheit „Je mehr ich weiß, desto mehr weiß ich, wie wenig ich weiß" beschreibt dies nur allzu gut. Deshalb ist es gute Tradition, bei Promotionen den Titel einer Dissertation als Arbeitstitel, und damit als nur vorläufigen Titel, zu bezeichnen. Die letzte Aufgabe bei einer Doktoratsprüfung besteht darin, zu prüfen, ob der Titel der Arbeit noch angemessen ist.

Die mit Lernen auf dieser Stufe verbundenen Unsicherheiten dürfen nicht ignoriert werden. Sie gehören zum Reifeprozess einer Dissertation *und* eines Doktoranden. Mehr noch: Aus der Lernpsychologie wissen wir, dass sie eine Voraussetzung dafür sind. Probleme entstehen dann, wenn diese Unsicherheiten nicht kommuniziert werden können. Ein Doktorandenkolleg mit der Möglichkeit des regelmäßigen Austausches soll helfen, damit umzugehen, und es soll erfahren werden können, dass die schrittweise Annäherung an das eigene Thema und damit verbundene Irrungen und Wirrungen unvermeidbar sind. Um diesen Prozess zu fördern und zu beschleunigen, wurden Forschungslabore an den Standorten der beteiligten Universitäten eingerichtet. Beim Versuch, die zentralen Fragen einer Metropolregion zu erkunden, sollten sich die Doktoranden eines Standortes kennen- und ver-

Therefore, it was clear from the beginning that associate lecturers should be contracted in the fields of methodology and communication, to examine and offer assistance in matters of systematic approach and communication. Among the chairs participating there was also agreement that spatial planning design should be another focal subject introduced and integrated into the curriculum. By introducing spatial planning design on a superregional scale, the prime intention was to cultivate overall ideas for a region, which could then be visualised in an exemplary way.

Such designs should contribute to border-crossing activity and decision-making skills, inasmuch as they reveal the initial effects and consequences of specific directions in the third dimension and, wherever possible, in the fourth dimension (time).

The core task of designing is suggesting one's own hypotheses for the solution of acknowledgedly difficult problems, but it also means giving account of directions no longer pursued for good reason—in other words, any aspects that are "abandoned." In particular, this is necessary for the discourse with politics and a wide range of social groups that is unavoidable in spatial planning.

Of course, spatial planning design on a larger, regional scale calls for suitable processes. But it also raises many difficult questions, which have themselves become the subject of individual research work. The spatial and thematic contexts will be metropolitan regions, as key social questions, spatial conflicts, dangers, and opportunities are concentrated in such areas.

The following points sum up the demands made on our cooperative proposals for a doctoral college:

1. Higher studies of spatial planning and development (referred to in the following as the doctoral college) should not be one-sided, but deal to equal degrees with technical and natural-scientific, methodic, legal, socio-economic, aesthetic/design-based, and communicative problems.
2. The doctoral college should be interdisciplinary. It should enable participants to offer solutions to difficult, unresolved, and vital tasks relevant to spatial planning. Doctoral study should be organised so as to facilitate interdisciplinary supervision of the higher studies, namely in regularly organised weeks for the doctoral candidates, thereby promoting national and international exchange.
3. The college will represent a post-graduate study course, which may be extra-occupational.
4. Those who have attended the doctoral college should be capable of participating in a group comprising numerous specialists and organisations; under certain circumstances they should be capable of heading such a group.
5. The college should promote any initiative from a group or individual

ständigen lernen. Der gemeinsame „Betrieb" eines Forschungslabors wirft Fragen der persönlichen Haltung zur eigenen Disziplin, zur Forschung an sich, des Verstehens und Verständigens in der Gruppe der Doktoranden auf und kann naturgemäß nicht konfliktfrei sein.

Es war deshalb von Anfang klar, dass für die Bereiche Methodik und Kommunikation besondere Lehraufträge eingerichtet werden sollten, um Fragen des zweckmäßigen Vorgehens und der Kommunikation thematisieren und Hilfestellungen geben zu können. Unter den beteiligten Professuren bestand auch Einvernehmen darüber, raumplanerisches Entwerfen als weiteres Leitthema in das Curriculum einzuführen und zu integrieren. Mit der Einführung des Entwerfens im überörtlichen raumplanerischen Maßstab sollen vor allem gesamträumliche Vorstellungen entstehen, die exemplarisch veranschaulicht werden können.

Solche Entwürfe sollen dazu beitragen, grenzüberschreitendes Handeln und Entscheiden zu fördern, indem zunächst einmal Wirkungen und Konsequenzen bestimmter Richtungen in der dritten Dimension und wenn möglich vierten Dimension (Zeit) aufgezeigt werden.

Entwerfen heißt im Kern, eigene Hypothesen für die Lösung erkannter schwieriger Probleme vorzuschlagen. Es bedeutet aber auch, Rechenschaft über das abzulegen, was begründbar nicht weiterverfolgt werden, also „verworfen" werden soll. Der im Gebiet der räumlichen Planung zu führende Diskurs mit Politik und verschiedensten gesellschaftlichen Gruppen erfordert dies ganz besonders.

Raumplanerisches Entwerfen in größeren und regionalen Maßstäben erfordert jedenfalls dafür geeignete Prozesse. Es hält aber noch zahlreiche schwierige Fragen bereit, die selbst zum Gegenstand einzelner Forschungsarbeiten geworden sind. Räumlicher und thematischer Bezugsrahmen sollen europäische Metropolregionen sein. In diesen Regionen drängen sich zentrale gesellschaftliche Fragestellungen, räumliche Konflikte, Gefahren und Chancen.

Die folgenden Punkte fassen die Anforderungen an das gemeinsam zu gestaltende Doktorandenkolleg noch einmal zusammen:

1. Höhere Studien der Raumplanung und Raumentwicklung (im Folgenden mit Doktorandenkolleg bezeichnet) sollen nicht einseitig sein, sondern technisch-naturwissenschaftliche, methodische, rechtliche, sozioökonomische, ästhetisch-gestalterische und kommunikative Probleme gleichwertig behandeln.
2. Das Doktorandenkolleg soll interdisziplinär sein. Es soll zur Problemlösung schwieriger, ungelöster raumbedeutsamer Aufgaben befähigen. Das Doktoratsstudium soll so geregelt sein, dass eine interdisziplinäre Begleitung der höheren Studien, namentlich regelmäßig durchzuführende Doktorandenwochen, ermöglicht und dabei der nationale sowie internationale Austausch gefördert wird.

students to work independently and take on the associated responsibility.
6. Participants should be able to assess situations with difficult spatial circumstances, and to demonstrate and explain strategies and solutions to the decision-making specialists and political committees responsible, as well as to the general public.
7. Participants should recognise significant current and future tasks of spatial planning and development, adopt initiatives and be able to conceive suitable procedures for the clarification and resolution of vitally important tasks in spatial development.
8. The higher studies will focus on a research laboratory "Raum." Ideas for integral solutions and approaches to them should be developed for actual, difficult assignments in the context of this laboratory. There should be guaranteed involvement by relevant practising specialists in the work of the research laboratory.
9. As a rule, students should have worked in practice before beginning their higher study course.
10. Higher studies in the context of a doctorate require conception over a period of approximately three years. Graduates of a doctoral course should acquire the ability to complete independent academic work from their involvement in the doctoral college. The degree awarded will be a doctorate under the individual's supervising professor, according to the regulations of the relevant university or technical college.

In accordance with these basic points, we began to announce the doctoral college in suitable national daily and weekly newspapers. To our own surprise, more than 200 applicants registered their interest in a doctoral college "Forschungslabor Raum." The applications were distributed relatively equally between the chairs participating. Selection was made according to the judgement of each professorial chair. In the end, we were able to welcome almost thirty interested students to the doctoral college.

Our shared journey could begin …

The professors of the doctoral college "Forschungslabor Raum":
Michael Koch, Markus Neppl, Walter Schönwandt, Bernd Scholl (speaker of the doctoral college), Andreas Voigt, Udo Weilacher

3. Das Doktorandenkolleg soll ein postgraduales und kann ein berufsbegleitendes Studium sein.
4. Absolventen des Doktorandenkollegs sollen fähig sein, in einer aus mehreren Spezialisten und Organisationen zusammengesetzten Gruppe mitzuwirken und eine solche gegebenenfalls zu leiten.
5. Die Initiativen der Gruppen und der einzelnen Studierenden zur selbstständigen Arbeit und damit verbundene Verantwortungen sollen gefördert werden.
6. Teilnehmer sollen Lagebeurteilungen für schwierige räumliche Sachverhalte durchführen können, Strategien und Lösungen zuständigen fachlichen und politischen Entscheidungsgremien sowie der Öffentlichkeit präsentieren und erläutern können.
7. Teilnehmer sollen gegenwärtige und in Zukunft bedeutsame Aufgaben der räumlichen Planung und Entwicklung erkennen, Initiativen ergreifen und geeignete Prozesse für das Klären und Lösen raumbedeutsamer Aufgaben gestalten können.
8. Kern der Höheren Studien ist ein Forschungslabor Raum. Im Rahmen dieses Labors sollen für reale und sehr schwierige raumbedeutsame Aufgaben Vorstellungen und Wege zu integralen Lösungen entwickelt werden. Die Mitwirkung verantwortlicher, in der Praxis tätiger Fachleute in den Forschungslabors soll gewährleistet sein.
9. In der Regel sollen die Studierenden vor Beginn des höheren Studiums in der Praxis gearbeitet haben.
10. Höhere Studien im Rahmen eines Doktoratsstudiums sollen auf etwa drei Jahre angelegt werden. Absolventen des Doktorandenstudiums sollen über die Mitwirkung im Doktorandenkolleg zu eigenständigem wissenschaftlichen Arbeiten befähigt werden. Der Abschluss ist ein Doktortitel der jeweils betreuenden Professur gemäß den Regularien der betreffenden Universität oder Technischen Hochschule.

Auf der Grundlage dieser Punkte begannen wir mit der Ausschreibung des Doktorandenkollegs in geeigneten nationalen Tages- und Wochenzeitungen. Zu unserer eigenen Überraschung meldeten über 200 Bewerberinnen und Bewerber ihr Interesse an einer Mitwirkung im Doktorandenkolleg „Forschungslabor Raum" an. Die Bewerbungen verteilten sich einigermaßen gleichmäßig über die beteiligten Professuren. Die Auswahl stand im Ermessen der jeweiligen Professur. Am Ende konnten knapp 30 Interessierte im Doktorandenkolleg begrüßt werden.

Die gemeinsame Reise konnte beginnen …

Die Professoren des Doktorandenkollegs „Forschungslabor Raum":
Michael Koch, Markus Neppl, Walter Schönwandt, Bernd Scholl (Sprecher des Doktorandenkollegs), Andreas Voigt, Udo Weilacher

HOLDING COURSE IN THE COLLEGE

HANY ELGENDY

The international doctoral college "Forschungslabor Raum" began as an initiative among colleagues from different disciplines with no formal framework. In this respect, the college in itself may be understood as a laboratory; one in which there was much experimentation. The only fixed stipulation besides the general theme of "Perspectives for the spatial development of European metropolitan regions" was the definition of a basic framework for the college.

As scientific coordinator of the college, I played an active part attending and helping to design this experiment. After the conclusion of the college, I would now like to make an attempt—in the form of self-observation—to document and perhaps question some of the internal rules and maxims that were consciously or unconsciously agreed upon, employed or rejected before and/or during the international doctoral college Forschungslabor Raum. It is a matter of holding those experiences as an organisational memory, and making them available to others who may be planning a similar project. This documentation is important, insofar as there was no mandatory reporting of any kind in the context of the initiative. This article therefore aims to externalise the internal rules and maxims of the college. In this context, however, content issues or material questions do not represent its key aspects.

The college as a learning organisation

Although the college appears retrospectively to have been predominantly organised and structured, at the start of the project there were only a few specified general conditions and rules, such as the periodical PhD-weeks and specific submission dates—that is, we had laid down pre-defined stages and some milestones. Like an expedition into unknown territory, the participants of the college had only an idea of their aim but no precise

KURS HALTEN IM KOLLEG

HANY ELGENDY

1 The doctoral college exploring the metropolitan region Stuttgart in March 2008
1 *Das Doktorandenkolleg unterwegs in der Metropolregion Stuttgart im März 2008*

Das internationale Doktorandenkolleg „Forschungslabor Raum" begann als eine Initiative zwischen Kollegen aus verschiedenen Disziplinen ohne eine formelle Verankerung. Das Kolleg an sich kann in dieser Hinsicht auch als Labor verstanden werden, in dem viel experimentiert wurde. Die einzige Festlegung neben dem Rahmenthema „Perspektiven zur räumlichen Entwicklung europäischer Metropolregionen" war die Definition eines Grundgerüsts für das Kolleg.

In meiner Rolle als wissenschaftlicher Koordinator des Kollegs habe ich dieses Experiment aktiv begleitet und mitgestaltet. In Form einer Selbstbeobachtung möchte ich nun nach Abschluss des Kollegs den Versuch unternehmen, einige interne Regeln und Maximen, die bewusst oder unbewusst vor oder während des internationalen Doktorandenkollegs „Forschungslabor Raum" vereinbart, angewendet oder verworfen wurden, zu dokumentieren und zu hinterfragen. Dabei geht es maßgeblich darum, diese Erfahrungen als Organisationsgedächtnis festzuhalten und für andere, die ein ähnliches Vorhaben planen, verfügbar zu machen. Diese Dokumentation ist insofern wichtig, da es in dieser Initiative keine externe Berichterstattungspflicht gab. Aus diesem Grund soll dieser Artikel diese internen Regeln und Maximen des Kollegs externalisieren. Dabei stellen jedoch die inhaltlichen oder materiellen Fragen nicht den Kern dieses Artikels dar.

Das Kolleg als lernende Organisation

Auch wenn es im Nachhinein mehrheitlich organisiert und strukturiert wirkt, gab es zu Beginn des Projektes nur bestimmte Rahmenbedingungen und wenige Regeln, wie die regelmäßigen Doktorandenwochen und bestimmte Abgabetermine, also vordefinierte Streckenabschnitte und Etappenziele, die festgelegt wurden. Ähnlich wie auf einer Expedition auf unbekanntem Terrain hatten auch hier die Beteiligten des Kollegs nur eine Zielvorstellung und noch keinen genauen Weg vor Augen. Es gab kein Manifest oder eine schriftliche Vereinbarung, an die sich alle Beteiligten hätten halten können. Erst mit der Zeit wurden Regeln und Maximen zwischen den Teilnehmern geschaffen, die immer wieder überholt, neu definiert oder auch verworfen und durch neue ersetzt wurden. Das Kolleg versteht sich als

path towards it in mind. There was no manifesto or written agreement, which all of those involved might have adhered to. Rules and maxims were only created among the participants with time, and they were repeatedly reviewed, redefined, or even abandoned and replaced by new ones. The college saw itself as a dynamic process, not predetermined by a manifesto but able to react flexibly to mistakes and surprises, so that a new way could be tested if and when obstacles or problems arose. A process like this—which involves, grasps, and promotes all its participants—is known as a learning organisation. Clear frameworks like the regular PhD weeks, which took place in the different laboratory locations, went hand-in-hand with flexible implementation. Critical self-observation, the flexibility, and self-regulation by the college were very important for this type of implementation.

The college as a network

From this standpoint, Forschungslabor Raum can be understood better as a network rather than a formal structure, as is usual with other doctoral colleges. For this reason, there was no external mandatory reporting., which led to more freedom for those participating and improved our orientation on aims. Of course, it also meant that there were no scholarships for the doctoral candidates. Nevertheless, twenty-five doctoral candidates were involved in the college, which underlines their great willingness and commitment to the college and its philosophy. The college was consequently target-oriented and free from bureaucracy.

The college's prime aims were the overall theme and the doctoral candidates' theses. There was also international cooperation between six universities from three different German-speaking countries. The actual doctorate followed according to the doctoral examination regulations of each separate university and under the responsibility of the relevant doctoral supervisor. The other participants took on an advisory role in this context, sovereignty remaining with the doctoral supervisor. As a result, the college had a joint intent but was to be understood rather as a forum for cooperation. This setting enabled it to function with no further formalities of its own, thus being able to invest time in the content of its work.

This freedom opened up many possibilities. However, at the same time it was necessary to agree internally upon certain unwritten rules in order to reach the college's target. Participants discussed and decided together about the next steps. This was only possible once a differentiation of the roles had been clearly defined. In the PhD weeks, which took place three times each year when all participants met in a location at one of the participating universities, the doctoral candidates were able to talk and exchange news about their progress or worries, and the professors and associate lecturers could define their interim targets more exactly. Thus, at the end of such a week, the next steps had been concretised and planned more precisely, so that a new focus could be created.

dynamischer Prozess, der nicht in einem Manifest festgesetzt wird, sondern flexibel auf Fehler und Überraschungen reagieren kann, sodass ein neuer Weg eingeschlagen werden kann, falls Hindernisse und Probleme auftreten. Dieser Prozess, der alle Beteiligten einbindet, versteht und weiterbringt, wird als lernende Organisation bezeichnet. Klare Rahmen, wie die Doktorandenwochen, die in den einzelnen Laborräumen stattgefunden haben, und flexible Umsetzungen gingen Hand in Hand. Wichtig für diese Art der Umsetzung waren eine kritische Selbstbeobachtung, Anpassungsfähigkeit und Selbstregulation durch das Kolleg.

Das Kolleg als Netzwerk

Aus diesem Gesichtspunkt kann das Doktorandenkolleg „Forschungslabor Raum" besser als ein Netzwerk und nicht als eine formelle Struktur, wie sie bei anderen Graduiertenkollegs üblich ist, verstanden werden. Die daher wegfallende externe Berichterstattungspflicht führte zu mehr Freiheit für die Beteiligten und zu einer besseren Zielorientierung. Zudem gab es keine Stipendien für die Doktoranden. Dennoch haben 25 Doktoranden an diesem Kolleg mitgewirkt, was ihre hohe Bereitschaft und ihr Engagement für das Kolleg und seine Philosophie unterstreicht. So war das Kolleg zielorientiert und ohne Bürokratie.

2 Discussion and dialogue in the college
2 Diskussion und Dialog im Kolleg

Oberstes Ziel des Kollegs waren das Thema und die Dissertationen der Doktoranden. Dazu kam die internationale Zusammenarbeit zwischen sechs Universitäten aus drei verschiedenen deutschsprachigen Ländern. Die eigentliche Promotion erfolgte nach der Promotionsordnung der jeweiligen Hochschule unter der individuellen Verantwortlichkeit des jeweiligen Doktorvaters. Dabei haben die anderen Beteiligten eine beratende Rolle übernommen und die Lufthoheit blieb beim Doktorvater. Dadurch war das Kolleg mit einem gemeinsamen Vorhaben mehr als Forum für die Zusammenarbeit zu verstehen. Diese Regel erlaubte es, ohne weitere eigene Formalitäten zu arbeiten und die Zeit in die inhaltliche Arbeit zu investieren.

Diese Freiheit hat viele Möglichkeiten eröffnet. Gleichzeitig war es jedoch erforderlich, intern gewisse ungeschriebene Regeln zu vereinbaren, um das Ziel zu erreichen. Über das weitere Vorgehen wurde gemeinsam diskutiert und entschieden. Dies war nur durch eine klare Rollendifferenzierung möglich. In der dreimal im Jahr stattfindenden Doktorandenwoche, in der sich alle Beteiligten an einem Standort einer der beteiligten Hochschulen trafen, konnten sich die Doktoranden über ihre Fortschritte und Sorgen austauschen und die Professoren und Lehrbeauftragten ihre Etappenziele genauer definieren, sodass am Ende dieser Woche das weitere Vorgehen genauer konkretisiert, geplant und neu fokussiert werden konnte.

:::::::::::: HANY ELGENDY

Levels of cooperation

The doctoral college enabled plenty of collaboration forms among the participants. While the focus was on the individual research of the doctoral candidates', the overall framework was underpinned by different levels of cooperation. For example, the doctoral candidates worked together in groups on a joint theme across city and national borders, but without losing sight of their own work. In this way, the groups in the individual locations were free to gather fresh ideas and impressions. The PhD weeks enabled the candidates to attend so-called consultations in order to speak to other professors and lecturers about their work in a bilateral or trilateral context. This opened up another possibility for exchange within the working process and dissolved conceivably static forms. The range of cooperation is also demonstrated by the fact that the associate lecturers not only gave lectures but also functioned as mentors for individual groups and were therefore able to offer explicit thematic input. Another form of cooperation was explicit coaching in communication given by a special tutor. As this coaching took place within a protected context and only between the associate tutor and the doctoral candidates, it was possible to go quite deeply into presentation techniques and conflict management. This forum gave the doctoral candidates the chance to present their work; meanwhile, the professors and associate lecturers had their own rooms so that they could speak about and reflect on aspects of organisation and content. The advantage of this kind of college is that many diverse opportunities are created beyond the classic 1:1 between a doctoral candidate and his or her supervisor.

The college as a protected context

External speakers improved the quality of the college with lectures or by accompanying the members on excursions. In addition, the doctoral candidates had the opportunity to enter into dialogue with these speakers. One important precondition to the functioning of this principle was that the doctoral candidates could give their lectures and presentations in a protected context, so that they remained within the college. This principle made it possible for the doctoral candidates to try things out within a spirit of learning and understanding, giving them the opportunity to adopt new approaches consciously.

As time passed, the demands made on the doctoral candidates increased and the work of supervision intensified. While the key focus at the beginning was on work such as a presentation of the thesis ideas, an exposé or a plan of progress—towards the end, mini-theses, key chapters, or concepts for the whole work became more important. At the same time, supervision by professors and lecturers intensified to a similar degree. While feedback in the whole group was initially the only form of feedback, during the course of the college, other forms were employed more often, with supervision becoming more personal and intense. At the start, the focus was on the laboratory spaces and the theses were regarded only peripherally. In the second part of the college, the individual theses developed into the new

Ebenen der Zusammenarbeit

Das Doktorandenkolleg hat den Beteiligten eine Fülle an Arten der Zusammenarbeit ermöglicht. Während die eigene Arbeit der Einzeldoktoranden im Fokus blieb, wurde der Gesamtzusammenhang durch verschiedene Ebenen der Zusammenarbeit gestärkt. So haben die Doktoranden beispielsweise über die Stadt- und Landesgrenze hinweg in Gruppen an einem gemeinsamen Thema gearbeitet, ohne ihre eigene Arbeit aus dem Blick zu verlieren. Dadurch wurden die Gruppen an den einzelnen Standorten aufgelockert,

um somit neue Ideen und Eindrücke zu sammeln. Die Doktorandenwochen ermöglichten es den Doktoranden, sogenannte Konsultationen wahrzunehmen, um mit anderen Professoren und Lehrbeauftragten über ihre Arbeit bilateral bzw. trilateral zu sprechen. Dies eröffnete eine weitere Austauschmöglichkeit im Arbeitsprozess und löste eventuelle mögliche statische Formen auf. Verschiedene Formen der Zusammenarbeit zeigten sich auch darin, dass die Lehrbeauftragten sowohl Vorträge hielten als auch als Mentoren für Einzelgruppen fungierten und so explizite thematische Inputs geben konnten. Eine weitere Art der Zusammenarbeit war das explizite Coaching in Kommunikation durch eine spezielle Lehrbeauftragte. Es war möglich, auf Präsentationstechniken, Konfliktmanagement und Gesprächsführung einzugehen, da dieses Coaching in einem geschützten Raum und nur zwischen der Lehrbeauftragten und den Doktoranden stattfand. So gab es für die Doktoranden ein Forum in der Doktorandenwoche, in dem sie ihre Arbeit präsentieren konnten, während die Professoren und Lehrbeauftragten eigene Räume zur Verfügung hatten, um über organisatorische und inhaltliche Aspekte zu diskutieren und zu reflektieren. Vorteil dieser Art von Kolleg ist es, über die klassische 1:1-Doktorand-Doktorvater-Beziehung hinweg vielfältige Möglichkeiten zu schaffen.

Das Kolleg als geschützter Raum

Externe Referenten bereicherten das Kolleg mit Vorträgen oder durch ihre Begleitung auf Exkursionen. Zudem konnten die Doktoranden mit diesen Referenten in einen Dialog treten. Eine wichtige Voraussetzung für das Funktionieren des Prinzips war, dass die Doktoranden ihre Vorträge und Präsentationen in einem geschützten Raum halten konnten, sodass diese kollegintern waren. Dieses Prinzip ermöglichte es den Doktoranden, sich auszuprobieren, mit einem Gefühl des Lernens und Verstehens und mit der Möglichkeit, bewusst neue Wege zu gehen.

Mit zunehmender Zeit sind die Anforderungen an die Doktoranden gestiegen und die Betreuungsarbeiten intensiviert worden. Während zu Beginn nur Arbeiten wie die Vorstellung der Dissertation, eines Exposés oder eines Arbeitsplans im Vordergrund standen, waren es gegen Ende bereits Minidissertationen, Schlüsselkapitel oder Entwürfe der gesamten Arbeit, die an

focus, while interest in the laboratory spaces moved towards orientation on single case studies.

Outlook

As an initiative, the college had no financial resources available, such as money from the EU or a national fund; for the most part, it was financed from the universities' own budgets and in some individual cases by sponsors. Moreover, many doctoral candidates were so involved in their own professional lives that they could actually find little time between the PhD weeks in order to work intensely on their theses. Many of them had to take holiday especially for this, or write on their theses in the evenings or at weekends. This full-time work was extremely taxing for many of the doctoral candidates in the long term; equally, it meant that they could not effectively pursue their aims. In some cases, they took unpaid leave from their jobs in order to devote themselves to their theses completely. However, this was only possible with private funding, so this solution was not open to all of them. In future, if we can find a way to give the doctoral candidates more time, enabling them to continue working in their professions as well as writing their theses, participation in a doctoral college may lead to its aim more directly.

It is necessary to be able to combine not only a doctorate and one's profession, but also family, doctorate, and professional life. This is a challenge that must be met, as some doctoral candidates faced the question if and how they could sensibly combine all three areas. It often proved helpful in such situations to have contact partners within the college; people who were available as advisors alongside their main tasks in the fields of content or organisation.

One possible way of optimising the effort involved may be to sound out synergies between the topics investigated in the theses and the candidates' actual profession and, wherever possible, to anchor these in the thesis. In addition, early sharp profiling of the individual theses' topics could be in the interest not only of the candidates, but also of the college as a whole.

Furthermore, a run-up period might increase efficiency in such a college. The group at one university, for example, could get to know each other in advance and design their own working concept. In addition, the doctoral candidates might familiarise themselves with the space under investigation and with the work of their doctoral supervisors; in this way, the candidates could link their topic to the theme of the specific space in advance, defining and restricting it correspondingly. It would also be possible at this time to initiate a kind of trial period, during which the supervisors could get to know the doctoral candidates better, checking their abilities and their suitability for the project. In this way, the ideas of prospective participants could be harmonised with the college's overall themes.

One important factor of success is the size of such a college, in terms of the number of participants and the laboratory spaces investigated. On the one hand, diversity of laboratory spaces and participants' experience is an

Bedeutung gewannen. Gleichzeitig hat die Betreuung durch die Professoren und Lehrbeauftragten in ähnlichem Maße zugenommen. War zu Beginn das Feedback im Plenum die einzige Form des Feedbacks, so wurden andere Formen der Rückmeldung im Laufe des Kollegs zunehmend genutzt und die Betreuungen persönlicher und intensiver. Die Laborräume standen zunächst im Fokus, während die Dissertationen nur am Rande betrachtet wurden. Im zweiten Teil des Kollegs standen dann die Einzeldissertationen im Blickpunkt und die Beschäftigung mit den Laborräumen wandelte sich in Richtung einzelner Fallbeispiele.

Ausblick

Das Kolleg als eine Initiative verfügte nicht über finanzielle Ressourcen, wie Gelder der EU oder einen Nationalfonds, sondern wurde größtenteils durch eigene Mittel der Universitäten und in Einzelfällen über Sponsoren finanziert. Allerdings waren viele Doktoranden in ihrem eigenen beruflichen Leben so sehr eingespannt, dass sie zwischen den Doktorandenwochen wenig Zeit finden konnten, um tatsächlich intensiv an ihren Dissertationen zu arbeiten. Viele von ihnen mussten sich extra dafür frei nehmen, am Abend an ihrer Dissertation schreiben oder das Wochenende dafür verwenden. Diese Vollbeschäftigung der Doktoranden war für viele auf Dauer sehr anstrengend und ebenso wenig zielführend. In einigen Fällen haben Doktoranden am Ende eine unbezahlte Auszeit von ihrer Arbeit genommen, um sich vollständig ihrer Dissertation widmen zu können. Dies war allerdings nur mit

privater Finanzierung möglich, sodass sich nicht alle Doktoranden diese Möglichkeit offenhalten konnten. Wenn es zukünftig gelingt, eine Möglichkeit zu finden, den Doktoranden mehr Zeit zu verschaffen, damit sie sowohl in ihrem Beruf arbeiten als auch an ihrer Dissertation schreiben können, kann die Teilnahme an einem Doktorandenkolleg noch zielführender sein.

Nicht nur die Promotion und der Beruf müssen dabei miteinander vereinbar sein, sondern auch Familie, Promotion und Beruf. Das ist eine Herausforderung, die gemeistert werden muss, da einige Doktoranden vor der Entscheidung standen, wie und ob sie diese Bereiche sinnvoll miteinander vereinen können. Dabei hat es immer wieder geholfen, im Kolleg Ansprechpartner zu haben, die neben den eigentlichen inhaltlichen oder organisatorischen Aufgaben als Berater zur Verfügung standen.

Eine Möglichkeit, den Aufwand zu verringern, kann darin bestehen, die Synergien zwischen den Untersuchungsräumen und -themen der Dissertationen mit dem tatsächlichen Beruf frühzeitig

enrichment; on the other hand, a large number of doctoral candidates and laboratory spaces may mean that only limited focus can be placed on the doctoral theses. Therefore, to optimise the success factor a balanced relation between the number of participants and the laboratory spaces is decisive.

In such an international doctoral college that works in an interdisciplinary way across national borders, different cultural backgrounds play a decisive role in discussions. Although Forschungslabor Raum only operated in German-speaking countries, the definition of terms was often discussed. Early and systematic resolution of this issue could only make a doctoral college even more successful as a research laboratory.

5 *The doctoral college were guests at the TU Munich in March 2011*
5 *Das Doktorandenkolleg zu Gast an der TU München im März 2011*

auszuloten und diese nach Möglichkeit in der Dissertation zu verankern. Darüber hinaus kann eine frühzeitige Schärfung der Themen der Einzeldissertationen nicht nur im eigenen Interesse des Doktoranden, sondern auch des gesamten Kollegs sein.

Ferner kann eine Vorlaufzeit die Effizienz in einem solchen Kolleg steigern. Zum Beispiel kann sich die Gruppe einer Universität schon im Vorfeld kennenlernen und ein eigenes Arbeitskonzept entwerfen. Außerdem könnten sich die Doktoranden sowohl mit dem Raum als auch mit der Arbeit des Doktorvaters vertraut machen, dadurch könnten die Doktoranden ihr Thema im Vorfeld mit dem Thema des Raums verknüpfen und entsprechend eingrenzen. Außerdem wäre es in dieser Zeit auch möglich, eine Art Probezeit stattfinden zu lassen, in der der Doktorvater die Doktoranden besser kennenlernen und deren Fähigkeiten sowie ihre Eignung für das Projekt überprüfen kann. So können die eigenen Vorstellungen mit den Rahmenthemen des Kollegs in Einklang gebracht werden.

Die Größe eines solchen Kollegs bezüglich der Anzahl der Teilnehmer und der untersuchten Laborräume ist ein wichtiger Erfolgsfaktor. Auf der einen Seite sind die Vielfältigkeit der Laborräume und die Erfahrungen der Teilnehmer eine Bereicherung. Auf der anderen Seite kann eine große Anzahl von Doktoranden und Laborräumen dazu führen, dass die Dissertationen nur eingeschränkt im Fokus stehen können. Somit ist für den Erfolgsfaktor ein ausgewogenes Verhältnis zwischen der Anzahl der Teilnehmer und der Laborräume maßgeblich.

In einem solchen internationalen Doktorandenkolleg, das über Landesgrenzen hinweg und interdisziplinär arbeitet, spielen die verschiedenen kulturellen Hintergründe eine maßgebliche Rolle in den Diskussionen. Obwohl das internationale Doktorandenkolleg „Forschungslabor Raum" nur im deutschsprachigen Raum gearbeitet hat, wurde oft über Begriffsdefinitionen diskutiert. Eine frühzeitige und systematische Beschäftigung mit diesem Thema kann ein Doktorandenkolleg als Forschungslabor noch erfolgreicher werden lassen.

COMMUNICATION AND THE DESIGN OF PROCESSES WITHIN THE COLLEGE

EVA RITTER

Promotion of subject-related interdisciplinary exchange was a key emphasis in the demands made by the international doctoral college. The doctoral candidates were not only expected to present their own work, but also to defend their theses in critical discourse with professors and colleagues. The college also pursued the development of innovative strategies to solve problems relating to space. This meant that students had to leave previously familiar ground, not only on a subject-related but also on a communicative level. The explicit aim in the context of the theses—to "train planners differently"—also had noticeable effects on the participants' personal profiles. The subject of communication therefore pervaded two areas of activity: on the one hand, the training of presentation and discussion abilities and, parallel to this, the coaching of psychological and group-dynamic processes.

The module "Design of Processes and Communication" was an obligatory part of the training college in every college week. The heading of this module by an organisational advisor with no specific competence in spatial planning was in line with our aim to separate communicative issues and the evaluation of content.

Training in presentation and discussion abilities

This ability-oriented training was intended to teach the participants the techniques necessary to present unusual and innovative concepts in a convincing way. During the twelve weeks of the college weeks, each participant had several opportunities to present the state of his or her thesis or the results of group work. Each presentation, as well as the subsequent discussion, was analysed soon afterwards using video technology, and a DVD recording was then given to the presenter for the purpose of personal evaluation.

The focus during the video analyses was on congruence between person and language as well as the content of presentations and charts. Individual strengths, the effect on the audience in each case, and possible ways to improve on an authentic performance were discussed rather than a predefined ideal standard. The participants were familiarised with professional methods of de-escalation and mediation, so that they could react in particular to confrontational discussion contributions and emotionality.

In the course of the college, the participants also trained their ability to discuss their own perspectives in the plenary sessions, controversially if necessary. This was about reacting flexibly to the teachers' criticism and being able to assert themselves in a suitable way. Such discussion in the group makes demands on the doctoral candidates' arguing abilities that are wholly different to those required in bilateral exchange with their su-

KOMMUNIKATION UND PROZESSGESTALTUNG IM KOLLEG

EVA RITTER

Die Förderung des fachlichen interdisziplinären Austauschs stellte einen besonderen Schwerpunkt des Anforderungsprofils im Internationalen Doktorandenkolleg dar. Von den Doktoranden wurde nicht nur die Präsentation der eigenen Arbeit erwartet, sondern auch die Verteidigung ihrer Thesen im kritischen Diskurs mit Professoren und Kollegen. Ebenso wurde im Kolleg die Entwicklung innovativer Strategien zur Lösung von raumrelevanten Problemen verfolgt. Dabei musste das bisher bekannte Terrain nicht nur auf der fachlichen, sondern auch auf der kommunikativen Ebene erweitert werden. Das explizite Ziel, im Rahmen der Dissertation „Planer anders auszubilden", hatte außerdem spürbare Auswirkungen auf das persönliche Profil der Teilnehmer. Das Thema Kommunikation erstreckte sich folglich auf zwei Aktionsbereiche: einerseits auf das Training von Präsentations- und Diskussionsfähigkeiten und parallel dazu auf das Coaching von psychologischen und gruppendynamischen Prozessen.

Das Modul „Prozessgestaltung und Kommunikation" war in jeder Kollegwoche ein obligatorischer Bestandteil des Lehrprogramms. Die Leitung des Moduls durch eine Organisationsberaterin ohne spezielle raumplanerische Fachkompetenz entsprach dem Anliegen, die kommunikativen Themen und die inhaltliche Bewertung voneinander zu trennen.

Training der Präsentations- und Diskussionsfähigkeiten

Das fähigkeitenorientierte Training sollte den Teilnehmern die erforderlichen Techniken für den überzeugenden Vortrag eigenwilliger und neuartiger Konzepte vermitteln. Während der insgesamt zwölf Kollegwochen hatten alle Teilnehmer mehrfach Gelegenheit, den Stand der Dissertation oder die Ergebnisse von Gruppenarbeiten vorzutragen. Jede Präsentation mit der anschließenden Diskussion wurde zeitnah videogestützt analysiert und die Aufzeichnung als DVD dem Vortragenden zur persönlichen Auswertung überlassen.

Bei den Videoanalysen lag der Fokus auf der Kongruenz von Person und Sprache sowie Präsentationsinhalten und Charts. Anstelle eines vorgegebenen Idealstandards wurden die individuellen Stärken, die jeweilige Wirkung auf das Publikum und die Möglichkeiten zur Steigerung einer authentischen Performance diskutiert. Insbesondere für die Reaktion auf konfrontative Diskussionsbeiträge und Emotionalität wurden die Teilnehmer mit professionellen Methoden der Deeskalation und Mediation vertraut gemacht.

Im Verlauf des Kollegs trainierten die Teilnehmer weiterhin, die eigene Perspektive im Plenum auch kontrovers zu diskutieren. Es ging darum, flexibel auf die Kritik der Dozenten zu reagieren und sich angemessen zu behaup-

pervisors. The aim of the training was to give participants the ability to convey their standpoint factually and objectively, even and especially if they felt emotionally hit or attacked. Repeated watching of the presentation videos made the doctoral candidates aware of their own personal behaviour patterns in stress situations. They received coaching to develop individual strategies to steer their own emotional dynamics and other behaviour constructively.

Cultivating a special routine clearly contributed to the success of the teaching module "Communication." This included theoretical input being practice-oriented in principle and feedback always being supported by video. In this way, changes in customary behaviour could be applied directly and also assessed subjectively by each participant while watching the video in the group—or alone during subsequent viewing and work. It was especially important for the learning effect that coaching sessions took place very soon after the rounds of presentations. The repetition that developed from this regularity helped to anchor changes in communicative style; experience tells us that under stress, new patterns of behaviour only become automatic after several cycles.

Coaching of psychological and group-dynamic processes

From a psychological standpoint, the college created a testing space for group and individual dynamics across a timeline of three and a half years. Feedback for the participants who had made presentations each week always took place in conjunction with all the other doctoral candidates. Analysis in the group enabled each participant to experience a constant change in perspective from presenter to audience and meta-level. Experience confirmed that this setting not only sped up the individual learning process, but also strengthened the participants' loyalty towards each other. The necessary preconditions to the easier acceptance and implementation of criticism evolve in this atmosphere. It may also have been a result of such regular work in the forum that the coherence of the group increased and little competitive behaviour was noted over the course of the college.

It had already become obvious in the college's initial phase that a great demand for individual talks in addition to workshops and plenary discussion developed among the participants. Therefore, the consultation format was introduced, which initially served to intensify the feedback after presentations. However, personal problems were aired increasingly; problems that were arising in connection with the doctoral projects and the students' participation in the college.

Even before the start of the college, most participants were facing difficult time management between profession, family, and free time. Now additional windows of time had to be opened for the doctoral thesis, which often took a toll on opportunities for holidays or recreation. Facing a dilemma between funding and deadlines, the growing pressure drove many participants to their limits.

ten. Diese Diskussion in der Gruppe stellt völlig andere Anforderungen an die Argumentationsfähigkeit der Doktoranden als der bilaterale Austausch mit dem Doktorvater. Ziel des Trainings war es, dass die Teilnehmer auch und gerade wenn sie sich betroffen oder angegriffen fühlten, den eigenen Standpunkt sachlich vermitteln konnten. Die wiederholte Betrachtung der Präsentationsvideos machte den Doktoranden ihre persönlichen Muster in Stresssituationen bewusst. Sie erhielten Coaching zur Entwicklung von individuellen Strategien, um ihre emotionale Dynamik und das weitere Verhalten konstruktiv zu steuern.

Es trug offensichtlich zum Erfolg des Lehrmoduls „Kommunikation" bei, eine spezielle Routine bei der Gestaltung zu pflegen. Dazu gehörte, dass die theoretischen Inputs grundsätzlich praxisbezogen waren und dass die Rückmeldungen immer videogestützt gegeben wurden. Dadurch waren die Veränderungen des gewohnten Verhaltens direkt anwendbar und konnten beim Betrachten des Videos in der Gruppe – oder bei der Nachbearbeitung allein – von jedem Teilnehmer subjektiv überprüft werden. Besonders wichtig war es für den Lerneffekt, dass die Lehrveranstaltung zeitnah im Anschluss an die Vortragsrunde stattfand. Gerade die bei dieser Regelmäßigkeit entstehende Redundanz festigt den veränderten Kommunikationsstil, da neue Verhaltensmuster unter Stress erfahrungsgemäß erst nach mehreren Durchgängen automatisiert werden.

Coaching von psychologischen und gruppendynamischen Prozessen

Das Kolleg bildete aus psychologischer Sicht einen Laborraum für Gruppen- und Individualdynamik über eine Zeitschiene von dreieinhalb Jahren. Das Feedback für die Teilnehmer, die in der jeweiligen Woche präsentiert hatten, wurde immer gemeinsam mit allen anderen Doktoranden durchgeführt. Die Analyse in der Gruppe ermöglicht jedem Teilnehmer einen ständigen Perspektivenwechsel zwischen Vortragendem, Publikum und Metaebene. Es bestätigte sich die Erfahrung, dass dieses Setting nicht nur den individuellen Lernprozess beschleunigt, sondern auch die Loyalität der Teilnehmer untereinander stärkt. In dieser Atmosphäre entstehen die notwendigen Voraussetzungen, um Kritik leichter zu akzeptieren und umsetzen zu können. Möglicherweise ist es auch auf diese regelmäßige Arbeit im Forum zurückzuführen, dass im Verlauf des Kollegs der Gruppenzusammenhalt zunahm und wenig Konkurrenzverhalten spürbar war.

Bereits in der Anfangsphase des Kollegs wurde offensichtlich, dass neben den Workshops und den Plenumsdiskussionen ein großer Bedarf für Einzelgespräche bei den Teilnehmern entstand. Dementsprechend wurde das Format der Konsultationen eingeführt, die zunächst der Vertiefung des Präsentationsfeedbacks dienten. Zunehmend kamen jedoch persönliche Probleme zur Sprache, die im Zusammenhang mit dem Promotionsvorhaben und der Teilnahme am Kolleg auftraten.

Die meisten Teilnehmer befanden sich schon vor Kollegbeginn in einem zeitlich ausgereizten System aus Beruf, Familie und Freizeit. Für das Kolleg

In addition, the participants were sensitised by the unfamiliar hierarchies in the doctoral college. The impression of "judgement" in discussions reactivated typical patterns of behaviour associated with examination stress. As if regressing in time, participants often displayed a reduction in their customary professional repertoire of behaviour, associated with a sense of uncertainty and doubts that were unjustified when the situation was seen objectively.

It was not uncommon for the idea of abandoning the college or the doctorate to be voiced, either indirectly or quite openly. The familiarity and intensity of coaching on a one-to-one basis gave the participants an opportunity to test their self-evaluation and so gain a realistic view of the situation. By this means, the candidates were often able to review previously disregarded possibilities, which enabled them to rediscover their motivation for the college. Coaching cannot replace the necessary self-initiative of the doctoral candidates and the necessary prioritisation in their life-styles, but it is obviously a meaningful option offering professional assistance with crisis management and orientation during this extremely demanding phase of life.

Summary

The fact that sufficient time was available for communication and the design of processes turned out to be an essential factor of continuity in the college. Both teachers and doctoral candidates were positive about the fact that the field of communication was separate from content. The teachers could thus concentrate on subject-related criticism without having to take responsibility for improving the presentations' formal quality.

Participants regarded the training in presentation and discussion as a vital enrichment of their personal competencies. Over the course of the college, it was possible to observe that all the doctoral candidates developed an authentic professional lecturing style and growing self-confidence during discussions.

Professional coaching from a contact partner with psychological competence, who was not involved in evaluating the achievement of the doctorate, extended the action radius within the college. For the college participants, this led to the creation of a protected context for conflict management parallel to research on their theses. This combination proved itself a meaningful, up-to-date format to assist the doctoral candidates during the completion of their doctorates, not only from an academic point of view but also with respect to personality development.

und die Dissertation mussten nun zusätzliche Zeitfenster eröffnet werden, was häufig das Urlaubs- und Erholungskontingent belastete. In dem Dilemma zwischen Finanzen und Fristen führte der wachsende Druck viele Teilnehmer an ihre Grenzen.

Zusätzlich wurden die Teilnehmer durch die ungewohnte Art der Hierarchien im Doktorandenkolleg sensibilisiert. Der Eindruck einer „Beurteilung" in den Diskussionen reaktivierte typische Verhaltensmuster von Prüfungsstress. Wie in einer Zeitregression zeigten die Teilnehmer oft Einschränkungen ihres gewohnten, professionellen Verhaltensrepertoires, verbunden mit einem bei objektiver Betrachtung unangemessenen Gefühl von Verunsicherung und Zweifeln.

Nicht selten wurde die Überlegung, das Kolleg bzw. die Promotion abzubrechen, indirekt oder ganz offen thematisiert. Die Vertraulichkeit und Intensität des Coachinggesprächs unter vier Augen gab den Teilnehmern Gelegenheit, ihre Selbsteinschätzung zu überprüfen und einen realistischen Blick auf die Situation zu gewinnen. Dadurch gelang häufig der Zugang zu bisher unbeachteten Möglichkeiten, um die Motivation für das Kolleg wieder herzustellen. Coaching kann die notwendige Eigeninitiative der Doktoranden und die erforderliche Priorisierung im Lebensstil nicht ersetzen. Es ist jedoch offensichtlich eine sinnvolle Option, um in dieser äußerst anspruchsvollen Lebensphase professionelle Begleitung zum Krisenmanagement und zur Orientierung anzubieten.

Resumee

Es zeigte sich als ein wesentlicher Faktor für die Kontinuität im Kolleg, dass genügend Zeit für Kommunikation und Prozessgestaltung zur Verfügung stand. Dozenten und Doktoranden bewerteten gleichermaßen positiv, dass der Themenbereich Kommunikation getrennt war von der inhaltlichen Betrachtung. Die Dozenten konnten sich auf die fachliche Kritik konzentrieren, ohne Verantwortung für die Verbesserung der formalen Vortragsqualität übernehmen zu müssen.

Das Training von Präsentation und Diskussion wurde von den Teilnehmern als wesentliche Bereicherung der persönlichen Kompetenzen empfunden. Es war zu beobachten, dass alle Doktoranden im Verlauf des Kollegs einen authentischen professionellen Vortragsstil und zunehmende Selbstsicherheit während der Diskussionen entwickelten.

Das professionelle Coaching durch einen Ansprechpartner mit psychologischer Fachkompetenz, der jedoch nicht an der Bewertung der Promotionsleistung beteiligt ist, erweiterte den Aktionsradius im Kolleg. Für die Kollegteilnehmer entstand ein geschützter Raum für Konfliktmanagement parallel zu ihrer Forschung in der Dissertation. Diese Kombination erwies sich als sinnvolles und zeitgemäßes Format, um Doktoranden während der Promotion nicht nur unter dem wissenschaftlichen Aspekt, sondern auch in ihrer Persönlichkeitsentwicklung zu fördern.

"THE IMAGE PRECEDES THE IDEA"[1]
IMAGES IN SPATIAL PLANNING

ROLF SIGNER

Introduction

There was repeated reference to images during the international doctoral college, and naturally images were produced and shown. Often people spoke of "images in the mind" as well. However, the term "image" was not examined in any further depth—which is a sad state of affairs, considering the vital role of the pictorial in understanding and agreement within the field of spatial planning. Images can provide access to the invisible or the conceived,[2] which is impossible via text alone. This essay aims to present a brief inventory of what can be understood by the term "image." In addition, it will discuss in more detail the example of the diagrammatic image so widespread in spatial planning.In practice, spatial planners generally use the cultural techniques[3] of images, words, and numbers in conjunction. Training in spatial planning at the ETH Zurich (post-diploma study course or Master of Advanced Studies) has always demanded this conjunction of techniques in order to enable changing perspectives on situations and solutions.[4] Amongst other things, the purpose of this approach is to reveal contradictions and gaps. Above all, whole texts supplemented by commentaries in this way serve to establish and maintain an overview.[5]

What are images? The five types of permanent images according to W.J.T. Mitchell, and other distinctions

William John Thomas Mitchell
Mitchell[6] differentiates five types of images, which follow the order of the discourse dominating each discipline (fig. 1):
1. Graphic images like drawings, photos, architectural plans or models, paintings or statues. These images are material, and they are among the concerns of art history.
2. Optical images such as projections (onto canvas or glass screens) or reflections, for which physics is responsible.
3. Perceptual images, i.e., sensory data or phenomena. These images represent a border area, in which several sciences are active—

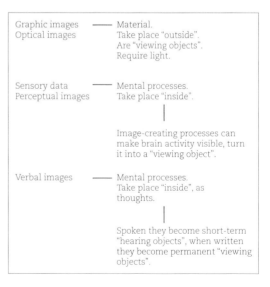

1 *The family of images by Mitchell [2008, 20ff.].*

„DAS BILD GEHT DER IDEE VORAUS"[1]
VON BILDERN IN DER RAUMPLANUNG

ROLF SIGNER

Einleitung

Während des internationalen Doktorandenkollegs wurde zu wiederholten Malen über Bilder gesprochen, wurden Bilder hergestellt und gezeigt. Oft kam auch das „Bild im Kopf" zur Sprache. Der Begriff „Bild" wurde dabei allerdings nicht vertieft bearbeitet – ein angesichts der bedeutenden Rolle des Bildlichen für Verständnis und Verständigung in der Raumplanung misslicher Zustand. Bilder können Zugänge zu Unsichtbarem oder Erdachtem öffnen[2], was mit sprachlichem Text allein nicht gelingt. Ziel dieses Beitrags ist es, eine knappe Auslegeordnung dessen zu machen, was unter „Bild" verstanden werden kann. Zudem wird das in der Raumplanung weit verbreitete diagrammatische Bild exemplarisch ausführlicher besprochen. In der Praxis benützen Raumplanerinnen und Raumplaner die Kulturtechniken[3] Bild, Wort und Zahl in der Regel miteinander. In der Raumplanungsausbildung an der ETH Zürich (Nachdiplomstudium bzw. Master of Advanced Studies) wurde und wird dieses Miteinander ausdrücklich verlangt, um Wechsel der Sichtweisen auf Sachverhalte und Lösungen zu ermöglichen[4]. Dies bezweckt unter anderem, Widersprüche sowie Lücken aufzudecken. Vor allem dienen derartige kommentierte Gesamttexte dazu, die Übersicht zu gewinnen und bewahren zu können[5].

Was sind Bilder? – Die fünf Typen stehender Bilder von W.J.T. Mitchell und andere Unterscheidungen

William John Thomas Mitchell
Mitchell[6] unterscheidet fünf Bildtypen, die der Ordnung des Diskurses folgen, der in der jeweiligen Disziplin herrscht (Abb. 1):

1. Grafische Bilder wie Zeichnungen, Fotos, architektonische Pläne bzw. Modelle, Gemälde oder Statuen. Diese Bilder sind stofflich (materiell), und darum kümmert sich unter anderem die Kunstgeschichte.
2. Optische Bilder wie Projektionen (auf Leinwände oder Mattscheiben) oder Spiegelungen, für welche die Physik zuständig ist.
3. Perzeptuelle Bilder, also Sinnesdaten oder Erscheinungen. Diese Bilder bilden ein Grenzgebiet, in dem mehrere Wissenschaf-

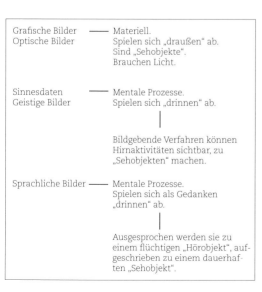

1 *Die Bilderfamilie von Mitchell [2008, 20ff.]. Darstellung und Kommentare R.S.*

e.g., physiology, neurology, psychology, art history, physics and philosophy.
4. Mental images such as dreams, memories, ideas, concepts and mental models of our environment, which are the concern of psychology and cognitive science. In this case, however, as with the perceptual images, we are not talking about pictorial representations in the true sense but about mental processes.
5. Verbal images, i.e., metaphors and pictorial descriptions; this is an active field of literary studies.[7]

The first two types of images are directly accessible to viewing, like material drawings hanging on a wall or images projected onto a screen. The remaining three types in this family of images are only indirectly available for viewing, inasmuch as image-creating processes, for example, represent brain activities or a linguistic image is transformed from a thought into a legible object by writing it down, i.e., it is made into a public expression. Or, as Mitchell puts it in his section on "Verbal Imagery": "Texts and speech acts are, after all, not simply affairs of 'consciousness,' but are public expressions that belong right out there with all the other kinds of material representations we create..."[8]

Oliver R. Scholz
Scholz distinguishes (fig. 2) artefacts (such as paintings or drawings, "which represent something in a certain ... way, or at least allow us to see something"[9]); natural images, which evolve without human intervention (such as reflections,[10] shadows, or imprints); inner images (ideas, dreams or hallucinations); the original-copy phenomenon; specific forms of speech such as metaphors; images in the normative sense; and the mathematical concept of the image.

Maria Lucia Santaella-Braga
After the systems of Mitchell und Scholz, which display some similarity, our attention moves to Santaella-Braga (fig. 3). She links four criteria,

Artefacts	—	Material *(technei eikones)* Take place "outside". They are "viewing objects". They represent something or at least allow us to see something.
Natural images	—	Material *(physei eikones)* Take place "outside". They are "viewing objects". They come about without human intervention.
Inner images	—	Mental processes. Take place "inside".
Original image-copy	—	Something can be termed an image of something else (metaphysical use). Take place either "outside" or "inside".
Forms of speech	—	Like "A picture says more than a thousand words". Take place "outside" or "insidev.
Images in the normative sense	—	Like "role model" or "guiding image". Takes place "outside" or "inside".
Mathematical concept of the image	—	Field of original images and the field of values or images.

2 *Differentiations according to Scholz [2009, 5ff].*

ten tätig sind wie Physiologie, Neurologie, Psychologie, Kunstgeschichte, Physik und Philosophie.
4. Geistige Bilder wie Träume, Erinnerungen, Ideen, Vorstellungen und mentale Modelle der Umwelt, mit denen sich Psychologie und Erkenntnistheorie befassen. Es handelt sich hier allerdings – wie bei den perzeptuellen Bildern auch – nicht um bildhafte Darstellungen im engen Sinn, sondern um mentale Prozesse.
5. Sprachliche Bilder, das heißt Metaphern und bildhafte Beschreibungen; hier ist die Literaturwissenschaft tätig[7].

Die ersten beiden Bildtypen sind unmittelbar einer Inspektion zugänglich, also zum Beispiel an der Wand hängende, stoffliche Zeichnungen oder auf eine Leinwand projizierte Bilder. Die übrigen drei Typen dieser Bilderfamilie sind einer Inspektion nur mittelbar zugänglich, indem zum Beispiel bildgebende Verfahren Hirnaktivitäten darstellen oder ein sprachliches Bild von einem Gedanken zu einem Leseobjekt wird, indem man es aufschreibt, also zu einem öffentlichen Ausdruck macht. Oder, wie Mitchell es im Abschnitt „Innere Angelegenheiten und öffentliche Ausdrucksformen" formuliert: „Texte und Sprechakte sind nicht einfach eine innere Angelegenheit des ‚Bewusstseins', sondern öffentliche Ausdrucksformen, die sich zusammen mit all den anderen Arten materieller Repräsentation, die wir erzeugen (…), draußen abspielen".[8]

Oliver R. Scholz
Scholz unterscheidet (Abb. 2) Artefakte (wie Gemälde oder Zeichnungen, „die in bestimmter (…) Weise etwas darstellen oder zumindest etwas sehen lassen"[9]), natürliche Bilder, die ohne menschliches Hinzutun zustande kommen (wie Spiegelungen[10], Schatten oder Abdrücke), innere Bilder (Vorstellungen, Träume oder Halluzinationen), das Urbild-Abbild-Phänomen, bestimmte Formen der Rede wie Metaphern, Bilder im normativen Sinn sowie den mathematischen Bildbegriff.

Artefakte	Materiell *(technei eikones)* Spielen sich „draußen" ab. Sind „Sehobjekte". Sie stellen etwas dar oder lassen zumindest etwas sehen.
Natürliche Bilder	Materiell *(physei eikones)* Spielen sich „draußen" ab. Sind „Sehobjekte". Kommen ohne menschliches Hinzutun zustande.
Innere Bilder	Mentale Prozesse. Spielen sich „drinnen" ab.
Urbild-Abbild	Etwas kann als Bild von etwas anderem bezeichnet werden (metaphysische Verwendung). Spielt sich „draußen" oder „drinnen" ab.
Formen der Rede	Wie „Ein Bild sagt mehr als tausend Worte". Spielt sich „draußen" oder „drinnen" ab.
Bilder im normativen Sinn	Wie „Vorbild" oder „Leitbild". Spielt sich „draußen" oder „drinnen" ab.
Mathematischer Bildbegriff	Urbildbereich und Werte- bzw. Bildbereich.

2 *Die Unterscheidungen nach Scholz [2009, 5ff]. Darstellung und Kommentare R.S.*

leading to three categories of images.[11] The criteria are:

> mode of production/materiality like chalk on a board or the exposure of a film, etc.
> possibility of storage/reproduction, like an image on paper/photocopy or a file on a stick/digital copy
> cognitive operations that the image will tend to set in motion, like the recognition of objects or scenes
> channels of image transmission like radio, television, or newspaper

The following categories emerge:
1. *Artisanal (prephotographic)*: This type of image is produced in a creative act using one's hands or a tool; it can only be copied to a limited extent and is impossible to store. It only circulates when the original is passed on.
2. *Automatic (photographic)*: These are mechanical-chemical copies of sections of the world; in principle they can be copied and stored as often as one wishes (endless circulation).
3. *Mathematical (postphotographic)*: This type of image is characterised by digital generation, endless and flexible possibilities of storage and copying, interactive handling (image interface), and unlimited and extremely rapid transmissibility.

	Mode of production / materiality	Possibility of storage/ reproduction	Cognitive operations	Channels of transmission
Artisanal – prephotographic	Chalk on a board	Portraying Photographing	e.g. object recognition	Passing-on of the original
Automatic – photographic	Tape recording	Analogue copy	e.g. scene recognition	Radio Borrowing
Mathematical – postphotographic	Image file on hard disk	Digital copy	e.g. object recognition	Electronic

3 *The three image categories in Santaella-Braga's work. Linking of four criteria [Stöckl 2004, 121f.].*

The digital image

But now the question is: what are we dealing with when we view an image on a computer screen? We do not see digital images, certainly, but only the analogue type: "There are no images without screens."[12] To which should be added: or without print-outs. Flusser even maintains that such "digital" images are not images at all but symptoms of specific processes.[13] And Mitchell attributes digital images to a post-photographic age, "... in which the photo's indexical[14] reference to the world has been lost."[15] So seeing images means viewing exclusively analogue images, which—under some circumstances—can be

	Produktionsmodus/Materialität	Speicher-/Reproduzierbarkeit	kognitive Operationen	Übertragungskanäle
Artisanal – prephotographic	Kreide auf Wandtafel	Abmalen Fotografieren	z.B. Objekterkennung	Weiterreichen des Originals
Automatic – photographic	Tonband-Aufzeichnung	Analoge Kopie	z.B. Szenenerkennung	Radio Ausleihe
Mathematical – postphotographic	Bilddatei auf Festplatte	Digitale Kopie	z.B. Objekterkennung	Elektronisch

3 *Die drei Bildkategorien bei Santaella-Braga. Koppelung von vier Kriterien [Stöckl 2004, 121f.]. Darstellung und Kommentare R.S.*

Maria Lucia Santaella-Braga

Nach den Systematisierungen von Mitchell und Scholz, die eine gewisse Ähnlichkeit aufweisen, kommt Santaella-Braga zur Sprache (Abb. 3). Sie koppelt vier Kriterien, sodass drei Kategorien von Bildern entstehen.[11] Als Kriterien gelten:

> Produktionsmodus/Materialität wie Kreide auf Wandtafel oder Belichten eines Films etc.
> Speicher-/Reproduzierbarkeit wie Bild auf Papier/Fotokopie oder Datei auf Speicherstick/digitale Kopie
> kognitive Operationen, die das Bild vorzugsweise in Gang setzt wie Objekt- oder Szenenerkennung
> Kanäle der Übertragung des Bildes wie Radio, Fernsehen oder Zeitung

Es entstehen die drei Kategorien:
1. *artisanal (prephotographic)*: Derartige Bilder sind mit der Hand und Hilfsinstrumenten in einem kreativen Akt produziert und bedingt kopier- und nicht speicherbar. Sie zirkulieren nur durch Weiterreichung des Originals.
2. *automatic (photographic)*: Dies sind mechanisch-chemische Kopien von Weltausschnitten, im Prinzip beliebig speicher- und kopierbar (endlose Zirkulation).
3. *mathematical (postphotographic)*: Derartige Bilder zeichnen sich durch digitale Erzeugung, endlose und flexible Speicher- und Kopierbarkeit, interaktiven Umgang mit dem Bild (Bildoberfläche) sowie grenzenlose und extrem schnelle Übertragbarkeit aus.

Das digitale Bild

Nun stellt sich aber die Frage, womit wir es eigentlich zu tun haben, wenn wir ein Bild auf einem Computerbildschirm betrachten. Jedenfalls sieht man keine digitalen Bilder, nur analoge: „Es gibt keine Bilder ohne Bildschirme"[12]. Zu ergänzen wäre: bzw. ohne Ausdrucke. Flusser redet gar davon, dass solche „digitalen" Bilder überhaupt keine Bilder seien, sondern Symptome von bestimmten Prozessen.[13] Und Mitchell hat die digitalen Bilder einem postfotografischen Zeitalter zugeschlagen, „ (…) in welchem der indexikalische[14] Weltbezug

stored digitally in the form of codes.[16] The specific feature of this kind of image is that it can be operationalised and processed.[17]

The multiple image

When we view an image presented in a book, for example, we are dealing with a multiple image in a certain sense.[18] Say the image depicted is an oil painting: first, there is the material original (according to Santaellea-Braga, *artisanal/prephotographic*). As a second image, we have the scanned image, for example, in the form of a digital file (*automatic/postphotographic*); and finally as a third form, we have the printed, analogue image (*automatic/photographic*) with or without an accompanying verbal text.

Seeing images and the environment

Together with Stöckl,[19] we should distinguish between seeing our surroundings (or ecological seeing), whereby we interact with the real environment, and seeing images, whereby we are investigating a (framed) material image. In contrast to the image, the environment is not flat and conveys far more than the visual level (fig. 4).

Some characteristics of images

In survey style, we shall now consider some characteristics of material, non-natural images, which are also fixed and not interactive—that is, images like the ones generally appearing in this book.

Image capacity

Images may enable us to carry out cognitive operations "which cannot be set in motion by language, or at least not with comparable efficiency." They create access to the world for us via such image-specific mental activities.[20] They can provide new perspectives on things already known, "… presenting things seldom or never seen or making the invisible visible to the naked eye by means of new image-generation processes."[21] Sometimes, even passing phenomena like linguistic sounds or musical notes are visualised.[22]

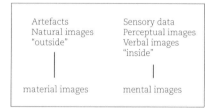

4 *Overview of the family of images.*

des Fotos verloren gegangen sei".[15] Bildersehen heißt also ausschließlich analoge Bilder zu betrachten, die unter Umständen in Form von Codes digital gespeichert sein können.[16] Das Spezifische an derartigen Bildern liegt in ihrer Operationalität und Prozessierbarkeit.[17]

Das mehrfache Bild

Wenn wir etwa ein in einem Buch präsentiertes Bild betrachten, so haben wir es gewissermaßen mit einem mehrfachen Bild zu tun.[18] Handelt es sich beim dargestellten Bild zum Beispiel um ein Ölgemälde, so tritt an die erste Stelle das materielle Original (nach Santaellea-Braga *artisanal/prephotographic*). Als zweites Bild haben wir zum Beispiel das gescannte Bild in Form einer digitalen Datei (*automatic/postphotographic*) und schließlich als drittes das abgedruckte, analoge Bild (*automatic/photographic*) mit oder ohne verbalen Begleittext.

Bildersehen und Umweltsehen

Wir sollten mit Stöckl[19] unterscheiden zwischen dem Umweltsehen (oder ökologischen Sehen), bei dem wir mit der realen Umwelt in Interaktion treten, und dem Bildersehen, bei dem ein (gerahmtes) materielles Bild erkundet wird. Die Umwelt ist im Gegensatz zum Bild nicht flach und bietet mehr als nur Visuelles dar. (Abb. 4)

Einige Charakteristika von Bildern

Wir betrachten im Sinne einer Übersicht einige Charakteristika von materiellen, nicht-natürlichen Bildern – die überdies stehend und nicht-interaktiv sind –, also solchen, wie sie in diesem Buch generell vorkommen.

Bildvermögen

Bilder können uns kognitive Operationen ermöglichen, „die Sprache nicht oder nicht in vergleichbar effizienter Weise in Gang bringen kann." Sie verschaffen uns über diese bildspezifischen mentalen Aktivitäten Zugang zur Welt.[20] Sie können neue Perspektiven auf bereits Bekanntes liefern, „(…) selten bzw. nie Gesehenes präsentieren oder mit bloßem Auge nicht Sicht-

Artefakte Natürliche Bilder „draußen"	Sinnesdaten Geistige Bilder Sprachliche Bilder „drinnen"
materielle Bilder	mentale Bilder

4 *Die Bilderfamilie in der Übersicht. Darstellung und Kommentare R.S.*

Frame and distance

According to Stöckl, images are graphic markings on a surface.[23] They are two-dimensional, and their size is limited by a frame.[24] According to Alloa, this framing leads to "a double exclusion outwards and an inward enclosure."[25] An image always exists within a distance. It is opposite to its viewer and the viewing.[26]

Simultaneity

In an image, everything is always visible at the same time: it is simultaneous. "Even when it is impossible to do justice to everything simultaneously, we know that it is there—at the correct distance, in one viewing."[27]

And together with Boehm we can affirm, "… that the realisation of simultaneity that images demand from us is vital to their showing.… One might dare to say: simultaneous realities can only be shown."[28]

Presenting and representing

All images present, most images represent[29] or: all images make us see something, and most of them depict something; in this case they have a denotative reference[30] (fig. 5).
Images cannot speak, they have to be explored.

Syntactic dense and loose systems

Like (played) music or dance, images belong to the so-called dense syntactic systems, in which an endless number of characters are "presented in an arrangement so that a third will always be found between any two."[31] In this way they differ from written language "with its disjunctive and differentiable units,"[32] that is, an alphabet with well-formulated signs (fig. 6).

Whole texts

When images, words, and numbers appear in conjunction we may refer to whole or supertexts[33] or to communicative units[34] (fig. 7). Krämer calls this a "brotherhood" of sign systems[35] (cf. fig. 7 or 10).

5 *Dense syntactic systems* ▷
The image on the left presents something, namely a pattern of colours with no denotative reference, and the image on the right represents something, namely a specific type of airplane and a specific airline.

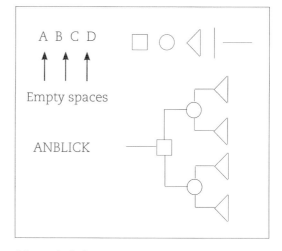

6 *Syntactically loose systems:*
Left: Alphabet with "well formed formula": "ANBLICK").
Right: Elements of the decision tree with well formed formula (double-risk dilemma; cf. Signer 1994, 41ff.).
The sole purpose of the space between the symbols is to differentiate and individualize the elements [Alloa 2011, 306].

5 Syntaktisch dichte Systeme
Das linke Bild lässt etwas sehen (präsentiert), nämlich einen Farbverlauf ohne denotativen Bezug, und das rechte stellt etwas dar (repräsentiert), nämlich ein Flugzeug eines bestimmten Typs und einer bestimmten Airline.

6 Syntaktisch lose Systeme:
Links: Alphabet mit wohlgeformtem Ausdruck („well formed formula": „ANBLICK").
Rechts: Elemente des Entscheidungsbaums mit wohlgeformtem Ausdruck (Doppel-Risiko-Dilemma; vgl. Signer 1994, 41ff.).
Der Abstand zwischen den Zeichen dient allein der Unterscheidung und Individuierung der Elemente [Alloa 2011, 306].

bares durch neue Bildherstellungsverfahren sichtbar machen."[21] Und manchmal wird sogar Flüchtiges wie Sprachlaute oder musikalische Töne zur Anschauung gebracht.[22]

Rahmen und Abstand

Bilder sind nach Stöckl grafische Markierungen auf einer Oberfläche.[23] Sie sind flächig, und in ihrer Größe durch einen Rahmen begrenzt.[24] Gemäß Alloa findet mit der Rahmung „eine doppelte Abschliessung nach außen und eine Umschließung nach innen statt."[25] Ein Bild ist immer im Abstand da. Es ist der Betrachtung gegenüber.[26]

Simultaneität

Auf einem Bild ist immer alles zugleich sichtbar, es ist simultan. „Selbst wenn man nicht alles auf einmal würdigen kann, weiß man doch, dass es da ist – bei richtigem Abstand auf einen Blick."[27] Und mit Boehm halten wir fest „(...) dass die simultaneisierende Leistung, die uns Bilder abverlangen, für ihr Zeigen von alles entscheidender Bedeutung ist. (...) Man darf vielleicht den Satz wagen: simultane Realitäten lassen sich ausschließlich zeigen."[28]

Präsentieren und Repräsentieren

Alle Bilder präsentieren, die meisten Bilder repräsentieren[29] oder: Alle Bilder lassen etwas sehen, und die meisten stellen etwas dar; in diesem Fall haben sie einen denotativen Bezug[30] (Abb. 5).

Bilder können nicht reden, sie sind zu explorieren.

Syntaktisch dichte und lose Systeme

Bilder gehören wie (gespielte) Musik oder Tanz zu den sogenannten syntaktisch dichten Systemen. Dort sind unendlich viele Charaktere „bereitgestellt, die so geordnet sind, dass es zwischen jeweils zweien immer ein drittes gibt."[31] Damit unterscheiden sie sich von der verschrifteten Sprache „mit ihren disjunkten und differenzierbaren Einheiten"[32], also einem Alphabet mit wohlunterschiedenen Zeichen. (Abb. 6)

The non-specific nature of images
The reason for this—according to Boehm—is that everything that is shown could also have been shown differently.[36] An image is a concrete formulation of the possibilities, of potential.

Many interpretations
Its unspecific nature means that an image is always open to a large number of interpretations. This is associated with the danger of misunderstanding or failure to understand (Scholz). The large number can be reduced in various ways, for example, by adding a picture title, a caption, or a text to the image.[37] These additions fulfil the function of a pointer.[38] Stöckl also refers generally to orientation for decoding[39] and Scholz to the disambiguation of images open to various interpretations[40] (fig. 8).

Non-linear reading
There are—thanks to its simultaneity—various possible points at which one can begin to explore an image. Here, the reading is non-linear, in contrast to written language.[41] Perception evolves in an integral and simultaneous way, whereby details "... can be focused on in sequence, through a process of directed attention"[42] (fig. 9).

The diagrammatic image—a hinge between thought and view

The diagrammatic image has a special place in this context because it is widespread in spatial planning: "In the narrowest sense, the diagram is a graphic representation that visualises facts directly, in particular relations between dimensions, for example, but also between concepts and spheres of knowledge."[43] Krämer regards the diagram as "a form of symbolic depiction ... that creates a hinge between thought and view ... This interim, graphic sphere makes it possible to visualise the general in a sensual way and to embody the conceptual."[44] It mediates between the sensitive and the intelligible.[45] Diagrammatics comprises all forms of intentionally produced markings, notations, schemata, or maps,[46]

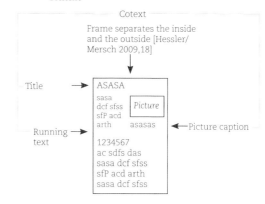

7 Simplified representation of a whole text or a communicative unit.
Cotext: Situational context [Bussmann 1983, 278].
Context: linguistic or non-linguistic context in which a statement is made [Bussmann 1983, 267].

8 Swissair airplane
Object recognition with the aid of orientation for decoding
1. "Something like" (Boehm) an MD-10
2. Direction of the distribution of attention or orientation for decoding by the recipient using the yellow circles highlighting the winglets; the predecessor model MD-10 with similar appearance did not have these.
3. The image represents the airplane type MD-11 (completion of object recognition).

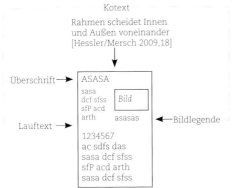

7 Vereinfachte Darstellung eines Gesamttextes bzw. einer kommunikativen Einheit.
Kotext: Situationeller Kontext [Bussmann 1983, 278].
Kontext: Sprachlicher oder aussersprachlicher Zusammenhang, in dem eine Äusserung vorkommt [Bussmann 1983, 267].

8 Flugzeug der Swissair
Objekterkennung mit Hilfe einer Dekodierungsorientierung
1. „So etwas wie" (Boehm) eine MD-10
2. Steuerung der Aufmerksamkeitsverteilung bzw. Dekodierungsorientierung für die Rezipienten durch die gelben Kreise, die auf die Winglets hinweisen; das ähnlich aussehende Vorgängermodell MD-10 hatte keine solchen.
3. Das Bild repräsentiert den Flugzeugtyp MD-11 (Objekterkennung abgeschlossen).

Gesamttexte

Wenn Bild, Wort und Zahl im Verbund auftreten, kann man von Gesamt- oder Supertexten[33] bzw. von kommunikativen Einheiten[34] sprechen (Abb. 7). Krämer nennt dies eine „Verschwisterung" der Zeichensysteme[35] (vgl. Abb. 7 oder 10).

Die Unbestimmtheit von Bildern

Grund hierfür ist die Tatsache, dass – gemäß Boehm – alles, was sich zeigt, sich auch anders hätte gezeigt haben können.[36] Ein Bild ist eine konkrete Ausformung der Möglichkeiten, des Potenziellen.

Vielzahl von Lesarten

Wegen dieser Unbestimmtheit lässt ein Bild immer eine Vielzahl von Lesarten zu. Damit ist die Gefahr des Miss- oder Nichtverstehens verbunden (Scholz). Diese Vielzahl kann auf verschiedene Weise eingeschränkt werden, indem etwa eine Bildunterschrift, eine Legende oder ein Text im Bild hinzugefügt werden.[37] Diese Ergänzungen erfüllen die Funktion einer Zeigehandlung.[38] Stöckl spricht überdies generell von Dekodierungsorientierungen[39] und Scholz vom Disambiguieren vielfältig deutbarer Bilder[40] (Abb. 8).

Nicht-lineare Lektüre

Es gibt – dank der Simultaneität – verschiedene Einstiegsmöglichkeiten für die Erkundung eines Bildes. Die Lektüre ist hier – im Gegensatz zur verschrifteten Sprache – nicht-linear.[41] Die Perzeption erfolgt vielmehr ganzheitlich und simultan, wobei Einzelheiten „ (...) in einem aufmerksamkeitsgeleiteten Prozess nacheinander fokussiert werden können"[42] (Abb. 9).

Das diagrammatische Bild – Gelenkstelle zwischen Denken und Anschauung

Das diagrammatische Bild erhält in diesem Zusammenhang einen besonderen Platz, weil es in der Raumplanung weit verbreitet ist: „Das Diagramm im engeren Sinne ist eine graphische Darstellung, die Sachverhalte, insbesondere Relationen etwa zwischen Größen, aber auch zwischen Begriffen und Wissensfeldern, an-

whereby the diagram ignores the "competitive relationship between image and text" and develops its quality in interplay with its text elements.[47] Krämer conceptualises, in her own terms, various "facets" of a theory of diagrammatics including six attributes,[48] which I supplement in this context with ideas from another work[49] (fig. 10).

Simultaneity

This is a characteristic of material images anyway, but is also applicable to diagrams: "Things presented to the eye as adjacent give us an overview; we are able to compare things of contrasting character, thereby seeing similarities and differences as well as discerning relations, proportions and patterns in a wealth of multiforms. Diagrams make it possible to compare things of different natures."[50]

Specific spatiality

Diagrammatic notations lay out a specific formatted (providing direction), scaled (in scale or similar to scale) two-dimensional surface.

Hybridity/Iconicity

Features of the iconic and the verbal are united in the diagram, whereby in this context iconic does not mean a mimetic or naturalistic similarity. Günzel establishes that this similarity may exist as the result of a similarity of appearance or in an agreement of relations.[51]

Referentiality

In contrast to the art image, the prime purpose of which is only to present, something is shown—it is represented—in the diagram. "The 'subjects' of diagrammatic depiction are always relations and proportions, which do not exist 'by nature'; relations and proportions are created via mental practices in interplay between eye, hand and intellect."[52] In the case of topographical maps, for example, it is true that they do not simply depict a landscape but "knowledge about the landscape," inasmuch as the necessary distorting projection methods are employed, for example.[53] Such maps refer to a real but also

A
Image types:
Mitchell: Graphic, material image.
Scholz: Artefact.
Santaella-Braga: Postphotographic image.

B
Multiple image:
- Original image (unknown: analogue-digital?).
- File (stored on hard disk).
- Viewing object in the form of a screen or beamer representation (short-term) or a paper print-out (material).

C
Peirce's trias:
- Iconic aspect: aeroplane.
- Indexical aspect: has taken off, is flying.
- Symbolic aspect: written code of the Schweizer Luftverkehr AG (Swissair), which crashed in 2002.

D
Scene recognition / contextualisation processes:
– motivated by the image content and knowledge of recipient:
  - taken diagonally from below; presence of the horizon
  - is flying upwards (?)
– motivated exclusively by the knowledge of the recipient:
  - As from 1991, part of the Swissair fleet with a total of 20 MD-11s (model that followed the DC-10)
  - Halifax: crash of the MD-11 named "HB-IWF" (flight number: SR 101) on 2nd Sept. 1998.
  - Registration code of the Swiss Federal Office of Civil Aviation (BAZL):
    - "HB" for Switzerland
    - "IW" for MD-11
    - "F" for the fifth plane of the MD-11 fleet (A, B, C, D, E, F, G, ...)

9 *Whole text with four ways of reading (exemplary).*
A: Image types according to paragraph "What are images? The five types of permanent images according to W.J.T. Mitchell, and other distinctions", p. 44–48
B: The multiple image according to the chapter "The multiple image", p. 50
C: The aspects of the image according to Peirce's trias (cf. for example [Friedrich/Schweppenhäuser 2010, 36ff.)
D: Scene recognition/contextualisation processes; cf. [Stöckl 2004, 58].

A
Bildtypen:
Mitchell: Grafisches, materielles Bild.
Scholz: Artefakt.
Santaella-Braga: Postfotografisches Bild.

B
Mehrfaches Bild:
- Urbild (unbekannt: analog-digital?).
- Datei (gespeichert auf Festplatte).
- Sehobjekt in Form einer Bildschirm- oder Beamerdarstellung (flüchtig) bzw. eines Papierausdrucks (materiell).

C
Peirce'sche Trias:
- Ikonischer Aspekt: Flugzeug.
- Indexikalischer Aspekt: hat abgehoben, fliegt.
- Symbolischer Aspekt: Schriftzug der 2002 untergegangenen Schweizer Luftverkehr AG (Swissair).

D
Szenenerkennung / Kontextualisierungsprozesse:
– durch Bildinhalt und Wissen des Rezipienten motiviert:
 - von schräg unten aufgenommen; Horizont vorhanden
 - ist im Steigflug (?)
– ausschließlich durch Wissen des Rezipienten motiviert:
 - Ab 1991 Teil der Swissair-Flotte mit insgesamt 20 MD-11 (Nachfolgemodell der DC-10).
 - Halifax: Absturz der MD-11 mit der Bezeichnung „HB-IWF" (Flugnummer: SR 101) am 2. September 1998.
 - Immatrikulationscode des Schweizer Bundesamtes für Zivilluftfahrt (BAZL):
   - „HB" für Schweiz
   - „IW" für MD-11
   - „F" für die fünfte Maschine der MD-11-Flotte (A, B, C, D, E, F, G, ...)

9 *Gesamttext mit vier Lesarten (exemplarisch).*
A: Bildtypen gemäß Abschnitt „Was sind Bilder? – Die fünf Typen stehender Bilder von W. J.T. Mitchell und andere Unterscheidungen", S. 45–49
B: Das mehrfache Bild gemäß Kapitel „Das mehrfache Bild", S. 51
C: Die Aspekte eines Bildes gemäß der Peirce'schen Trias (vgl. etwa [Friedrich/Schweppenhäuser 2010, 36ff.])
D: Szenenerkennung/Kontextualisierungsprozesse; vgl. [Stöckl 2004, 58]

schaulich vor Augen stellt".[43] Krämer betrachtet das Diagrammatische als „eine Form symbolischer Darstellung (…), welche eine Gelenkstelle bildet zwischen Denken und Anschauung. (…) Denn mit dieser graphischen Zwischenwelt kann Allgemeines sinnlich anschaubar und Begriffliches verkörpert werden".[44] Sie vermittelt zwischen dem Sensiblen und Intelligiblen.[45] Diagrammatik umfasst alle Formen intentional erzeugter Markierungen, Notationen, Schemata oder Karten[46], wobei das Diagramm die „konkurrierende Beziehung von Bild und Text" ignoriert und im Zusammenspiel der Textteile seine Qualität entwickelt.[47] Krämer entwirft, wie sie sagt, „Facetten" einer Theorie der Diagrammatik mit sechs Attributen,[48] die ich hier um Überlegungen aus einem anderen Werk ergänze.[49] (Abb. 10)

Simultaneität

Was materiellen Bildern ohnehin eignt, gilt auch für Diagramme: „In dem, was sich unseren Augen nebeneinander liegend darbietet, gewinnen wir Überblick, wir können Verschiedenartiges vergleichen und dabei Ähnlichkeiten und Unterschiede sehen sowie Relationen, Proportionen und Muster in der Fülle des Mannigfaltigen erkennen. Diagramme machen Ungleichartiges vergleichbar".[50]

Eigenräumlichkeit

Diagrammatische Inskriptionen spannen eine formatierte (richtunggebende) und skalierte (maßstäbliche oder maßstabsähnliche) zweidimensionale Oberfläche auf.

Hybridität/Ikonizität

Im Diagramm vereinigen sich Merkmale des Ikonischen und des Sprachlichen, wobei beim Ikonischen nicht mimetische oder naturalistische Ähnlichkeit gemeint ist. Günzel stellt fest, dass die Ähnlichkeit aufgrund einer Ähnlichkeit der Erscheinung bestehen kann oder in der Übereinstimmung von Relationen.[51]

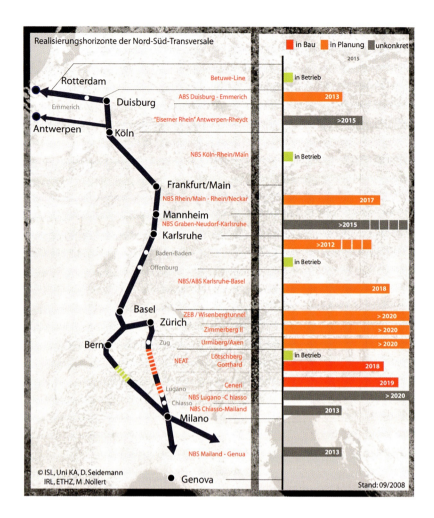

to a fictive territory, e.g., to the delineation of a country that is not visible as such; all that is visible, if anything, are border signs.

Operativity

Diagrams not only represent something, "they are also employed as cultural techniques in an everyday and usually unspectacular way: From a cognitive point of view, diagrammatic depictions open up two-dimensional spaces in order to deal with, observe and explore whatever is represented. From a communicative point of view, diagrammatic artefacts with their usually handy formats are extremely mobile. They not only serve to make something perceptible, in this way it is also possible to transfer, circulate, reproduce and combine the matter depicted quite effortlessly."[54]

10 *Diagrammatic demonstration 1*
Diagram with accompanying verbal text showing the exemplary "brotherhood" of images, texts and numbers. It contains information about the location, time, planning state, and costs of building projects on the north-south railway transversal route Rotterdam-Genoa (corridor 24), as of: 09/2008.
Nollert Markus IRL ETHZ, Seidemann Dirk, ISL University of Karlsruhe

10 *Diagrammatische Demonstration 1*
Diagramm mit verbalem Begleittext in exemplarischer Verschwisterung von Bild, Text und Zahl. Es enthält Angaben zur Lage, zur Zeit, zum Planungsstand und den Kosten von Bauvorhaben auf der Nord-Süd-Eisenbahntransversale Rotterdam-Genua (Korridor 24), Stand: 09/2008.
Nollert Markus IRL ETHZ, Seidemann Dirk, ISL Karlsruher Institut für Technologie (KIT)

Referenzialität

Im Gegensatz zum Kunstbild, das erst einmal nur präsentiert, wird im Diagramm etwas gezeigt, repräsentiert. „Die ‚Gegenstände' diagrammatischer Darstellung sind stets Relationen und Proportionen und diese gibt es nicht ‚von Natur aus', sondern Relationen und Proportionen werden durch intellektuelle Praktiken im Wechselspiel von Auge, Hand und Geist geschaffen".[52] Bei topografischen Karten gilt zum Beispiel, dass sie nicht einfach eine Landschaft abbilden, sondern „ein Wissen über die Landschaft", indem zum Beispiel notwendig verzerrende Projektionsmethoden angewendet werden.[53] Solche Karten beziehen sich auf ein reales, aber auch fiktives Territorium, zum Beispiel auf die Umgrenzung eines Landes, die so nicht sichtbar ist; sichtbar sind allenfalls Grenzzeichen.

Operativität

Diagramme stellen nicht nur etwas dar, sondern „sie werden auch als Kulturtechniken alltäglich und meist unspektakulär eingesetzt":„In kognitiver Hinsicht eröffnen diagrammatische Darstellungen zweidimensionale Räume, um das Dargestellte auch zu handhaben, zu beobachten und zu explorieren." „In kommunikativer Hinsicht sind diagrammatische Artefakte in ihrem meist handlichen Format überaus mobil. Sie dienen nicht nur dazu, etwas wahrnehmbar zu machen, sondern das Dargestellte kann so mühelos übertragen, transportiert, zirkuliert, reproduziert und kombiniert werden".[54]

Unselbstständigkeit

„Keine Linie interpretiert sich selbst".[55] Ein Sachverhalt kann diagrammatisch ganz verschieden dargestellt werden und umgekehrt kann ein Diagramm zu unterschiedlichen Lesarten führen. Oft ist das Verständnis von diagrammatischen Artefakten von der Kenntnis des soziokulturellen Umfeldes ihrer Nutzung sowie von grafischen Konventionen abhängig[56] – man denke nur an Nordpfeil und Maßstabsangabe bei Karten und Plänen oder die international übliche Gestaltung von Kursbuchfeldern.

Dependence

"No line interprets itself."[55] A factual situation can be represented diagrammatically in very different ways and, vice versa, one diagram can elicit many different interpretations. Often the understanding of diagrammatic artefacts is dependent on knowledge of the socio-cultural contexts of their use as well as on graphic conventions[56]—one need only think of the arrow north and information about scale in the case of maps and plans, or the internationally customary design of travel timetables.

One conclusion along with Astrit Schmidt-Burkhardt[57]: "consequently, the diagram is a mode of representation that allows us to convey cognitive knowledge as visual practice (fig. 11). It permits us to experiment with questions in a creative, pictorial way. In the diagram, the inside of thought is given an external aspect. By contrast to the topological informational image, the structural image operates with categories. Here, it is not so important what can be seen but how the concepts behave in relation to each other. So it is a matter of the direct depiction of relations between individual elements, of diagrammatic 'demonstrations' (Kant), which lend the insights their vivid quality." The conclusion to this section is given by illustration no. 12 (fig. 12), which provides a final diagrammatic demonstration. Following the operativity of the diagram in figure 11, a playful extension is shown as an example here, opening up the complex type of train/speed/capacity in a fresh way. It can be grasped in a very short time thanks to the potentials of the simultaneity induced by the image.

Conclusion

Pictorial representations are a logical aid in spatial planning, as "locating" plays a key role, namely when answering the questions "where?" and "when?"—quite apart from sketches of principles, which visualise functional contexts, for example, and thus contribute to understanding and agreement. In accordance with Rheinberger—knowledge is created in a visual way,[58] "relations and proportions are created

11 *Diagrammatic demonstration 2* ▷
Graphic schedule (exemplary, one direction)—trains in the Gotthard basis railway tunnel (example hours)
X-coordinates: Example hours from 8 to 10
Ordinals: Distance of the tunnel (0 to 57 km)

11 *Diagrammatische Demonstration 2*
Bildfahrplan (exemplarisch, eine Richtung) – Züge im Gotthardbasis-Eisenbahntunnel (Musterstunden)
Abszisse: Musterstunden von 8 bis 10
Ordinate: Distanz des Tunnels (0 bis 57 km)

12 *Diagrammatic demonstration 3* ▷
Highlighting the operativity of diagrams
A: As fig. 11: two fast passenger trains as a group and five slower goods trains in a block
B: Two fast passenger trains at half-hourly intervals and two goods trains in between them. The capacity drops from seven to six trains per hour and direction.
C: All of the trains travel at the same speed, the speed of the goods trains. Now the capacity is ten trains per hour and direction.
Comparison of the capacities of these three operating concepts is visualised within each frame by a small bar chart, which enables a rapid overview of the capacity of all the concepts (potential for simultaneity of the image).

12 *Diagrammatische Demonstration 3*
Illuminationen zum Thema Operativität von Diagrammen
A: Wie Abb. 11: Zwei schnelle Reisezüge als Gruppe und fünf langsamere Güterzüge im Pulk
B: Zwei schnelle Reisezüge im Halbstundentakt und zwei Güterzüge dazwischen. Die Kapazität sinkt von sieben auf sechs Züge pro Stunde und Richtung.
C: Alle Züge fahren gleich schnell im Tempo der Güterzüge. Die Kapazität beträgt jetzt zehn Züge pro Stunde und Richtung.
Der Vergleich der Kapazitäten dieser drei Betriebskonzepte wird in jedem Rahmen durch ein kleines Säulendiagramm visualisiert, was einen schnellen Überblick über die Kapazität aller Konzepte erlaubt (simultaneisierende Kraft des Bildes).

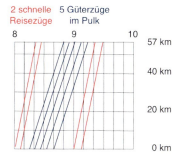

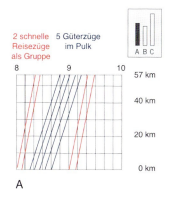

A

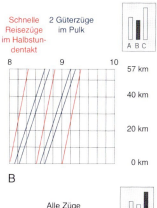

B

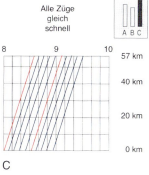

C

Ein Fazit mit Astrit Schmidt-Burkhardt:[57] „Das Diagramm ist folglich ein Darstellungsmodus, der es erlaubt, kognitives Wissen als visuelle Praxis zu vermitteln. (Abb. 11) Es gestattet mit Fragestellungen bildnerisch zu experimentieren. Im Schaubild erhält der Innenraum des Denkens eine Außenseite." „Im Gegensatz zum topologischen Wissensbild arbeitet das strukturelle mit Kategorien. Dabei kommt es nicht so sehr darauf an, was zu sehen ist, sondern wie sich die Begriffe zueinander verhalten. Es geht also auch hier um die direkte Darstellung von Relationen zwischen einzelnen Elementen, um diagrammatische ‚Demonstrationen' (Kant), mit denen die Erkenntnisse ihre Anschaulichkeit gewinnen." Den Abschluss dieses Abschnitts bildet die Abbildung 12 mit einer letzten diagrammatischen Demonstration. Aufgrund der Operativität des Diagramms in Abbildung 11 wird hier exemplarisch eine spielerische Weiterentwicklung gezeigt, die neue Zugänge zum Komplex Zugarten/Geschwindigkeit/Kapazität eröffnet, die dank der simultaneisierenden Kraft des Bildes in kurzer Zeit erfasst werden können.

Fazit

In der Raumplanung sind bildliche Darstellungen naheliegend, da dem „Verorten" eine zentrale Rolle zufällt, und zwar namentlich, was die Beantwortung der Frage „wo?" und „wann?" angeht – ganz abgesehen von Prinzipskizzen, die zum Beispiel funktionale Zusammenhänge veranschaulichen und so zum Verständnis und zur Verständigung beitragen: Es wird – mit Rheinberger – Wissen auf visuellem Weg erzeugt.[58] „Relationen und Proportionen werden durch intellektuelle Praktiken im Wechselspiel von Auge, Hand und Geist geschaffen"[59] und es kann „bildnerisch experimentiert" werden[60]. Zudem verleihen Diagramme „memorierbare Ordnungsmuster".[61] Das Erzeugen solcher diagrammatischer Darbietungen nennen Hessler und Mersch „Ästhetisches Handeln"[62]: „Ästhetisches Handeln meint dabei, dass die wissenschaftliche Praxis von der Suche nach Mustern, nach Strukturen, Stimmigkeiten bzw. des Her-

via mental practices in interplay between eye, hand and intellect"[59] and it is possible to "experiment creatively and pictorially."[60] In addition, diagrams provide "patterns of order that can be memorised."[61] Hessler and Mersch refer to the creation of such diagrammatic presentations as "aesthetic action"[62]: "… here, aesthetic action means that scientific practice is guided by a search for patterns, for structures and agreements, or for what does not fit into these patterns, and that the object to be shown is accentuated by making it sharper, coloured in some way, straightened out or underlined." Whatever the image depicts is dependent on the strategy of visualisation, whereby in our field oriented on action, the focus is on problems ("*problems first*"[63]). The corresponding aesthetic action seeks to win a comprehensive view and clarity by simplifying and accentuating structures. The inherent indistinctiveness of pictorial representations needs to be met with various orientations for decoding, the patterns of which each throw their own light on what is presented and help us to avoid a lack of understanding or misunderstandings and to develop comprehension. And because everything in images is always there simultaneously, those participating in planning processes of explanation and communication are given a possibility to direct attention towards them when the—specific—situation suggests it. This is a plea for increased use of more lasting, pictorial representations in spatial planning.

ausfallenden geleitet ist und dass das, was gezeigt werden soll, hervorgehoben wird, indem es schärfer gemacht, eingefärbt, begradigt oder unterstrichen wird." Was auch immer seinen Niederschlag in der Darstellung findet, hängt von der Visualisierungsstrategie ab, bei der in unserem aktionsorientierten Metier die Probleme im Zentrum stehen („*problems first*"[63]). Das entsprechende ästhetische Handeln ist durch Vereinfachung und Herausheben der Strukturen auf die Gewinnung von Überblick und Klarheit aus. Der inhärenten Unbestimmtheit bildlicher Darstellungen ist durch verschiedene Dekodierungsorientierungen zu begegnen, die durch ihr Raster jeweils ein eigenes Licht auf das Dargebotene werfen und helfen, Nicht- und Missverstehen zu vermeiden und Verständnis zu gewinnen. Und weil auf Bildern immer alles simultan da ist, bietet sich den an planerischen Klärungs- und Kommunikationsprozessen Beteiligten so die Möglichkeit, dann die Aufmerksamkeit auf sie zu richten, wenn die – individuelle – Situation dies nahelegt. Dies ist ein Plädoyer für den vermehrten Einsatz nicht-flüchtiger, bildlicher Darstellungen in der Raumplanung.

DESIGNING IN SPATIAL PLANNING—DESIGNING WITH A DIFFERENCE?

MICHAEL HELLER

In confusing, tricky problem situations, spatial planning requires knowledge relevant to decision-making. There are no patent solutions and so each case needs to be examined separately and unconditionally in order to come up with reliable information. Subsequently, this knowledge becomes the basis for designing recommendations for further procedures to solve difficult problems. Here, as a rule we need individually tailored—sometimes unconventional—approaches to planning surveys. Such informal methods initially help to plumb the possible consequences of suspected or already recognised problems by means of a largely interdisciplinary planning investigation. To arrive at realistic findings that will help to improve the situation, such procedures are always oriented towards realisation. The organisation and direction of such processes is a demanding task due to repeatedly changing contexts, questions and protagonists.

What is designing in spatial planning?

Basically, designing should be understood as a process of searching and so creating a previously unknown arrangement of objects, facts, or suchlike. Artistic and technical fields design and distinguish particular theories of design or styles. But the term is also used in connection with agreement on and assessment of proposed resolutions, rules, and laws. Generally speaking, designing may be oriented on problems but it may also follow an artistic direction. Some schools of architecture place the emphasis of teaching on design in order to lend foremost importance to the search for advanced solutions—creative and imaginative handling of the unknown. Many universities of applied science, for example, lay the emphasis of design teaching on the object and subsequently incorporate the city, whereas technical universities tend to accentuate the city first and then incorporate the object. Designing in spatial planning is not necessarily a question of scale. The possible assessment of an area's suitability for mass building on the scale of the architecture's preliminary design is certainly conceivable as a design theme within the context of a spatial planning investigation. Indeed, simultaneous work on at least three different scale levels is one of the rules of designing in spatial planning. Hypotheses of an overall spatial concept are tested at

RAUMPLANERISCHES ENTWERFEN – DAS ANDERE ENTWERFEN?

MICHAEL HELLER

In unübersichtlichen und verzwickten Problemlagen benötigt die Raumplanung entscheidungsrelevantes Wissen. Patentlösungen gibt es nicht, daher muss jeder Fall erneut vorbehaltslos geprüft werden, um verlässliche Aufschlüsse zu erlangen. Dieses Wissen bildet die Grundlage für den Entwurf von Empfehlungen für das weitere Vorgehen bei der Lösung schwieriger Probleme. Maßgeschneiderte, teilweise unkonventionelle Vorgehensweisen planerischer Erkundung sind die Regel. Solche informellen Methoden dienen zunächst der Auslotung der Tragweite vermuteter bzw. bereits erkannter Probleme mittels überwiegend interdisziplinär ausgerichteter, entwerferischer Prüfung. Zur Erlangung realistischer und weiterführender Befunde sind solche Verfahren stets auf Umsetzung ausgerichtet. Die Organisation und Leitung solcher Prozesse ist aufgrund immer wieder wechselnder Räume, Fragestellungen und Akteure eine anspruchsvolle Aufgabe.

Was ist Raumplanerisches Entwerfen?
Entwerfen ist im Grunde als Suchvorgang zu verstehen, bei dem eine bislang nicht bekannte Organisation von Gegenständen, Sachverhalten oder ähnlichem hergestellt wird. Künstlerische und technische Fachgebiete entwerfen und unterscheiden besondere Entwurfslehren oder Stilrichtungen. Aber auch im Zusammenhang mit der Abstimmung und Prüfung erster Beschlussvorlagen, Regeln und Gesetze wird der Begriff benutzt. Generell kann Entwerfen sowohl problemorientiert als auch künstlerisch ausgerichtet sein. Manche Architekturschulen legen den Schwerpunkt der Lehre auf das Entwerfen, um die Suche nach weiterführenden Lösungen – den kreativen und phantasievollen Umgang mit Unbekanntem – in den Vordergrund zu stellen. Viele Fachhochschulen legen beispielsweise den Schwerpunkt des Entwurfsunterrichts auf das Objekt und beziehen die Stadt ein, während Technische Universitäten den Schwerpunkt auf die Stadt legen und das Objekt einbeziehen.
Raumplanerisches Entwerfen ist nicht unbedingt eine Frage des Maßstabs. Die mögliche Überprüfung der grundsätzlichen Überbaubarkeit eines Areals im Maßstab des Vorentwurfs der Architektur ist als Entwurfsthema im Rahmen einer raumplanerischen Erkundung durchaus denkbar. Vielmehr

different levels of observation in order to collect information concerning the area as a whole. In contrast to consecutive approaches, for example, this means thought processes and testing take place on several levels.

A wide spectrum of ideas or realistic approaches to solutions is helpful in the initial phase in order to ensure that the first view is as comprehensive as possible. The designers approach the case from initial suppositions or hypotheses. As a rule, these suppositions lead to outlined conclusions; when arranged systematically and viewed synoptically, these not only allow initial evaluations but also the first reductions. The main aim of this process is the reduction of material to key insights, which also means the rejection of some starting points. Once rejected, solutions need to be marked—in the sense of completing an experimental set-up—and still viewed in conjunction with others until the completion of the process. This cuts the danger of overseeing or forgetting important issues in the course of an investigation.

Designing in spatial planning means an interdisciplinary debate with questions of housing, open space, and infrastructural development, all of which may have an autodidactic character. This process always emerges simultaneously and not, for example, in stages that build upon each other. This kind of integrated work is therefore very demanding, since it involves organising different types of perception and thought patterns in a process that is solution-oriented and directed towards communication.

Designing in spatial planning is a process of exploration and testing. But this method only fulfils the central assignment—arriving at reliable information in order to solve difficult tasks—when it is directed wholly towards realisation.

Designing in spatial planning in practice

By their very nature, tasks in spatial planning investigations do not turn out as comprehensive and detailed as they are on the more solid ground of urban planning and architecture. Often, no more than suppositions exist with respect to a specific case in spatial planning. Everything else will emerge only through the design of an investigation's experimental set-up and its systematic search for solutions. This kind of debate with problems is not common in today's practice. On the scale of urban and regional planning in particular, anonymous competitions for ideas are frequently used to solve problems. The addressees of such processes often end up with more problems and open questions than promising suggestions for a solution. As a rule, the setting of the assignment is limited to a description of the problem and a rough definition of the field of investigation. All further stages consist of systematic, step-by-step development from one's initial findings, and suggestions for solutions that aim to improve gradually with qualified definition and precision. Instead of a fixed, detailed program, a supervisory group with interdisciplinary character offers ideas for progress over the course of three rounds of processing at least. Spatial planning investigations and their demands on the key

gehört das simultane Arbeiten mit wenigstens drei unterschiedlichen Maßstabsebenen zu den Regeln des Raumplanerischen Entwerfens. Hypothesen einer gesamträumlichen Vorstellung werden in unterschiedlich tiefen Betrachtungsebenen getestet, um wiederum Aufschlüsse über den Gesamtraum zu erlangen. Im Gegensatz etwa zu konsekutiven Vorgehensweisen bedeutet dies Denken und Testen auf mehreren Ebenen.

Ein breites Spektrum an Ideen bzw. realistischen Lösungsansätzen ist in der Anfangsphase hilfreich, um die Sicherheit einer möglichst umfassenden ersten Betrachtung zu gewährleisten. Die Entwerfer nähern sich dem Fall mittels erster Vermutungen bzw. Hypothesen. Aus diesen Vermutungen entstehen in der Regel skizzenhafte Aussagen, die systematisch geordnet und synoptisch betrachtet nicht nur erste Einschätzungen, sondern auch erste Eingrenzungen erlauben. Oberstes Ziel der Bearbeitung ist die Reduktion des Materials auf Schlüsselerkenntnisse und damit auch das Verwerfen von Ansätzen. Einmal verworfene Lösungen müssen im Sinne der Vollständigkeit einer Versuchsanordnung kenntlich gemacht und bis zum Abschluss des Prozesses mitbetrachtet werden. Die Gefahr, wichtige Gegenstände im Zuge der Erkundung übersehen oder vergessen zu haben, wird damit eingegrenzt.

Raumplanerisches Entwerfen bedeutet interdisziplinäre Auseinandersetzung mit Fragen der Siedlungs-, Freiraum- und Infrastrukturentwicklung, die durchaus einen autodidaktischen Charakter haben kann. Dieser Prozess vollzieht sich stets simultan und nicht etwa in aufeinander aufbauenden Schritten. Diese Form des integrierten Arbeitens ist insofern anspruchsvoll, als es gilt, unterschiedliche Arten der Wahrnehmung und Denkmuster in einem lösungsorientierten, kommunikativ ausgerichteten Prozess zu organisieren.

Das Raumplanerische Entwerfen ist ein Prozess des Erkundens und Prüfens. Die Kernaufgabe – das Erlangen gesicherter Aufschlüsse zur Lösung schwieriger Aufgaben – erfüllt diese Methode aber nur dann, wenn sie von Grund auf umsetzungsorientiert ausgerichtet ist.

Das Raumplanerische Entwerfen in der Praxis

Naturgemäß fallen Aufgabenstellungen raumplanerischer Erkundung längst nicht so umfassend und detailliert aus, wie es auf dem soliden Terrain von Städtebau und Architektur der Fall ist. In der Raumplanung bestehen oftmals nur Vermutungen zu einem bestimmten Fall. Alles Weitere ergibt sich erst durch den Entwurf der Versuchsanordnung einer Erkundung und einer systematischen Suche nach Lösungen. Diese Art der Auseinandersetzung mit Problemen ist in der Praxis heutzutage alles andere als gebräuchlich. Insbesondere in den Maßstäben von Stadt- und Regionalplanung werden anonyme Ideenkonkurrenzen eingesetzt, um Probleme zu lösen. Die Adressaten solcher Verfahren erhalten im Ergebnis oft mehr Probleme und offene Fragen zurück als weiterführende Lösungsvorschläge. In der Regel beschränkt sich die Aufgabenstellung auf die Beschreibung des Problems und die grobe Definition des Untersuchungsraums. Alle weiteren Schritte beste-

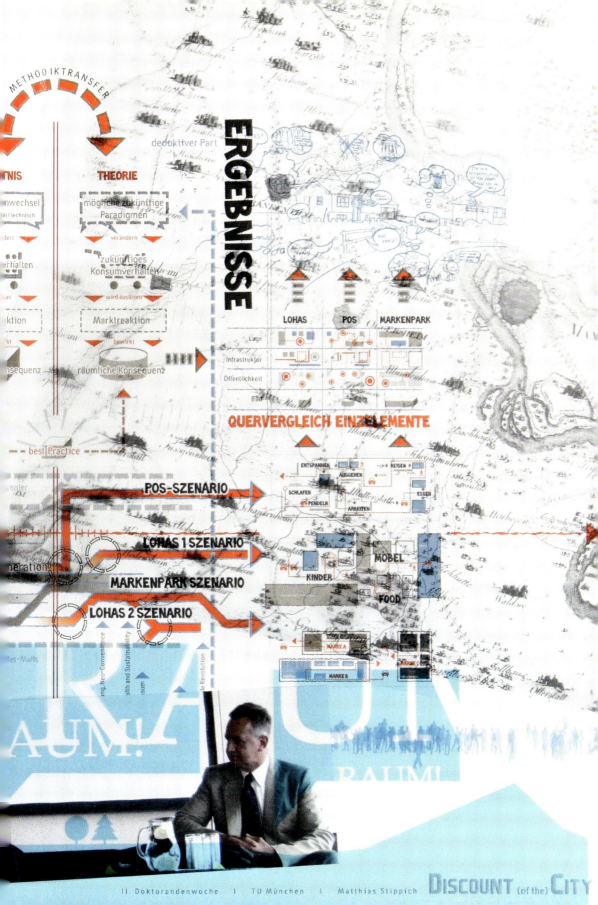

players and others involved should not be confused with anonymously realised competitions for ideas.

During an investigation, spatial planning functions using both competitions of ideas and trial planning procedures. A common feature of both are those three rounds of processing—workshop, interim presentation, and final presentation. While competitions for ideas find and argue general perspectives for development, trial planning procedures deal with concrete questions and their level of impact. It is not the aim to declare a winner who will then realise his or her ideas. The object of the search is to gather reliable information concerning further procedures to help resolve difficult problems. Therefore, spatial planning processes are not attended by a prize jury but by an interdisciplinary group of experts. The spatial planner takes personal responsibility, heading the supervisory or steering groups in such processes: we need to reach promising insights in the course of an open, step-by-step process that occurs within formal running procedure, as well as employing an *ad hoc* procedure to formulate, i.e., design assignments to deal with further-reaching issues.

Designing in spatial planning within the doctoral college

Six universities provided so-called laboratory spaces within their extended catchment area. The common features of these laboratory spaces were unresolved tasks, including problems as well as ignored chances and perspectives. Following the principle of competition for ideas, different design hypotheses were tested systematically by all the participants in three phases—each one building upon the last. It was a matter of awakening interest in a developing, further-reaching debate with complex, problematic spatial situations among a group of doctoral candidates oriented more or less on themselves and their individual themes. This took place via cooperation in mixed, partially interdisciplinary working groups. A short deadline for processing focused the group's concentration on the essentials and reduced the danger of over-digressive analyses. The final presentation of the results in the college's plenary group forced each team to concentrate on vital information. Seen as a whole, the learning target of this work in laboratory spaces was to promote problem-solving abilities. It was a matter of training the candidates' ability to immerse themselves in complex spatial problems, to arrive at information regarding relevant solutions, and to show and present this information argumentatively, in as comprehensible and logical a manner as possible. Ultimately, it was quite often a case of familiarising key players with the opposite of previously known or assumed findings.

An overview is generated through a rapid grasp of complex spatial and technical contexts, and systematic arrangement of one's observations and findings. The subsequent principle of hard testing bold hypotheses created confidence in argumentation. Due to their subjects and professional orientation, some doctoral candidates were able to adopt this principle of working more quickly. Others reacted more tentatively as a result of their own

hen aus der systematischen und schrittweisen Entwicklung erster Befunde und Lösungsvorschläge mit dem Ziel, deren qualifizierte Eingrenzung und Präzisierung schrittweise voranzutreiben. Anstelle eines festgeschriebenen detaillierten Programmes gibt eine interdisziplinär besetzte Begleitgruppe auf dem Wege von mindestens drei Bearbeitungsdurchgängen Hinweise für die Bearbeitung. Raumplanerische Erkundung und ihre Anforderungen an Akteure und Beteiligte ist nicht zu verwechseln mit anonym durchgeführten Ideenwettbewerben.

Die Raumplanung arbeitet bei der Erkundung sowohl mit Ideenkonkurrenzen als auch mit Testplanungsverfahren. Diese sind in Bezug auf drei Bearbeitungsdurchgänge – Werkstatt, Zwischenpräsentation und Schlusspräsentation – ähnlich. Während Ideenkonkurrenzen allgemeine Entwicklungsperspektiven aufspüren und argumentieren, behandeln Testplanungsverfahren die Tragweite der Auswirkungen konkreter Fragestellungen. Das Ziel ist es nicht, einen Sieger zur Umsetzung von Ideen zu küren. Gesucht werden gesicherte Aufschlüsse zum weiteren Vorgehen bei der Lösung schwieriger Probleme. Raumplanerische Verfahren werden daher nicht von einem Preisgericht, sondern einer interdisziplinär besetzten Expertengruppe begleitet. Die Leitung der Begleit- oder Lenkungsgruppen solcher Verfahren steht in der Verantwortung eines Raumplaners. Es gilt hierbei in einem offenen Prozess und unter dem laufendem Rad des Verfahrens Schritt für Schritt weiterführende Erkenntnisse aufzuspüren sowie im ad-hoc-Verfahren Aufgabenstellungen für die Bearbeitung vertiefender Gegenstände zu formulieren, also zu entwerfen.

Das Raumplanerische Entwerfen im Doktorandenkolleg

Sechs Universitäten bieten in ihrem weiteren räumlichen Einzugsbereich sogenannte Laborräume an. Gemeinsames Merkmal dieser Laborräume sind ungelöste Aufgaben, Probleme sowie ungenutzte Chancen und Perspektiven. Nach dem Prinzip der Konkurrenz der Ideen werden in drei aufeinander aufbauenden Phasen von allen Teilnehmern unterschiedliche Hypothesen systematisch entwerferisch getestet. Es geht darum, in einer Gruppe mehr oder weniger auf sich selbst und das Ziel ihres individuellen Themas ausgerichteter Doktoranden das Interesse für den Einstieg in eine vertiefende Auseinandersetzung mit komplexen räumlichen Problemlagen zu wecken. Dies geschieht mittels der Arbeit in gemischten und teilweise interdisziplinär zusammengesetzten Arbeitsgruppen. Eine knapp bemessene Bearbeitungszeit lenkt die Konzentration der Gruppe auf das Wesentliche und grenzt die Gefahr ausschweifender Analysen ein. Die abschließende Vorstellung der Ergebnisse im Plenum des Kollegs zwingt das Team zur Konzentration auf Kernaussagen. Über alles gesehen, besteht das Lernziel dieser Arbeit in Laborräumen darin, Problemlösungskompetenz zu fördern. Es geht darum, die Fähigkeit zu trainieren, komplexe räumliche Problemlagen zu durchdringen, Aufschlüsse zu deren Lösung zu erlangen und dies möglichst überschaubar und nachvollziehbar darzustellen und argumentativ zu präsentieren. Schließlich geht es nicht selten darum,

concepts of academic work. The idea of investigation through an experimental setup proved especially suitable in the college, as a symbol of dealing creatively with the unknown. The readiness of some individual doctoral candidates to employ design as an instrument with which to try out and check initial approaches was adopted by all participants by the stage of the interim presentations. Here, it was possible to recognise progress with respect to both the feasibility of hypotheses and the necessity to alter course in some cases.

Throughout the curriculum, the opportunity to plumb a wide spectrum of European urban spaces and their perspectives for development promoted a growing readiness to tackle complex problem situations. The success of the module emerged as candidates made their first, often simple, attempts at designing, so gathering vital information.

Schlüsselpersonen das Gegenteil bisher bekannter oder vermuteter Befunde näher zu bringen.

Das rasche Erfassen komplexer räumlicher und technischer Zusammenhänge, die systematische Ordnung von Beobachtungen und Befunden erzeugt Übersicht. Das sich anschließende Prinzip der harten Überprüfung kühner Hypothesen wiederum erzeugt Sicherheit in der Argumentation. Manche Doktoranden fanden aufgrund ihrer fachlichen und beruflichen Ausrichtung schnelleren Zugang zu diesem Arbeitsprinzip. Andere wiederum reagierten aufgrund eigener Vorstellungen von wissenschaftlichem Arbeiten eher zurückhaltend. Der Begriff der Versuchsanordnung einer Erkundung hat sich im Kolleg als Sinnbild für den kreativen Umgang mit Unbekanntem als besonders zutreffend erwiesen. Die Bereitschaft einzelner Doktoranden, das Entwerfen als Instrument des Testens und Prüfens erster Ansätze anzuwenden, hat sich für alle Beteiligten anschaulich in den Zwischenpräsentationen dargestellt. Hier war sowohl Fortschritt in Bezug auf die Tauglichkeit von Hypothesen als auch auf die Notwendigkeit von Kursänderungen zu erkennen.

Die Chance, auf dem Wege des Curriculums ein breites Spektrum urbaner europäischer Räume und deren mögliche Entwicklungsperspektiven auszuloten, hat die Bereitschaft gefördert, immer wieder auf komplexe Problemlagen einzugehen. Erste, teilweise simple entwerferische Versuche zur Erlangung von Aufschlüssen zu unternehmen, waren die Erfolge.

CONTINENTS AND BEACONS
KONTINENTE UND LEUCHTFEUER

Comparative Synopsis of the Six Metropolitan Regions Investigated
Vergleichende Zusammenschau der sechs untersuchten Metropolregionen

ZURICH METROPOLITAN REGION
METROPOLREGION ZÜRICH

Kennzahlen Metropolregion Zürich[1]
Key Data Zurich Metropolitan Region[1]

Fläche Area: 210 348 ha
Einwohner Population (Ende by the end of 2009): 1 826 348
Einwohner/ha Population/ha (Ende by the end of 2009): 8.68
Bevölkerungsentwicklung Population development 2000–2009: +8.95%
Erwerbstätige Active population (2008): 1 089 037
Anzahl Wohneinheiten Number of housing units (Ende by the end of 2009): 885 653
Einwohner/Wohneinheit Residents/housing unit (Ende by the end of 2009): 2.06

ON THE SIGNIFICANCE OF THE LIMMAT VALLEY AS A LABORATORY SPACE FOR SWITZERLAND

BERND SCHOLL

As a small country at the centre of Europe, Switzerland faces immense challenges in relation to its spatial development. This largely relates to increasing urban sprawl as well as excessive traffic in agglomeration and transit spaces. An important location factor that Switzerland can offer compared to its global competitors is multifariousness within a manageable space; this could be lost by further movement towards agglomeration as a result of urban sprawl.

The Limmat Valley allows these challenges to be examined under a magnifying glass within the laboratory space of the PhD college. The valley is one of Switzerland's most densely populated areas, providing living space to more than 200,000 people. Infrastructure—which is of regional, cantonal, national and European significance—crowds its way into the connecting "blue" ribbon of the thirty-kilometre-long, narrow Limmat Valley space. The cantonal border between Zurich and Aargau also runs perpendicular to the Limmat Valley. The valley forms both part of and the western access to the Zurich Metropolitan Region, an area of approximately 1.7 million inhabitants. From a spatial perspective, whatever happens here in the next few years is of relevance to the whole of Switzerland. The Limmat Valley can therefore justifiably be described as a *space of national importance*.

In recent years and decades, the Limmat Valley has experienced very dynamic development. This includes the expansion of residential areas due to population growth, particularly on the left side of the valley, consolidation of local centres through construction, the progressing project planning of the Limmat Valley railway network to improve regional connectivity, and the establishment of a Limmat Valley agglomeration park, which is intended to better connect the area with its surrounding landscape among other things.

Considering the amount of challenges it faces and the amount of unanswered questions, it is no surprise that the Limmat Valley has been and still is the subject of many space-relevant studies. However, many of these studies have been undertaken in specific sectors or relate to selected spatial areas of the valley. At the latest, since the Raumkonzept Schweiz[1] (Spatial Concept for Switzerland) was presented, the importance of thinking, acting, and decision-making within larger spatial contexts has become apparent.

Continuous examination of the Limmat Valley through this PhD college has led to a comprehensive situation analysis of the entire space and to first ideas for its long-term development. This has been carried out by students of the PhD college over time and in exchange with interested groups as well as representatives of the communities and cantons and is being evaluated within the context of individual dissertations. A significant insight has been to achieve a viable long-term perspective for spatial development on the basis of problem-oriented comparison of ideas. This is a pilot operation; it is not just relevant to the Limmat Valley.

ZUR BEDEUTUNG DES LIMMATTALS ALS LABORRAUM FÜR DIE SCHWEIZ

BERND SCHOLL

Die Schweiz als kleines Land in der Mitte Europas steht in der räumlichen Entwicklung vor großen Herausforderungen. Sie betreffen vor allem die voranschreitende Zersiedelung des Landes sowie überbordenden Verkehr in Agglomerationen und Transiträumen. Vielgestaltigkeit auf überschaubarem Raum ist ein besonderer Wert der Schweiz und ein wichtiger Standortfaktor in der weltweiten Konkurrenz. Mit einer weiteren Angleichung des Erscheinungsbildes der Agglomerationen durch Zersiedelung kann dieser Wert verlorengehen.

Wie in einem Brennglas präsentieren sich diese Herausforderungen im Laborraum des Doktorandenkollegs, dem Limmattal. Es gehört zu den am dichtesten besiedelten Räumen der Schweiz und ist Lebensraum für mehr als 200.000 Menschen. Im knapp 30 Kilometer langen engen Talraum der Limmat, dem verbindenden „blauen" Band, drängen sich Infrastrukturen von regionaler, kantonaler, nationaler und europäischer Bedeutung. Quer zum Limmattal verläuft die Kantonsgrenze zwischen Zürich und dem Aargau. Das Limmattal ist Teil und zugleich der zentrale westliche Zugang des Metropolitanraums Zürich mit insgesamt etwa 1,7 Millionen Einwohnern. Was hier in den nächsten Jahren räumlich geschieht, ist für die gesamte Schweiz von Relevanz. Das Limmattal kann deshalb mit Fug und Recht als *Raum von nationaler Bedeutung* bezeichnet werden.

Das Limmattal hat in den letzten Jahren und Jahrzehnten eine sehr dynamische Entwicklung erfahren. Dazu gehörten die Ausweitung der Siedlungsfläche infolge starken Bevölkerungszuwachses, namentlich auf der linken Talseite, die Stärkung der Ortskerne durch bauliche Maßnahmen, die voranschreitende Projektierung der Limmattalbahn zur Verbesserung der regionalen Erschließungsqualität und Realisierungen für einen Agglomerationspark Limmattal, der unter anderem das Tal mit den angrenzenden Landschaftsräumen besser vernetzen soll.

Es überrascht bei der Fülle der Aufgaben und offenen Fragen nicht, dass das Limmattal Gegenstand zahlreicher raumrelevanter Studien war und ist. Viele dieser Untersuchungen sind aber sektoral angelegt oder beziehen sich auf ausgewählte räumliche Bereiche des Tals. Spätestens seit der Vorstellung des Raumkonzeptes Schweiz[1] ist deutlich geworden, dass es darauf ankommt, in größeren räumlichen Zusammenhängen zu denken, zu handeln und zu entscheiden.

Die kontinuierliche Auseinandersetzung mit dem Limmattal im Rahmen des Doktorandenkollegs hat zu einer umfassenden Lagebeurteilung des Gesamtraums und zu ersten Ideen für seine langfristigere Entwicklung geführt. Sie wurde im Austausch mit interessierten Gruppen, Vertretern der Gemeinden und der Kantone im Lauf der Zeit von den Doktoranden erarbeitet und wird im Rahmen der einzelnen Dissertationen ausgewertet. Eine zentrale Erkenntnis besteht darin, auf der Basis einer problemorientierten Ideenkonkurrenz zu einer tragfähigen Langfristperspektive für die räumliche Entwicklung zu gelangen. Eine solche Operation hätte Pilotcharakter, nicht nur für das Limmattal.

THE DIDACTICS AND CURRICULUM OF THE DOCTORAL COLLEGE "FORSCHUNGSLABOR RAUM"

BERND SCHOLL

The first step is always the easiest, and it is the last steps that are achieved least often and with the greatest difficulty
(Johann Wolfgang von Goethe, Wilhelm Meister's Journeyman Years I, 4)

Didactics

What can we know? What shall we do? These basic questions posed by Kant and Aristotle have concerned science since time immemorial. Scientific work in the field of spatial planning is oriented on the second of the two questions. It is from there that we approach existing knowledge or matters still to be investigated, which are meaningful for the clarification and resolving of scientific questions. The starting points are difficult, unsolved tasks (problems). The aim is to find answers to them (solutions), or rather "provisional answers" (hypotheses), to use the term chosen by philosopher Karl Popper.

The usefulness of hypotheses (and their empirical content) can and must be tested in critical discourse. This is a particular challenge in the field of spatial planning because—in contrast to work in the exact sciences—it offers no regularities and rules. At most, we may recognise regularities in spatial developments and use them as an initial hypothesis for future developments. The delineation of leading scientific questions, the development and especially the testing of further-reaching hypotheses calls for a culture of academic discourse, which our young—compared with other sciences—discipline has yet to find. The heart of such a culture is academic discussion or, in other words: critical dialogue among those of a similar mind, who are all searching for answers to difficult questions of spatial development. Modern media cannot replace this dialogue, but they can definitely underpin it.

These are the starting points for my essay, which is concerned with the didactics, the art of teaching (i.e., meaningful learning and teaching situations and offerings), and the curriculum (a sensible sequence of such learning and teaching situations) of the doctoral college "Forschungslabor Raum."

ZUR DIDAKTIK UND ZUM CURRICULUM DES DOKTORANDENKOLLEGS „FORSCHUNGSLABOR RAUM"

BERND SCHOLL

Aller Anfang ist leicht,
und die letzten Stufen werden am schwersten und seltensten erstiegen.
(Johann Wolfgang von Goethe, Wilhelm Meisters Wanderjahre I, 4)

Zur Didaktik

Was können wir wissen? Was sollen wir tun? Diese auf Kant und Aristoteles zurückgehenden Grundfragen beschäftigen die Wissenschaft seit jeher. Wissenschaftliches Arbeiten im Gebiet der räumlichen Planung ist auf die letztere der beiden Fragen ausgerichtet. Von dort erschließt sich das zur Klärung und Beantwortung wissenschaftlicher Fragen bedeutsame vorhandene oder eben noch zu erforschende Wissen. Ausgangspunkt sind schwierige ungelöste Aufgaben (Probleme). Ziel ist es, dafür Antworten (Lösungen) oder besser „vorläufige Antworten" (Hypothesen) zu finden, wie der Philosoph Karl Popper sie bezeichnet hat.

Die Tauglichkeit von Hypothesen (und ihres empirischen Gehalts) kann und muss im kritischen Diskurs überprüft werden. Dies ist im Bereich der räumlichen Planung eine besondere Herausforderung, weil, anders als in den exakten Wissenschaften, keine Gesetzmäßigkeiten existieren. Allenfalls lassen sich Regelmäßigkeiten räumlicher Entwicklungen erkennen und als Ausgangshypothese für zukünftige Entwicklungen verwenden. Das Eingrenzen der wissenschaftlichen Leitfragen, das Entwickeln und besonders das Prüfen weiterführender Hypothesen erfordert eine Kultur des akademischen Diskurses, den unsere – im Vergleich zu anderen Wissenschaften – junge Disziplin erst noch finden muss. Kern einer solchen Kultur ist das akademische Gespräch oder anders ausgedrückt: der kritische Dialog unter Gleichgesinnten, die auf der Suche nach Antworten auf schwierige Fragen der räumlichen Entwicklung sind. Moderne Medien können diesen Dialog nicht ersetzen, wohl aber ihn unterstützen.

Das sind Ausgangspunkte meines Beitrages. Er beschäftigt sich mit der Didaktik, der Lehrkunst (also mit sinnvollen Lehr- und Lernsituationen und -angeboten) und dem Curriculum (der sinnvollen Abfolge dieser Lehr- und Lernsituationen und -angebote) des Doktorandenkollegs „Forschungslabor Raum".

Certain knowledge, uncertainty, risk, and surprises
Customary school didactics are based on defined problems and their (pattern) solutions—that is, "certain" knowledge divided into factual and subject fields. Solutions to this type of task are known in advance. Each step of learning builds upon the one before. "Certain knowledge"—frequently applied—becomes routine. A society cannot function without a great number of routines.

After this "certain knowledge" has been supplemented, namely in studies on the first level of university education, the first need for academic didactics arises. Here, tasks are presented at the heart of teaching; problems are defined only roughly and their solutions are open, not only for the students but also for those teaching. To deal with such problems demands independent learning, planning, and testing. It also calls for a willingness to face up to the criticism of others and, where necessary, to throw overboard hypotheses that have become dear to us. In this context, it must be obvious that meaningful solutions, once found, cannot be implemented *per se* and immediately. By contrast to private businesses, solutions in spatial planning need to be worked out and realised in interplay between a wide range of (private and public) players and often over longer periods, sometimes years and decades. During this time, the external conditions and the players involved may change. That is why we need to teach that in spatial development, solutions that can be implemented step by step are eminently important.

In order to arrive at solutions and their implementation in space, understanding and agreement are necessary across subject and organisational boundaries. A doctoral college offers an especially positive but also challenging framework for such work. The interdisciplinary composition of the college means that questions of joint action can be reflected upon in a critical way. All the more so when the participants have gathered relevant experience in their professional and everyday lives, whether it has been positive or negative. That is why, in principle, the participants of a doctoral college should already have some experience.

Numerous tasks of spatial planning and development can be solved adequately with routines. Indeed, it is even very important to translate as many tasks as possible into suitable routines, since this makes it possible to concentrate our ever limited resources into those tasks that (still) evade routine handling; this is the case when their space, time, and organisation are not open to direct view. Such tasks—the object of higher studies—are difficult. They call for a conscious use of different scales and simultaneous handling of those categories that are so important to spatial development: space, time, and organisation. Here the limits of "certain knowledge" become clear, leading to debate over uncertainties, risks, and surprises.

The task of the didactics and teaching of higher studies is to convey the relevant questions and thematic fields, and stimulate critical discourse on them. On the one hand, we need to take into account diverse contexts and interdependencies, like those for example between settlement, infra-

Sicheres Wissen, Ungewissheit, Risiko und Überraschung

Die übliche schulische Didaktik gründet auf definierten Problemen und deren (Muster-)Lösungen, das heißt dem nach Sach- und Fachgebieten geordneten „sicheren" Wissen. Lösungen für diese Art von Aufgaben sind im Vorhinein bekannt. Ein Lernschritt baut auf dem anderen. „Sicheres Wissen" – häufig angewandt – wird zu Routinen. Ohne eine Vielzahl von Routinen funktioniert eine Gesellschaft nicht.

Nachdem das „sichere Wissen", namentlich in den Studien der universitären Grundstufe, ergänzt wurde, beginnt die akademische Didaktik. Sie stellt Aufgaben in die Mitte des Lehrens, bei denen die Probleme nur ungefähr bestimmt und die Lösungen offen sind, nicht nur für die Lernenden, sondern auch für die Lehrenden. Solche Aufgaben zu bewältigen, erfordert selbstständiges Lernen, Entwerfen und Prüfen. Es erfordert auch die Bereitschaft, sich der Kritik anderer zu stellen und nötigenfalls lieb gewordene Hypothesen über Bord zu werfen. Dabei muss klar werden, dass einmal gefundene zweckmäßige Lösungen nicht per se und sofort verwirklicht werden können. Anders als in privaten Unternehmungen müssen raumplanerische Lösungen im Zusammenwirken unterschiedlichster (privater und öffentlicher) Akteure und oft über längere Zeiträume, über Jahre und Jahrzehnte, erarbeitet und verwirklicht werden. Während dieser Zeit können sich Rahmenbedingungen und handelnde Akteure ändern. Deshalb ist zu vermitteln, dass in der räumlichen Entwicklung schrittweise realisierbare Lösungen von eminenter Bedeutung sind.

Um zu Lösungen und ihrer Umsetzung im Raum zu kommen, ist Verstehen und Verständigung über Fach- und Organisationsgrenzen notwendig. Ein Doktorandenkolleg bietet dafür einen besonders guten, aber auch herausfordernden Rahmen. Durch die interdisziplinäre Zusammensetzung des Kollegs können Fragen gemeinsamen Handelns kritisch reflektiert werden. Dies umso mehr, wenn die Teilnehmer in ihrer Berufs- und Alltagswelt Erfahrungen dazu gemacht haben, seien diese positiv oder negativ. Berufserfahrungen der Teilnehmer eines Doktorandenkollegs sind deshalb grundsätzlich erwünscht.

Zahlreiche Aufgaben der Raumplanung und Raumentwicklung lassen sich angemessen mit Routinen lösen. Ja es kommt sogar darauf an, möglichst viele Aufgaben in geeignete Routinen zu überführen, um die stets knappen Ressourcen auf jene Aufgaben konzentrieren zu können, die sich einer routinemäßigen Behandlung (noch) entziehen; namentlich wenn Raum, Zeit und Organisation der direkten Anschauung nicht zugänglich sind, ist dies der Fall. Solche Aufgaben – der Gegenstand höherer Studien – sind schwierig. Sie erfordern den bewussten Umgang mit unterschiedlichen Maßstäben und den simultanen Umgang der für die räumliche Entwicklung so wichtigen Kategorien Raum, Zeit und Organisation. Hier treten die Grenzen des „sicheren Wissens" und die Auseinandersetzung mit Ungewissheiten, Risiken und Überraschung hervor.

Der Didaktik, der Lehrkunst höherer Studien, kommt die Aufgabe zu, damit verbundene Fragen und Themenfelder zu vermitteln und den kritischen Dis-

structure, and landscape. But spatial planning cannot be restricted to a description of the facts. It is responsible for finding solutions among the often conflicting interests of significant players within a specified space. This requires suitable processes, which are not available as templates; in most cases, they are initiated by forward-looking experts in collaboration with the relevant representatives from politics, business, and other fields involved, and subsequently set in motion. After this, they still require effective operation.

Often, the most suitable processes for clarifying and solving difficult tasks may take several years. And sometimes decades may pass from the decision in favour of a specific type of solution to its intended effect. The responsible actors should not let themselves be deterred by this. Processes have to build upon existing laws, we have to adhere to the relevant stipulations regarding involvement, and in the end we need to be able to follow the outcome—this is all in the nature of democracy. In the German-speaking countries, possibilities for the involvement of interested members of the public are still being developed, as can be expected. As the Swiss example shows, planning security is a valuable commodity that can be improved when decisions are made by eligible voters.

These reasons alone mean that higher studies in spatial planning cannot be limited to fields of material discourse. They also need to incorporate thought patterns, methodology, and communication in a changing social and economic environment.

During the doctoral college, the global economic crisis at the end of 2008 and the Fukushima reactor incident following the devastating Japanese earthquake in early 2011 illustrated dramatically just how quickly external conditions that we believe to be fixed may change. Both events will have consequences for spatial planning. More than ever before, decreasing financial resources call for the concentration of means on focal points of spatial planning. The pull-out of atomic energy in some European countries is shifting the focus of spatial planning discourse to questions of energy—including its generation and distribution.

For this reason, the standard repertoire of the didactics of higher studies in spatial planning should include investigation of uncertainty, risks, and surprises.

Curriculum

The curriculum of higher studies is a matter of continuing existing critical discourse on specific needs, scientific questions, and thematic fields through a skilful weave of situations and constellations. It is vital for the atmosphere of the doctoral college to spark academic curiosity in every participant if possible, and then—within the pros and cons of argument—to lend a basis to each thesis, honing its profile and, ultimately, sharpening it to a point.

kurs darüber anzuregen. Zu berücksichtigen sind dabei einerseits die vielfältigen Zusammenhänge und Abhängigkeiten, wie beispielsweise zwischen Siedlung, Infrastruktur und Landschaft. Räumliche Planung kann sich aber nicht auf die Beschreibung von Sachverhalten beschränken. Sie hat den Auftrag, Lösungen im häufigen Widerstreit der Interessen raumbedeutsamer Akteure aufzufinden. Dazu sind geeignete Prozesse erforderlich, die nicht als Schablone zur Verfügung stehen, sondern in den meisten Fällen von vorausschauenden Fachleuten gemeinsam mit den zuständigen Vertretern aus Politik, Wirtschaft und anderen relevanten Bereichen initiiert, aufs Gleis gesetzt und dann effektiv betrieben werden müssen.

Dabei nehmen die für das Klären und Lösen der schwierigen Aufgaben zweckmäßigen Prozesse häufig viele Jahre in Anspruch. Und von der Entscheidung für eine bestimmte Lösungsrichtung bis zum Eintreffen der beabsichtigten Wirkungen können dann manchmal Jahrzehnte vergehen. Davon dürfen sich die zuständigen Akteure nicht abschrecken lassen. Es gehört zum Wesen der Demokratie, dass Prozesse auf bestehendes Recht bauen müssen, die geltenden Bestimmungen der Mitwirkung eingehalten werden und am Ende die Ergebnisse nachvollziehbar sind. In unserem Sprachraum ist zu erwarten, dass die Möglichkeiten der Mitwirkung für interessierte Kreise der Bevölkerung eher noch ausgebaut werden. Wie das Beispiel der Schweiz zeigt, kann durch die Entscheide der Stimmbürger Planungssicherheit, ein hohes Gut, verbessert werden.

Schon allein aus diesen Gründen können sich höhere Studien in der räumlichen Planung nicht auf die materiellen Gegenstandsbereiche beschränken. Fragen des Denkmusters, der Methodik und der Kommunikation in einem sich wandelnden gesellschaftlichen und wirtschaftlichen Umfeld sind mit einzubeziehen.

Während der Laufzeit des Doktorandenkollegs veranschaulichten Ende 2008 die globale Wirtschaftskrise und Anfang 2011 der Reaktorunfall von Fukushima in Folge des verheerenden Erdbebens in Japan mit aller Dramatik, wie rasch sich sicher geglaubte Rahmenbedingungen ändern können. Beide Ereignisse werden Konsequenzen für die räumliche Planung haben. Die knapper werdenden finanziellen Ressourcen erfordern mehr denn je die Konzentration der Mittel auf räumliche Schwerpunkte. Der Ausstieg aus der Atomenergie in einigen europäischen Ländern rückt Fragen des Umgangs mit Energie, der Energieerzeugung und -verteilung ins Zentrum raumplanerischer Diskurse. Die Thematisierung von Unsicherheit, Risiken und Überraschungen gehört deshalb zum Standardrepertoire der Didaktik höherer Studien der räumlichen Planung.

Zum Curriculum

Im Curriculum höherer Studien geht es darum, den einmal begonnenen kritischen Diskurs zu Anforderungen, wissenschaftlichen Fragen und Themenfeldern durch eine geschickte Dramaturgie von Situationen und Konstellationen in Gang zu halten. Für das Klima des Doktorandenkollegs ist es

A meaningful sequence of offers (situations and constellations) is essential to the success of this approach. What can and should the work of the doctoral candidates build upon? To what extent, and for how long should it include questions of method and thought patterns? When should the first concepts for the participants' individual theses be presented? How can we develop suitable academic discourse, which questions asserted ideas in a critical way, extending our own horizons and finally stimulating and encouraging the candidates to explore new scientific ground? These are only some of the questions posed when it came to the conception and continuing adaptation of a suitable curriculum. It was obvious that an over-rigid framework would be asking too much of all those involved, tending to hamper rather than promote discourse. The framework ought to generate freedom, literally, for experiment and also allow organisational flexibility. Thus, we permitted ourselves to be guided by only a few maxims.

A focus on *joint* discourse among participants and lecturers
> Starting points will be real, difficult, unsolved tasks of spatial development.
> There can be no qualified criticism without our own hypotheses.
> Criticism should stimulate rather than cause hurt.
> Several cycles of work should help to convey and acquire knowledge of specific thematic fields, as well as questions of method and thought patterns.
> Communication will play an important part from the beginning.
> Cooperation across university boundaries should be promoted increasingly.
> As the college progresses, more time should be made available for bilateral discussion (individual consultations between participants and individual professors/associate lecturers).
> Each intense phase of exchange should be followed by a longer period of individual work on one's selected theme.
> Dates for reciprocal exchange (in the form of weeks for the doctoral candidates) should be agreed upon and set at least one year in advance.

In the course of preparation, we were able to fix the following aspects of the doctoral college:
> A common framework theme
> Allocation of teaching contracts on particularly relevant, key themes
> Supplementary guest lectures by acclaimed experts during the starting phase
> Setting up of "research laboratories" in the college locations
> Realisation of regular weeks for the doctoral candidates at intervals of three to four months, to take place alternately in the locations of the participating chairs
> A time schedule for the doctoral college of approximately three years

entscheidend, bei möglichst allen Teilnehmern das Feuer der wissenschaftlichen Neugier zu entfachen und dann im Für und Wider der Argumente die jeweilige Arbeit zu fundieren, zu schärfen und am Ende auf den Punkt zu bringen.

Damit dies gelingt, spielt die zweckmäßige Abfolge dieser Angebote (Situationen und Konstellationen) eine zentrale Rolle. Worauf soll und kann bei den Teilnehmern eines Doktorandenkollegs aufgebaut werden? Wie weit und wie lange sollen methodische und Denkmusterfragen eingebracht werden? Zu welchen Zeitpunkten sollen erste Entwürfe der einzelnen Dissertationen vorliegen? Wie soll ein geeigneter akademischer Diskurs gestaltet sein, der behauptete Thesen kritisch hinterfragt, den eigenen Horizont erweitert und schließlich anregt und ermutigt, wissenschaftliches Neuland zu betreten? Dies sind nur einige Fragen, die sich bei der Gestaltung und fortwährenden Anpassung eines geeigneten Curriculums stellen. Klar war uns, dass ein zu starrer Rahmen alle Beteiligten überfordern und den Diskurs damit eher behindern kann, als ihn zu fördern. Der Rahmen sollte damit im wahrsten Sinne des Wortes Spielräume eröffnen und Beweglichkeit in der Organisation erlauben.

Wir haben uns dabei von wenigen Maximen leiten lassen.

Im Zentrum steht der *gemeinsame* Diskurs der Teilnehmer mit den Dozenten.
> Ausgangspunkt sind reale, schwierige, ungelöste Aufgaben der räumlichen Entwicklung.
> Ohne eigene Hypothesen kann es keine qualifizierte Kritik geben.
> Kritik soll anregen und nicht verletzen.
> Wissen zu wichtigen Themenfeldern, methodischen und Denkmusterfragen soll in mehreren Durchgängen vermittelt und erworben werden können.
> Kommunikation spielt von Anfang an eine wichtige Rolle.
> Die Zusammenarbeit über Hochschulgrenzen soll zunehmend gefördert werden.
> Mit fortschreitender Dauer des Kollegs soll das Zeitbudget für bilaterale Gespräche (Einzelkonsultationen zwischen Teilnehmern und einzelnen Professoren/Lehrbeauftragten) zunehmen können.
> Auf intensive Phasen des Austausches soll jeweils eine länger dauernde individuelle Beschäftigung mit dem gewählten Thema folgen.
> Verabredete Termine des gemeinsamen Austausches (in Form von Doktorandenwochen) sollen mindestens ein Jahr im Vorhinein festgelegt werden.

Als Fixpunkte des Doktorandenkollegs konnten im Rahmen der Vorbereitungen festgelegt werden:
> Gemeinsames Rahmenthema
> Erteilung von Lehraufträgen zu besonders relevanten Leitthemen
> Ergänzende Gastvorträge renommierter Fachpersönlichkeiten namentlich in der Startphase

Common framework theme
The basic idea of the college was to work at several university locations simultaneously on central thematic fields for a scientific discourse in spatial planning and development within the European context. We agreed on the framework theme "Perspectives of European Metropolitan Regions." The participating professorial chairs were agreed that central, pressing questions of spatial development in our societies are faced in these areas.

Forschungslabor Raum
With this purpose in mind, suitable research laboratories involving the same framework theme were selected in the participating university locations. They were to form the foundation of the doctoral college's interdisciplinary higher studies, particularly in its early phase. Interdisciplinary groups of three to seven would deal with current, unsolved problems in a concrete spatial field of reference within the catchment area of each university location. The assignment required participants to cultivate a range of external contacts. The intention was to counteract the ever-present danger of groups becoming inwardly oriented.
The interdisciplinary composition of the groups and these external contacts encouraged their members to find efficient forms of communication, cooperation and coordination, to present information in various forms, to organise themselves, and to seek and acquire fresh knowledge on the basis of the problems tackled. They developed skills and abilities that helped them to work purposefully in face of complicated, tricky situations: this also furthered their training, as this type of work is becoming increasingly important in practice. However, the firm discipline required made unaccustomed demands on all the participants.
Since spatial planning cannot make use of a laboratory to test models and hypotheses as is customary in the natural sciences, the question is: are experiments possible at all? The answer is that real, difficult tasks must take over this function as a laboratory. In this kind of laboratory, the material of experiment is ideas. In higher studies, the assignments faced relate to superregional issues. Time limits are a central feature, along with a few important rules regarding procedure (e.g., use of different scales, several cycles of work—at least three—and the setting of emphases).

The cycle of the doctoral college and weeks for candidates
A doctoral college is usually organised along a timescale of approximately three years. Our most important occasions for regular exchange were the so-called weeks for doctoral candidates: every three to four months, all the participants in the doctoral college meet at one of the locations of the participating chairs. We agreed that each of the professorial chairs should play host to two events. This resulted in a period of three and a half years. The starting event took place in Zurich in November 2007 and the final event was in Vienna in June 2011; in between there were additional weeks for

> Einrichtung von Forschungslabors an den Standorten des Kollegs
> Durchführung regelmäßiger Doktorandenwochen im Abstand von drei bis vier Monaten an wechselnden Standorten der beteiligten Professuren
> Zeitliche Befristung des Doktorandenkollegs auf ungefähr drei Jahre

<u>Gemeinsames Rahmenthema</u>
Die Grundidee des Kollegs besteht darin, dass im europäischen Kontext die für einen wissenschaftlichen Diskurs in Raumplanung und Raumentwicklung zentralen Themenfelder an mehreren Hochschulstandorten simultan bearbeitet werden. Wir haben uns auf das Rahmenthema „Perspektiven europäischer Metropolregionen" festgelegt. In diesen Räumen stellen sich nach Meinung der beteiligten Professuren zentrale und drängende Fragen der räumlichen Entwicklung unserer Gesellschaften.

<u>Forschungslabor Raum</u>
An den beteiligten Hochschulstandorten werden dazu geeignete Forschungslabors mit gleichem Rahmenthema ausgewählt. Sie tragen die interdisziplinären höheren Studien, insbesondere in der Startphase des Doktorandenkollegs. Interdisziplinäre Gruppen von drei bis sieben Personen sollen aktuelle, ungelöste Aufgaben in einem konkreten räumlichen Bezugsgebiet im Einzugsbereich des jeweiligen Hochschulstandortes behandeln. Die Aufgabe erfordert, unterschiedliche Kontakte nach außen zu pflegen. Der stets lauernden Gefahr der Orientierung der Gruppen nach innen ist energisch entgegenzutreten.

Die interdisziplinäre Zusammensetzung der Gruppe und die Kontakte nach außen halten die Gruppenmitglieder dazu an, effiziente Wege der Kommunikation, Kooperation und Koordination zu finden, Informationen in verschiedenen Formen darzustellen, sich selbst zu organisieren und von den Problemen her neues Wissen zu suchen und zu erlernen. Sie entwickeln Fertigkeiten und Fähigkeiten, sich in unübersichtlichen, spannungsvollen Geschehnissen zielgerichtet zu bewegen: Das dient zugleich der Ausbildung. Denn diese Form des Arbeitens gewinnt in der Praxis zunehmend an Bedeutung. Allerdings stellt die unerlässliche Disziplin aller Beteiligten ungewohnte Anforderungen.

Da sich die Raumplanung zur Überprüfung von Modellen und Hypothesen nicht wie in den Naturwissenschaften üblich Labors bedienen kann, entsteht die Frage, ob Experimente überhaupt möglich sind. Die Antwort darauf ist, dass reale und schwierige Aufgaben als Labors diese Aufgabe übernehmen müssen. In diesen Forschungslabors wird mit Ideen experimentiert. In höheren Studien betreffen die Aufgaben überörtliche Fragestellungen. Zentrales Merkmal sind im Vorhinein zeitlich festgelegte Grenzen und wenige, aber wichtige Regeln für die Bearbeitung (beispielsweise unterschiedliche Maßstäbe, mehrere Durchgänge (mindestens drei), Schwerpunktbildung).

doctoral candidates in Stuttgart, Hanover, Karlsruhe, Hamburg, Munich, Vienna, and Zurich.

The design of these weeks for doctoral candidates was kept flexible. Based on experience, the first year would comprise an introduction to and closer delineation and definition of the candidates' fields of research, as well as an exchange of insights between the research laboratories. Besides this, lectures given by the participating professors and associate lecturers encouraged the doctoral candidates to investigate specific questions.

The second year was devoted to more intense debate in the context of the research laboratory and first concepts for the individual doctoral theses. In the first year, we realised that by requiring candidates to write so-called key chapters of their theses we gave them an important opportunity to think through the entire work and thus improve their confidence as they began to write about their selected themes.

The third year was kept for evaluation, intense study of selected aspects, and the presentation of the key insights of the whole doctoral thesis (on the basis of an in-depth concept).

The host chair took over organisation and thematic coordination on the basis of a procedure agreed in advance. Towards the end of each week for doctoral candidates, the approximate course of the next week was discussed in a meeting between the participating professors and associate lecturers.

We expected that we would be restricted to a core period due to the professors' heavy time schedules, which involved other duties during the weeks for doctoral candidates. To our own surprise, in the end all the professors reserved all of those weeks for doctoral candidates and involved themselves in activities. One of the key reasons for this was the opportunity for intense exchange on their own subjects, which is only possible to a limited extent during everyday university life. The unique situation of being able to "live" a critical, interdisciplinary discourse in the presence of the up-and-coming academic generation contributed to the development of a special, constantly evolving, stimulating atmosphere of scientific exchange, although there was occasional disagreement.

First experiences and perspectives

The doctoral college Forschungslabor Raum came to an official close with the final week for doctoral candidates in Vienna in June 2011. The majority of the nearly thirty doctoral candidates intended to submit their theses in the following months. We will report on the results of the individual theses in a different context.

In the light of still recent impressions, what proved successful and where should changes be considered?

The following were successful:
> The overall duration of approximately three years, and the division of the doctoral college by regular weeks for candidates held at intervals of approximately four months

Zyklus des Doktorandenkollegs und Doktorandenwochen
Ein Doktorandenkolleg ist auf ungefähr drei Jahre angelegt. Zentraler Anlass für den regelmäßigen Austausch sind die sogenannten Doktorandenwochen: Alle drei bis vier Monate treffen sich alle Beteiligten des Doktorandenkollegs an einem der Standorte der beteiligten Professuren. Wir vereinbarten, dass die Professuren Gastgeber von zwei Veranstaltungen sein sollten. Dies ergab dann einen Zeitraum von dreieinhalb Jahren. Die Startveranstaltung fand im November 2007 in Zürich statt, die Schlussveranstaltung im Juni 2011 in Wien, dazwischen lagen die weiteren Doktorandenwochen in Stuttgart, Hannover, Karlsruhe, Hamburg, München, Wien und Zürich.

Die Gestaltung der Doktorandenwochen soll flexibel gehandhabt werden können. Das erste Jahr dient erfahrungsgemäß der Einarbeitung, der Eingrenzung und Bestimmung des Forschungsfeldes sowie dem Austausch aus den Erkenntnissen der jeweiligen Forschungslabors. Daneben werden die Doktoranden durch Vorträge der beteiligten Professuren und Dozenten zur Auseinandersetzung mit bestimmten Fragestellungen angeregt.

Das zweite Jahr ist insbesondere der vertieften Auseinandersetzung in den Rahmen der Forschungslabors und erster Entwürfe zur eigenen Dissertation vorbehalten. Wir haben im ersten Jahr erkannt, dass die Aufforderung zum Verfassen von sogenannten Schlüsselkapiteln der Dissertationen ein wichtiger Anlass ist, die gesamte Arbeit zu durchdenken und damit die Schwelle für den Beginn der schriftlichen Auseinandersetzung mit dem gewählten Thema zu senken.

Das dritte Jahr ist der Auswertung, der Vertiefung ausgewählter Aspekte und der Präsentation von zentralen Erkenntnissen der gesamten Doktorarbeit (auf der Basis eines durchgehenden Entwurfes) vorbehalten.

Nach einem im Vorfeld verabredeten Ablauf übernimmt die gastgebende Professur die Organisation und thematische Koordination. Jeweils gegen Ende einer Doktorandenwoche wurde im Treffen der beteiligten Professoren und Dozenten der grobe Ablauf der darauf folgenden besprochen.

Wir vermuteten, dass wir uns wegen der zeitlichen Beanspruchung der Professuren mit anderen Aufgaben im Rahmen der Doktorandenwoche auf eine Kernzeit einzuschränken hätten. Zu unserer eigenen Überraschung haben schließlich alle Professoren die jeweiligen Doktorandenwochen komplett reserviert und auch mitgewirkt. Einer der wesentlichen Gründe dafür war die Möglichkeit des intensiven fachlichen Austausches, der im Hochschulalltag nur sehr begrenzt verwirklicht werden kann. Die einmalige Situation, im Beisein des wissenschaftlichen Nachwuchses einen kritischen und interdisziplinären Diskurs „leben" zu können, hat zur Entwicklung einer besonderen und sich stetig entwickelnden und anregenden Atmosphäre des wissenschaftlichen Austausches beigetragen, auch wenn wir nicht immer einer Meinung waren.

Erste Erfahrungen und Perspektiven

Das Doktorandenkolleg „Forschungslabor Raum" hat im Juni 2011 anlässlich der letzten Doktorandenwoche in Wien seinen offiziellen Abschluss gefunden. Von den knapp 30 Doktoranden und Doktorandinnen beabsichtigt

- > Setting up research laboratories with reference to real tasks of spatial planning
- > Debate with central themes, and assistance in the fields of communication and coordination
- > The interplay of presentations and individual consultations, especially in the final third of the doctoral college.

Before the next doctoral college, it would be sensible to reconsider the following:
- > Step-by-step development towards an English-speaking doctoral college
- > Involvement of more advanced doctoral candidates and a plan of research as a prerequisite to participation
- > The obligation to present a written concept of a first chapter of the intended thesis towards the end of the first year.

It should also be taken into account that none of the doctoral candidates was able to focus his or her exclusive attention on a thesis during the past years. The majority had to fulfil other duties in practice and at their universities, but also meet responsibilities and challenges in their private and family lives. This situation, which is not unusual for many doctoral candidates, leads to various dilemmas, particularly regarding the disposition of time. Probably one of the biggest challenges, therefore, is being able to create the freedom and opportunity for academic work. Mastering this challenge is part of the maturing process. It is well worth investigating whether the availability of special grants would help in this context, especially in the concluding phase of the doctoral college—this was suggested by the participants.

The doctoral college was an experiment. Much was achieved, but there is still a lot to be done.

An in-depth evaluation of the doctoral college, in particular after the presentation of the individual doctoral theses, will be needed to examine its success critically, also in the light of those ideas regarding didactics and curriculum presented here. Conclusions may then be drawn for the further development of higher studies in our field.

in den nächsten Monaten die Mehrzahl ihre Arbeiten einzureichen. Über die Resultate der einzelnen Arbeiten wird an anderer Stelle zu berichten sein. Was hat sich im Lichte der noch frischen Eindrücke bewährt und wo sind Veränderungen zu bedenken?

Bewährt hat sich:
> die etwa dreijährige Dauer und die zeitliche Gliederung des Doktorandenkollegs durch regelmäßige Doktorandenwochen im Abstand von etwa vier Monaten
> die Einrichtung von Forschungslabors mit Bezug zu realen Aufgaben der räumlichen Planung
> die Auseinandersetzung mit Kernthemen und die Unterstützung im Bereich Kommunikation und Koordination
> das Wechselspiel von Präsentationen und Einzelkonsultationen besonders im letzten Drittel des Doktorandenkollegs

Für ein nächstes Doktorandenkolleg zu bedenken wäre:
> die schrittweise Entwicklung zu einem englischsprachigen Doktorandenkolleg
> die Einbeziehung von Doktoranden in fortgeschrittenem Stadium und ein Forschungsplan als Voraussetzung zur Teilnahme
> das Forcieren schriftlicher Entwürfe erster Kapitel der beabsichtigten Dissertation schon gegen Ende des ersten Jahres

Zu beachten ist auch, dass keiner der Doktoranden sich während der vergangenen Jahre ausschließlich mit seiner individuellen Arbeit beschäftigen konnte. Die Mehrzahl hatte noch andere Aufgaben in der Praxis und an den Universitäten wahrzunehmen, aber auch Verpflichtungen und Herausforderungen im privaten und familiären Bereich. Diese für viele Doktoranden nicht ungewöhnliche Situation führt zu einigen Dilemmata vor allen in der zeitlichen Disposition. Sich für wissenschaftliches Arbeiten Frei- und Spielraum schaffen zu können, gehört dabei wohl zu den größten Herausforderungen. Diese zu meistern ist Teil des Reifeprozesses. Ob dieser durch Bereitstellung von besonderen Stipendien, insbesondere in der Schlussphase des Doktorandenkollegs, wie es von Teilnehmern vorgeschlagen wurde, unterstützt werden kann, ist sehr prüfenswert.
Das Doktorandenkolleg war ein Experiment. Vieles wurde bewirkt, aber noch bleibt viel zu tun.
Es wird einer vertieften Auswertung des Doktorandenkollegs, insbesondere nach Vorliegen der einzelnen Dissertationen, vorbehalten sein, auch die hier vorgestellten Gedanken zur Didaktik und zum Curriculum kritisch zu überprüfen und daraus Schlussfolgerungen für die weitere Entwicklung höherer Studien in unserem Gebiet zu ziehen.

EXPLORATION— A METHOD BY WHICH TO SOLVE COMPLEX SPATIAL PLANNING PROBLEMS

FELIX GÜNTHER, ZURICH

These days, the tasks of spatial planning often involve finding solutions to large-scale, cross-border, and unclear problem situations. Initial explorations are made as to what task can be assigned a solution and therefore a decision—the actual objective of planning. In large-scale spaces, such clarification cannot be provided by the world of planning alone; it must be approached in unison with networks of interested and affected stakeholders. The changing environs and rapidly developing methods of depicting and communicating information also influence collaboration processes in spatial planning.

In this case, the "exploration method" has therefore been proposed. Exploration means establishing a common understanding and clarifying which elements—considering the infinite spectrum of available information—are essential to spatial development. Exploration also strives to make this approach to space comprehensible to outsiders. It addresses topics related to data exchange, methods of representation and mediation in conflicts of differing codification of data and language as well as its processing into comprehensible information, and the presentation of this collaboratively generated knowledge. In short, it is about managing knowledge within spatial planning. In so doing, this method is not intended to replace existing formal or informal planning procedures, it should be considered an additional element with which to bring clarity to particularly complex situations.

The exploration method has been tested on three projects from regional to continental scale. These projects about integrated settlement and infrastructural development are model examples for future planning tasks due to their cross-border character and their increasingly large spatial dimensions. The perimeter of the selected project tasks is too large for one actor to be capable of collecting and interpreting the essential information on these expansive spaces. Using a combination of methods such as networking available data from public sources, workshops, focus groups, and story-telling, the actors—who possess detailed and concrete information about their respective regions, infrastructure, projects, and planning—together develop an overview. A planning information system supports them in sourcing information about neighbouring regions and in updating and correcting data. The information is thus developed, deepened and enriched through the direct participation of these actors. This makes it possible to develop both the information and the necessary common approach to defining a problem—a prerequisite for the necessary establishment of a common strategy.

ERKUNDUNG – EINE METHODE ZUR KLÄRUNG KOMPLEXER RAUMPLANERISCHER PROBLEME

FELIX GÜNTHER, ZÜRICH

Die Aufgaben der Raumplanung stellen sich heute oft als großräumige grenzüberschreitende und unübersichtliche Problemsituationen dar, die einer Klärung zugeführt werden müssen. Erst wird erkundet, welche Aufgabe einer Lösung und damit einer Entscheidung, dem eigentlichen Ziel der Planung, zugeführt werden. Diese Klärung kann in großen Räumen nicht mehr von der Raumplanerwelt alleine bewältigt werden, son-

dern ist in Netzwerken von interessierten und betroffenen Stakeholdern gemeinsam zu erarbeiten. Das veränderte Umfeld und die sich rasant entwickelnden technischen Möglichkeiten der Darstellung und Vermittlung von Informationen beeinflussen auch die Prozesse der Zusammenarbeit in der Raumplanung.

Dafür wird die Methode der Erkundung vorgeschlagen. Erkundung meint die Erarbeitung eines gemeinsamen Verständnisses und die Klärung der Frage, welche Elemente – angesichts der unermesslichen Weite vorhandener Informationen – für die räumliche Entwicklung die wesentlichen sind. Die Erkundung möchte diese Sicht auf den Raum auch für außenstehende Personen verständlich machen. Dabei geht es um den Themenkomplex von Datenaustausch, Darstellungstechniken und Vermittlung im Spannungsfeld unterschiedlicher Kodierungen von Daten und Sprache sowie deren Verarbeitung zu verständlicher Information und die Darstellung dieses gemeinsam erarbeiteten Wissens. Kurz, es geht um den Umgang mit Wissen in der Raumplanung. Dabei ist die Methode kein Ersatz für bestehende formelle oder informelle Planungsverfahren, sondern sie ist als Ergänzung zur Klärung besonders komplexer Situationen zu betrachten.

Die Methode der Erkundung wird in drei Projekten, vom regionalen bis zum kontinentalen Maßstab, überprüft. Diese Projekte integrierter Siedlungs- und Infrastrukturentwicklung sind für künftige Planungsaufgaben beispielhaft aufgrund ihres grenzüberschreitenden Charakters und ihrer zunehmend großräumigen Ausdehnung. Der Perimeter der gewählten Projektaufgaben ist dabei zu groß, als dass ein einzelner Akteur in der Lage wäre, die wesentlichen Informationen über diese ausgedehnten Räume zu beschaffen und zu interpretieren. Mit einer Mischung aus Methoden wie der Vernetzung verfügbarer Daten aus öffentlichen Quellen, Workshops, Focus-Group-Interviews und dem Geschichtenerzählen erarbeiten die betroffenen Akteure, welche über ein vertieftes und konkretes Wissen über ihre jeweils eigenen Regionen, Infrastrukturen, Projekte und Vorgänge zur Planungsaufgabe verfügen, die Übersicht gemeinsam. Sie können sich aber auch mit Unterstützung eines planerischen Informationssystems über benachbarte Regionen informieren sowie Daten aktualisieren und korrigieren. Damit wird die Information durch die direkte Beteiligung der Akteure entwickelt, vertieft und bereichert. Auf diese Weise ist es möglich, nicht nur die Informationen, sondern auch die notwendige gemeinsame Haltung zur Problemdefinition zu entwickeln, die eine Voraussetzung für die notwendige Entwicklung einer gemeinsamen Strategie ist.

LONG-TERM PERSPECTIVES FOR AIRPORT AND SPATIAL DEVELOPMENT IN EUROPEAN METROPOLITAN REGIONS, USING ZURICH AIRPORT (ZRH) AS AN EXAMPLE

YOSE KADRIN, ZURICH

Airports represent the key infrastructure of metropolitan regions. They connect centres to international flight networks and demonstrate high levels of both direct and induced added value in their locations. However, apart from the connection potential that airports offer, today there is also a great capacity for conflict as a result of air traffic, largely due to noise pollution. This has a largely negative impact on quality of life in neighbouring residential areas, which is particularly the case in central Europe, where airports are often located close to city centres or residential areas; examples of such are Zurich, Frankfurt, and Copenhagen. Due to high settlement densities, a particularly large number of people are affected by noise pollution.

Considering the fact that the conflict of interests between airport operators, affected population, municipalities, cantons, and the state are increasing, the issue of noise pollution is creating a dilemma for the city and the Zurich Metropolitan Region, which is being exacerbated by a conflict with Germany in relation to the northern approach. This conflict of interests is manifesting itself particularly as a result of the state policy that Zurich Airport's (ZRH) role as a motor of economic growth for the region and for Switzerland should be protected. It can therefore be assumed that there will be increased air traffic and thus increased noise pollution around the airport. On the other hand, state law also stipulates that residential areas should be protected from noise pollution through spatial planning.

How can this situation be approached? How can these two conflicting aspirations find a balance? Is it at all possible? To be able to answer these questions, it is important to examine the cause of the conflict: noise pollution. If aircraft noise is examined right at its source, it becomes obvious that there is unused potential for further noise reduction. The noise footprint around airports could therefore be reduced and the strain on neighbouring residents as a result of aircraft noise thus curtailed.

By reducing the noise footprint, areas that are no longer or are less affected by noise should emerge—so-called "delta areas" (Δ). These areas can then be used both for airport and spatial development, enabling sustainable progression of airports and space. Whether or not Zurich airport is extended in future, spatial development options in relation to noise reduction potential need to be examined now, to facilitate sustainable airport and spatial development.

LANGFRISTPERSPEKTIVEN FÜR DIE FLUGHAFEN- UND RAUMENTWICKLUNG IN EUROPÄISCHEN METROPOLREGIONEN AM BEISPIEL FLUGHAFEN ZÜRICH (ZRH)

YOSE KADRIN, ZÜRICH

Flughäfen sind Schlüsselinfrastrukturen von Metropolregionen. Sie dienen der Anbindung von Zentren an das internationale Flugliniennetz und weisen an ihrem Standort hohe direkte sowie induzierte Wertschöpfungen auf. Neben der Erschließungsqualität von Flughäfen besteht heute aber auch ein großes Konfliktpotenzial durch den Flugbetrieb, hauptsächlich durch die Lärmbelastung. So vermindert sich die Lebensqualität in den umliegenden Siedlungsbereichen stark. Dies gilt im Besonderen für Mitteleuropa, wo die Flughäfen oft sehr nahe an Stadtzentren beziehungsweise Siedlungsgebieten liegen. Als Beispiele seien Zürich, Frankfurt und Kopenhagen genannt. Aufgrund der vorhandenen hohen Siedlungsdichte sind durch den Fluglärm besonders viele Menschen betroffen.

In Anbetracht der Tatsache, dass sich der Interessenkonflikt zwischen Flughafenbetreiber, betroffener Bevölkerung, Kommunen, dem Kanton sowie dem Bund im Laufe der Zeit immer weiter verschärft, stellt das Thema Fluglärm für die Stadt und die Metropolregion Zürich ein Dilemma dar, verstärkt durch den Konflikt mit Deutschland um den Nordanflug. Der Interessenkonflikt manifestiert sich insbesondere dadurch, dass laut der Konzession des Bundes die Rolle des Flughafens Zürich (ZRH) als Wirtschaftsmotor für die Region und für die Schweiz weiter gesichert werden soll. Es ist anzunehmen, dass dies zu vermehrtem Flugverkehr und damit zu einer erhöhten Lärmbelastung im Umfeld des Flughafens führen wird. Auf der anderen Seite sollen aber die Siedlungsgebiete laut Bundesgesetz über die Raumplanung vom Fluglärm möglichst verschont werden.

Wie geht man mit dieser Situation um? Wie können diese beiden gegenläufigen Bestrebungen harmonisiert werden? Besteht diese Möglichkeit überhaupt? Um diese Fragen zu beantworten, muss man die Ursache des Konfliktes betrachten: den Fluglärm. Untersucht man Fluglärm direkt an seiner Entstehungsquelle, stellt man fest, dass hier noch ungenutztes Potenzial für eine weitere Lärmreduktion besteht. Somit könnte der Lärmteppich im Umfeld des Flughafens verkleinert und die Belästigung der Anwohner durch den Fluglärm reduziert werden.

Durch diese Möglichkeit der Minderung des Lärmteppichs sollen Bereiche entstehen, die gar nicht mehr bzw. weniger lärmbelastet sind, die sogenannten „Delta-Flächen" (Δ). Diese Flächen sollten dann sowohl für die Flughafenentwicklung als auch für die Raumentwicklung genutzt werden, um eine nachhaltige Entwicklung von Flughafen und Raum zu ermöglichen. Unabhängig davon, ob der Flughafen Zürich in Zukunft weiter ausgebaut wird, sollten die Möglichkeiten der Raumentwicklung hinsichtlich des Lärmminderungspotenzials bereits heute untersucht werden, um eine nachhaltige Flughafen- und Raumentwicklung zu ermöglichen.

ON THE SIGNIFICANCE OF DESIGN IN SPATIAL DEVELOPMENT CLARIFICATION PROCESSES POTENTIALS AND CHALLENGES OF "SPATIAL PLANNING DESIGN" ON A REGIONAL SCALE

MARKUS NOLLERT, ZURICH

The rediscovery of design on a regional scale is in full swing. Processes such as "Le Grand Pari(s)" demonstrate a desire to find answers to questions of functional correlation between regions and of perspectives for their future development. It is no coincidence that such processes are applied to situations in which the classical instruments of spatial planning and urban design are increasingly failing:

Design on a regional scale means analysing and understanding spaces that stretch over dozens of kilometres, as well as their topological and functional features and characteristics. This also implies thinking in periods of between twenty and forty years and developing strategies that are robust enough to be pursued over longer periods of time, despite lack of knowledge about changing circumstances. An approach must therefore be adopted that treats whole areas in an integrated manner. It must take into account the web of actors who are associated with the space and their interests, although these do not initially appear to correspond to the object of design, which is "space."

Spatial planning has been using so-called clarification processes, which aim at finding solutions to difficult questions, to successfully tap into design methods for some time now. However, there is also justified speculation that the challenges that design faces as a method in increasingly large and complex situations of regional scale must be further examined. Such "spatial planning" design requires profound examination of something that has only recently reappeared in the world of science: design as a heuristic, "knowledge-generating" method!

The focus here is on how to deal with complexity. It confronts the designer with unpredictable changes of context and can under certain circumstances take them on a journey that ends at a new problem rather than a solution. The treatment of actors as well as an awareness of the subjective, story-telling element of design is of particular significance if the aim is to allow those who will ultimately decide what action is to be taken, to play a part in this learning process (or in the failure of the direction taken).

This paper proposes an approach to "spatial planning design" and, in particular the evaluation of design tasks on a regional scale in which the author played a part, will contribute to unveiling its interior workings and translating it into a "repertoire." In doing so, this paper comes to the conclusion that this type of design is becoming increasingly significant in spatial design education and that it should possibly be taught differently, further outlining an approach to "design teaching" in spatial planning.

ZUR BEDEUTUNG DES ENTWERFENS IN KLÄRUNGSPROZESSEN DER RAUMENTWICKLUNG MÖGLICHKEITEN UND ANFORDERUNGEN AN EIN „RAUMPLANERISCHES ENTWERFEN" IM REGIONALEN MASSSTAB

MARKUS NOLLERT, ZÜRICH

Die Wiederentdeckung des Entwerfens im regionalen Maßstab ist im vollen Gange. Verfahren wie das „Le Grand Pari(s)" belegen das Bedürfnis, Antworten auf Fragestellungen der funktionalen Zusammenhänge von Regionen und Perspektiven für deren zukünftige Entwicklung zu erhalten.

Nicht zufällig finden diese Verfahren in Situationen Anwendung, in denen klassische Instrumente der Raumplanung, aber auch des Städtebaus zunehmend versagen:

Entwerfen im regionalen Maßstab bedeutet, Räume mit Ausdehnungen von mehreren zehn Kilometern mit ihren topologischen und funktionalen Ausprägungen und Eigenheiten zu erfassen und zu verstehen. Es bedeutet auch, in Zeiträumen von 20 bis 40 Jahren zu denken und trotz des Unwissens über die sich verändernden Umstände Strategien zu entwickeln, die robust genug sind, um sie über einen längeren Zeitraum verfolgen zu können. Und es bedeutet, eine Perspektive einzunehmen, die den Gesamtraum integriert behandelt. Das heißt, auch das dem Raum gegenüberstehende Geflecht von Akteuren und deren Interessen zu betrachten, obwohl diese dem konkreten Entwurfsgegenstand „Raum" zunächst nicht zu entsprechen scheinen.

In sogenannten „Klärungsprozessen" bedient sich auch die Raumplanung schon seit einiger Zeit mit Erfolg des Entwerfens, um Lösungsvorschläge für schwierige Fragestellungen zu erarbeiten. Allerdings besteht die begründete Vermutung, dass die Anforderungen an das Entwerfen als Methode und als Ergebnis in den immer größeren und komplexeren Situationen des regionalen Maßstabs genauer untersucht werden müssen. Ein solches „Raumplanerisches Entwerfen"erfordert eine tiefergehende Betrachtung eines Aspekts, der erst seit kurzem wieder vermehrt in der Wissenschaft diskutiert wird: das Entwerfen als heuristische, „Wissen generierende" Methode!

Dabei steht der Umgang mit Komplexität im Vordergrund. Diese konfrontiert den Entwerfenden mit unvorhersehbaren Änderungen der Rahmenbedingungen und schickt ihn unter Umständen auf eine Reise, an deren Ende keine Lösung, sondern ein neues Problem steht. Weiterhin sind der Umgang mit den Akteuren wie auch das Wissen um das subjektive und Geschichten erzählende Element des Entwerfens von besonderer Bedeutung, wenn es darum geht, diejenigen am Lernprozess (oder auch am Scheitern eingeschlagener Richtungen) teilhaben zu lassen, die am Ende über Handlungen entscheiden. Die Arbeit widmet sich einem Ansatz dieses „Raumplanerischen Entwerfens". Insbesondere die Auswertung von Entwurfsaufgaben im regionalen Maßstab, an denen der Autor mitgewirkt hat, soll dazu beitragen, das Innenleben des Ansatzes zutage zu fördern und in ein „Repertoire" zu übersetzen. Darüber kommt die Arbeit zu dem Schluss, dass diese Art des Entwerfens in der Raumplanungsausbildung vermehrt und möglicherweise anders gelehrt werden muss und sie skizziert einen Ansatz für eine „Entwurfslehre" in der Raumplanung.

ACTION-ORIENTED PLANNING FOR METROPOLITAN SPACES? APPROACHES TO AND POTENTIALS OF METROPOLIS/METROPOLITAN REGIONS IN GERMANY AND SWITZERLAND

FLORIAN STELLMACHER, ZURICH

Metropolitan spaces are particularly characterised by conflict and urban development tasks. These are largely defined by dynamic land consumption for settlement and transport purposes as well as conflicts between high-performance infrastructure, local government institutions, settlement and landscape development. The potentials of settlement development in existing urban structures usually becomes particularly stretched in monocentric metropolitan spaces. Furthermore, metropolitan infrastructure and large-scale facilities are of fundamental importance to functionality and competitiveness within national and international urban systems.

Developing solutions to conflicts, which aim at securing and establishing functionality and accessibility, can support a coordinated and integrated approach to spatial planning. The challenge is to collaboratively identify pending and predictable tasks and to approach their solutions by determining particular focus points and areas in cooperation with relevant local and regional actors.

Despite massive spatial conflicts in metropolitan spaces, integrated and coordinated concepts for the spatial development of such places have hardly been established despite the fact that they have been identified on regional and national levels, that potentially suitable cooperative structures have been set up, and that action-oriented planning provides a basically suitable approach from a methodological perspective. On the other hand, spatial tasks that are of specific significance to a whole metropolitan area or even of supraregional significance remain subordinate within the actions of metropolitan regional institutions.

This paper examines why integrated and coordinated concepts for the spatial development of metropolitan areas and decisive spatial points of focus have hardly been established. It also looks at what components of action-oriented planning can contribute to the consolidation of such tasks in the future. It questions whether action-oriented planning can provide suitable instruments, principles, and maxims with which to identify these tasks and focus points and with which to initiate suitable planning processes in focus areas, further questioning whether action-oriented planning could be modified to this end in specific areas.

The following questions are also implied: How can action-oriented planning approaches be developed and applied by regional actors, particularly those involved in spatial planning? What contribution can constituted metropolitan regions make to solving the corresponding tasks? Have national and regional spatial planning tapped into new potentials by establishing metropolitan regions?

AKTIONSORIENTIERTE PLANUNG FÜR METROPOLRÄUME?
ANSÄTZE UND MÖGLICHKEITEN DER METROPOL-/METROPOLITANREGIONEN IN DEUTSCHLAND UND DER SCHWEIZ

FLORIAN STELLMACHER, ZÜRICH

Metropolräume sind besonders von Konflikten und Aufgaben der räumlichen Entwicklung geprägt. Diese werden vor allem vom dynamischen Flächenverbrauch für Siedlungs- und Verkehrszwecke sowie von Konflikten zwischen Hochleistungsinfrastrukturen, überregionalen Einrichtungen und der Siedlungs- und Landschaftsentwicklung bestimmt. Insbesondere in monozentrischen Metropolräumen sind die Potenziale der Siedlungsentwicklung im Bestand weitgehend ausgereizt. Zudem sind die metropolitanen Infrastrukturen und großflächigen Einrichtungen von entscheidender Bedeutung für die Funktions- und Wettbewerbsfähigkeit im nationalen und internationalen Städtesystem.

Die Entwicklung von Lösungen für Konflikte wie die Sicherung und Entwicklung der Funktionsfähigkeit und Erreichbarkeit erfordern die sektoral koordinierte und integrierte Auseinandersetzung auf einer den raumplanerischen Aufgaben entsprechenden Handlungsebene. Es stellt sich die Herausforderung, gemeinsam die anstehenden und absehbaren Aufgaben zu identifizieren sowie deren Lösungen in hierfür besonders bedeutsamen Schwerpunkten und Teilräumen in Kooperation der relevanten lokalen bis überregionalen Akteure anzugehen.

Trotz der massiven räumlichen Konflikte in den Metropolräumen sind bislang kaum integrierte und koordinierte Vorstellungen für die räumliche Entwicklung dieser Räume erarbeitet worden, obwohl jene auf nationaler wie regionaler Ebene als Aufgabe benannt werden, obwohl mit den Metropolregionen potenziell geeignete Kooperationsstrukturen entwickelt wurden und obwohl mit einer aktionsorientierten Planung ein grundsätzlich geeigneter Zutritt von methodischer Seite zur Verfügung steht. Räumliche Aufgaben von spezifischer Bedeutung für den gesamten Metropolraum oder sogar überregionaler Bedeutung spielen hingegen bislang eine untergeordnete Rolle in den Aktivitäten der Institution Metropolregion.

In der Arbeit wird untersucht, warum bislang kaum integrierte und koordinierte Vorstellungen für die räumliche Entwicklung der Metropolräume und entscheidende räumliche Schwerpunkträume entwickelt werden und welche Bausteine der aktionsorientierten Planung dazu beitragen könnten, dass diese Aufgaben in Zukunft gestaltet werden können. Zudem wird hinterfragt, ob die aktionsorientierte Planung geeignete Instrumente, Prinzipien und Maximen bereitstellt für die Identifikation dieser Aufgaben und der Schwerpunkträume sowie für die Initiierung geeigneter Planungsprozesse in Schwerpunkträumen und ob die aktionsorientierte Planung hierfür punktuell modifiziert werden könnte.

Diese Fragen implizieren zudem die folgenden Aspekte: Wie können aktionsorientierte Planungsansätze von den regionalen Akteuren, insbesondere jenen der Raumplanung, entwickelt und genutzt werden? Welchen Beitrag können die konstituierten Metropolregionen zur Lösung entsprechender Aufgaben leisten? Hat sich die regionale wie nationale Raumplanung in dieser Hinsicht mit der Initiierung der Metropolregionen neue Möglichkeiten erschlossen?

NEGOTIATING SPATIAL DEVELOPMENT—STRATEGIES AND INSTRUMENTS TO COPE WITH COLLABORATIVE PROCESSES

ILARIA TOSONI, ZÜRICH

Nowadays many of the problems facing planning activities to be solved, ask for the consideration of complex territorial entities not necessarily merging with the set administrative borders or with the usual social or functional definition. Such problems concern e.g. the development and management of strategic linear or punctual infrastructure, integrated transport policies, coordinated settlement development in regional contexts, the location of productive clusters and many more matters. Moreover, a radical change affected the structure and organisation of formal and informal decision-making processes in the recent past; a variety of forms of public-private partnership, consultation, negotiation, participation, collaborative processes are a well-established practice in planning, which marked the transition from territorial government to a plural form of spatial governance.

As a matter of fact, more and more, in the planning field dealing with spatial tasks (from the definition of urban projects to the planning of international infrastructure) means dealing with the organisation of a process of negotiation. This phase of the process does not always have the same relevance, but no doubt it is a key component of the decision-making, if the aim is to come to shared solutions. Negotiation, bargaining, exchange, collaboration have become a crucial stage in several processes because of the fragmented structure and individual, atomistic nature of interests in contemporary society. This situation defines both the need and the difficulty of having to discuss and bargain every matter with different individuals or interests groups. Regardless of the subject matters, whenever individual preferences, choices or utilities are confronted with general (public) ones open conflicts or deep-seated resistance to change arise. The discussion is then to solve these impasses by providing feasible and acceptable definitions of the action able to accomplish the single and collective satisfaction. The scaling process has to be able to come to the definition of an intervention in terms of spatial organisation, a quantifiable improvement of a problematic situation, a carefully assessment of the affected actors (positively and negatively) and needed compensative and re-distributive measures. Such a setting provides the conditions for focusing on actual content issues.

Aim of the work is therefore to focus planners' attention back on content issues and on fieldwork, being the lack of attitude towards action one of the weaknesses of nowadays planning. Knowledge regarding where, when and how in the process negotiation skills are essential to this task and how they affect the content-matters, is the core intention of the research. In order to do so, the work focuses on on-going experiences and projects like the definition of a shared spatial strategy for the sixteen communities of the Limmat Valley in Switzerland or the development of a common strategy among the region interested by the European rail corridor Rotterdam-Genoa.

RAUMPLANUNGSVERHANDLUNGEN – STRATEGIEN UND INSTRUMENTE ZUR DURCHFÜHRUNG KOLLABORATIVER PROZESSE

ILARIA TOSONI, ZÜRICH

Heutzutage erfordert die Lösung der Aufgaben, mit denen Raum- und Stadtplaner konfrontiert werden, die Berücksichtigung komplexer territorialer Gegebenheiten, die sich nicht unbedingt und immer den geltenden behördlichen Auflagen oder den üblichen sozialen oder funktionalen Definitionen fügen. Zu diesen Aufgaben gehören die Entwicklung und das Management strategisch ausgerichteter linearer oder punktueller Infrastrukturen, integrierte Verkehrsplanungen, ein im regionalen Zusammenhang koordinierter Siedlungsbau, die Ansiedlung von Gewerbeparks mit Produktionsstätten und vieles mehr. Hinzu kommen drastische Veränderungen, die sich in jüngster Zeit in den Abläufen offiziell-öffentlicher und inoffiziell-privater Entscheidungsprozesse vollzogen haben. Dadurch gibt es heute verschiedene Formen öffentlich-privater Projektpartnerschaften, die Hinzuziehung beratender Fachleute, Verhandlungen, Mitsprache und Mitarbeit von Bürgergruppen, die alle zusammen den Übergang von einer „von oben" diktierten zu einer pluralistisch verantworteten Raumplanung gekennzeichnet haben.

Tatsächlich bedeutet die Aufgabe „Raumplanung" oder „Raumordnung" (von städtebaulichen Projekten bis hin zu grenzüberschreitenden Infrastrukturen) in zunehmendem Maße „Management von Verhandlungsprozessen", zumindest in der Anfangsphase derartiger Projekte. Diese Phase ist zwar nicht immer gleich wichtig, aber zweifellos immer ein Schlüssel zur Entscheidungsfindung, wenn das Ergebnis eine gemeinschaftliche Lösung sein soll. Infolge der Zersplitterung unserer Gesellschaft in zahlreiche Individuen und Gruppen mit unterschiedlichen und oft gegensätzlichen Interessen sind Sach- und Preisverhandlungen, Gedankenaustausch und Zusammenarbeit mit allen Beteiligten inzwischen ganz wesentliche Faktoren bei verschiedenen Raumplanungsvorhaben. Wann immer individuelle Vorlieben, Entscheidungen oder Nutznießungen nicht mit denen der Allgemeinheit übereinstimmen, kommt es zu offenen Konflikten oder starkem inneren Widerstand in der Bevölkerung – egal um welches Projekt es sich gerade handelt. Diese Blockaden sollte man lösen, indem man Beteiligten und Betroffenen machbare und akzeptable Vorgehensweisen vorschlägt, um individuelle und kollektive Zustimmung und Zufriedenheit zu erreichen. In diesem Revisionsprozess muss der jeweilige Eingriff bezogen auf Raumordnung, quantifizierbare Verbesserung einer problematischen Situation, sorgfältige Einschätzung der (positiven und negativen) Folgen für Betroffene sowie erforderliche Kompensations- und Umverteilungsmaßnahmen geplant und festgelegt werden. Das schafft den Rahmen, innerhalb dessen man sich auf aktuelle inhaltliche Fragen konzentrieren kann.

Die Dissertation hat zum Ziel, die Aufmerksamkeit von Stadt- und Landschaftsplanern wieder auf inhaltliche Fragen zu lenken und sie zur „Geländearbeit" – zu Untersuchungen vor Ort – zu bewegen, da der fehlende Wille zum konkreten Handeln eine der Schwächen heutiger Planungsvorhaben ist. Die Antwort auf die Frage, wo, wann und wie Verhandlungsgeschick im Planungsablauf angebracht ist und wie sich die Anwendung dieses Wissens auf inhaltliche Fragen auswirkt, war das Hauptthema unseres Forschungsprojekts, das im vorliegenden Band anhand laufender Untersuchungen und Projekte dargestellt wird. Dazu gehören unter anderen das übergreifende Raumordnungsprojekt für sechzehn Ortschaften im schweizerischen Limmattal und die Entwicklung eines Planungskonzepts für die europäischen Regionen, die vom Bahntrassenkorridor Rotterdam-Genua betroffen sind.

VIENNA METROPOLITAN REGION
METROPOLREGION WIEN

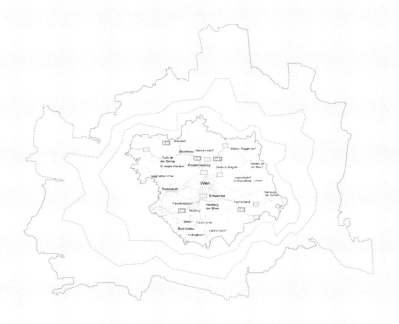

Kennzahlen Metropolregion Wien[1]
Key Data Vienna Metropolitan Region[1]

Fläche Area: 461 443 ha
Einwohner Population (2010): 2 324 487
Einwohner/ha Population/ha: 5.04
Bevölkerungsentwicklung Population development 2001–2010: + 8.9%
Erwerbstätige Active population: keine Angabe not specified
Anzahl Wohneinheiten Number of housing units: 1 276 640
Einwohner/Wohneinheit Residents/housing unit: 1.82

PORTRAIT OF VIENNA METROPOLITAN REGION

ANDREAS VOIGT

Vienna Danube area, view from Nussberg
Wien-Donauraum gesehen vom Nußberg

The two European capital cities of Vienna and Bratislava, known as the "Twin Cities", are located only sixty kilometres apart on the River Danube, bordered to the north and west by the foothills of the Alps (Vienna Woods) and by the Little Carpathians. They have a common green centre (the Danube area and a national park along the rivers Danube-March-Thaya) and they each have an international airport, ports, and two major rail links. Their relative size—in terms of population—is currently around one (Bratislava) to four (Vienna). Numerous smaller and larger surrounding communities are located within the catchment areas of both cities. Vienna Metropolitan Region, as a combination of greater Vienna including the neighbouring federal states of Lower Austria and, bordering that, Burgenland (including the UNESCO World Heritage site Lake Neusiedl and the border region to Hungary), is currently considered to be the Eastern Region, and within the wider context is part of the Centrope area.

"Vienna is growing" is an essential parameter for the spatial development of the city and the Vienna Metropolitan Region. This growth mainly relates to an expected increase in population within the planning period 2035 to 2050 as a result of emigration from Europe. Vienna could therefore reach the two-million-inhabitant mark; this was already the case at the end of the Austro-Hungarian empire at the turn of the twentieth century, though after two world wars its population depleted significantly to one and a half million. The 1989 fall of the so-called Iron Curtain, which separated "western" from "eastern" Europe in the aftermath of the Second World War, caused tremendous political and social change and therefore enabled and supported further economic and spatial development. Within this context, the city of Vienna initiated numerous plans and projects and began to implement them: a new central rail station; renovation of the stations Vienna-Mitte, Westbahnhof and Praterstern; extension of the underground lines U1 and U2; inner-city development on former railway premises, and redevelopment areas such as the Seestadt Aspern project (Vienna's Urban Lakeside). Within the context of the aforementioned growth predictions the question arises as to how this should be dealt with in future.

The Laboratory Space which has been studied more closely is located to the north-east of Vienna in the Vienna-Bratislava field of influence. The Danube area, Donaustadt (22nd district of Vienna) and the border area between Vienna and Lower Austria form spatial focal points. The collaborative development of open spaces, infrastructure and settlements within this laboratory space has enabled the establishment—as a response to the "growth" challenge—of extensive infill development that is of significance for Greater Vienna. This is therefore a recommended focus area for spatial development of the city and Metropolitan Region of Vienna.

PORTRÄT ZUR METROPOLREGION WIEN

ANDREAS VOIGT

Die beiden als „Twin Cities" bezeichneten EU-Hauptstädte Wien und Bratislava, die nur 60 Kilometer voneinander entfernt an der Donau gelegen sind, werden im Norden und Westen durch die Ausläufer der Alpen (Wienerwald) bzw. durch die Kleinen Karpaten begrenzt, sie verfügen über eine gemeinsame *Grüne Mitte* (den Donauraum bzw. einen Nationalpark entlang der Flüsse Donau-March-Thaya), über zwei internationale Flughäfen und zwei Häfen sowie zwei Bahnverbindungen. Das Größenverhältnis – bezogen auf ihre Einwohner – liegt gegenwärtig bei ca. eins (Bratislava) zu vier (Wien). Zahlreiche kleinere und größere Umlandgemeinden liegen im näheren Einzugsbereich der beiden Städte. Die Metropolregion Wien kann als Gefüge Wien-Umland, unter Einbeziehung der benachbarten Bundesländer Niederösterreich und daran angrenzend das Burgenland (unter anderem mit der UNESCO-Welterbe-Region Neusiedlersee und der Grenzregion zu Ungarn) als Ostregion gesehen und im größeren Zusammenhang als Teil des Gebildes *Centrope* betrachtet werden.

„Wien wächst" ist eine wesentliche Rahmenbedingung für die Raumentwicklung der Stadt und die Metropolregion Wien. Dieses Wachstum bezieht sich vor allem auf den prognostizierten Zuwachs der Bevölkerung im Planungszeitraum 2035 bis 2050 durch Wanderungsgewinne aus dem europäischen Raum. So könnte Wien wiederum die Zwei-Millionen-Einwohner-Grenze erreichen (dies war bereits am Ende der österreichisch-ungarischen Monarchie zur Wende vom 19. zum 20. Jahrhundert der Fall, nach den beiden Weltkriegen ging die Bevölkerungszahl erheblich auf unter 1,5 Millionen Einwohner zurück). Der Fall des sogenannten „Eisernen Vorhangs" 1989, der infolge des Zweiten Weltkriegs den „Westen" vom „Osten" Europas getrennt hatte, hat enorme politische und gesellschaftliche Veränderungen bewirkt und in weiterer Folge ökonomische und räumliche Entwicklung ermöglicht und befördert. Die Stadt Wien hat in diesem Zusammenhang zahlreiche Planungen und Projekte mit veranlasst und mit deren Umsetzung begonnen: der Neubau eines Hauptbahnhofs, die Erneuerung der Bahnhöfe Wien-Mitte, Westbahnhof und Praterstern, die Verlängerung der U-Bahnlinien U1 und U2, die Innenentwicklung auf Bahnarealen und Konversionsflächen, die Seestadt Aspern. Unter Voraussetzung der angeführten „Wachstumsprämisse" steht infrage, wie in Zukunft damit umgegangen werden könnte und sollte.

Der näher betrachtete *Laborraum* liegt im Nordosten Wiens im räumlichen Spannungsfeld Wien-Bratislava. Räumliche Schwerpunkte bilden der Donauraum, die Donaustadt (Wien, 22. Bezirk) und der Grenzraum Wien-Niederösterreich. Die gemeinsame Entwicklung der Freiräume, der Infrastrukturen und der Siedlungen ermöglicht in diesem Laborraum – als Antwort auf die Herausforderung „Wachstum" – eine umfassende Innenentwicklung mit Bedeutung für Gesamt-Wien. Daher wird dieser als zukünftiger Schwerpunktraum der Raumentwicklung für die Stadt und Metropolregion Wien empfohlen.

THE PLANNING WORLD MEETS THE LIFE WORLD

ANDREAS VOIGT

Points of contact for spatial planning processes are concrete, socially relevant questions in the real world. These are either problems already solved, ones that can be handled in a routine manner, or unsolved problems for which solutions are required[1]. From the perspective of time, it is possible to distinguish tasks that are pressing now and those that are foreseeable, probable or at least conceivable in the future, given an overview and a forward-looking approach. Usually, the intention is to prevent the development of these problems or at least reduce their gravity. In a democratic context, it is necessary to obtain political legitimacy and societal acceptance in order to deal with both types. There are limited funds available to design planning processes and create possibilities for intervention in the real world and in the objects of planning processes—i.e. space and time—, which means that convincing emphases need to be set. When working on problems, different views[2]—shaped by politics and various disciplines—may often clash. At the beginning of the planning process, therefore, we need to create shared perspectives which should unite all those involved in each planning procedure. The "design of living space" to safeguard the existence of all living creatures may be viewed as one shared concept of planning.

Depending on the individual *planning approach*[3], the perspectives adopted to deal with problems, as well as aims, methods, and the necessary background knowledge may turn out to be very different. This *chaos* at the beginning of every thinking and planning process entails many diverse points at which to take up controversial debates within the *planning world*,[4] within the *life world*,[5] and between the two worlds. It makes things more difficult that—each influenced by our own discipline—we always adopt a specific approach to planning. We are unable to do otherwise. But it is also an enrichment when we can exploit the diversity of different approaches to planning in order to illuminate problems from various angles and thus recognise and understand them better. This is a solid foundation from which to develop feasible solutions, which can become reality when the actors responsible make corresponding decisions.

But when the worlds of planning and everyday life clash, causing friction, we need to be particularly attentive and proceed cautiously. The beginning and end of planning procedures, as well as other decisive interim phases represent key interfaces between the life world and planning. If we succeed in instigating open dialogue between planning and everyday life, as well as within the planning world, this may generate stimuli and so facilitate a successful planning process, from which creative solutions emerge. If pro-

PLANUNGSWELT TRIFFT ALLTAGSWELT

ANDREAS VOIGT

Anknüpfungspunkte für raumbezogene Planungsprozesse sind konkrete, gesellschaftlich relevante Fragestellungen der realen Welt. Diese sind entweder bereits gelöste Probleme, die mit Routinen bearbeitet werden können, oder ungeklärte Probleme, die gelöst werden wollen[1]. Im zeitlichen Kontext können Aufgaben unterschieden werden, die bereits anliegen und solche, die aus einer Übersicht und Vorausschau in eine mögliche Zukunft absehbar, wahrscheinlich oder zumindest denkbar erscheinen. Zumeist sind dies Probleme, deren Entstehen vermieden oder deren Brisanz entschärft werden soll. Für die Befassung mit beiden Typen gilt es in einem demokratischen Kontext politische Legitimation und Verständnis der Gesellschaft zu gewinnen. Die Mittel für die Gestaltung von Planungsprozessen und die Möglichkeiten für Eingriffe in die reale Welt, ebenso die Objekte von Planungsprozessen – Raum und Zeit – sind beschränkt und erfordern daher begründbare Schwerpunktsetzungen. Beim Bearbeiten von Problemen geraten häufig verschiedene – politisch und disziplinär geprägte – Problemsichten[2] aneinander. Am Beginn der Planungsprozesse muss daher die Bildung einer gemeinsamen Sichtweise, die alle am jeweiligen Planungsprozess Beteiligten einbeziehen sollte, stehen. Als gemeinsame Planungsvorstellung kann die „Gestaltung des Lebensraumes" als Sicherung der Existenz für alle Lebewesen dienen.

In Abhängigkeit vom jeweiligen *Planungsansatz*[3] stellen sich bei der Bearbeitung der Probleme deren Problemsichten, die damit zu verbindenden Ziele, Methoden und das dafür erforderliche Hintergrundwissen mitunter sehr unterschiedlich dar. Dieses *Schlamassel* am Beginn jedes Denk- und Planungsprozesses birgt vielfältige Anknüpfungspunkte zu kontroversen Auseinandersetzungen innerhalb der *Planungswelt*[4], innerhalb der *Alltagswelt*[5], zwischen Planungs- und Alltagswelt. Als erschwerend stellt sich dar, dass wir – disziplinär geprägt – stets einen bestimmten Planungsansatz benützen. Wir können nicht anders. Bereichernd ist, dass wir aus der Vielfalt von verschiedenen Planungsansätzen schöpfen können, um Probleme aus verschiedenen Blickwinkeln zu beleuchten und damit Probleme auch besser erkennen und verstehen zu können. Dies ist ein solides Fundament, von dem aus sich tragfähige Lösungen erarbeiten lassen, die dann durch Entscheidungen der zuständigen Akteure Realität werden können.

Wenn nun Planungswelt und Alltagswelt aufeinandertreffen und sich aneinander reiben, gilt es besonders aufmerksam zu sein und behutsam vorzugehen. Der Beginn und das Ende von Planungsverfahren sowie weitere entscheidende Phasen dazwischen stellen besondere Nahtstellen von Alltags- und Planungswelt dar. Wenn es gelingt, einen offenen Dialog zwischen

cesses do not succeed, we can expect considerable losses—costly in terms of time and money—due to friction, even to the point of complete failure. The basis for constructive dialogue is created by the attitudes and associated values of those involved in the planning process, which allow exchange and the reconciliation of differing viewpoints, aims, and approaches to solutions. The above-mentioned development of shared perspectives among all those protagonists involved in the planning process creates the necessary preconditions for a process of design, that should contribute to safeguarding our livelihood and the future sustainability of our living spaces. First of all, it is important to develop a shared *comprehension of the situation and settings*.[6] Which spatial challenges are particularly urgent? Which might become significant in the future? What essential questions can be formulated collaboratively in order to clarify the situation? What central problems do they reveal? What objectives are associated with their solution, and what approaches are necessary and meaningful? What additional background knowledge might be necessary and helpful? What emphases have to be set due to a shortage of available funds and limited time? Within what time frames can and must steps be taken towards a solution and consequent action? These are only some of the questions that we need to bear in mind. In this context, it is always important to distinguish the essential from the secondary, to obtain an overview of the problems faced, of associated perspectives and possible approaches to solutions—and to maintain this grasp of the situation.

Shared comprehension of the situation and its problems is a precondition for the design of spatial and temporal concepts with which to meet pressing challenges and avoid future problems. What solutions can be formulated? What are the likely effects in each case? Which are particularly suitable? First of all, it is necessary to allow for a diversity of solutions and then explain one's selection on the basis of logical criteria, to prepare decisions, and plan further procedures. Shortage of time and funds in the planning process and the complexity of the questions involved mean that we should tend towards thinking and planning processes that facilitate and guarantee a manifold increase in knowledge and parallel thought within a team, so that any good ideas can be combined and taken one stage further. The holding of competitions is a tried and trusted means of generating diverse approaches to solutions. The "Wiener Donauraum" (Vienna Danube Region) competition was an excellent example of innovative planning, due to its open, yet structured exchange between teams working in parallel. The experiences and insights obtained in this context have earned a place in planning theory, as the *Vienna Model*.[7]

An attempt to solve problems may also lead to the realisation that they have not been sufficiently understood and that we need to reformulate the problems per se. Step-by-step, sometimes difficult investigation of solutions and suitable approaches for the future leads to the *elaboration of instructions*[8] and requires *communication about behaviour and how to proceed*.[9] The essential elements of further procedure need to be combined into a planning strategy.

Planungs- und Alltagswelt und innerhalb der Planungswelt zu führen, können daraus zündende Impulse entstehen, die einen erfolgreichen Planungsprozess ermöglichen, aus dem heraus kreative Lösungen entstehen. Misslingen Prozesse, so sind mitunter erhebliche, zeit- und kostenintensive Reibungsverluste bis hin zum Scheitern zu erwarten.

Die Grundlage für einen konstruktiven Dialog bilden Haltungen und damit verbundene Werte der am Planungsprozess Beteiligten, welche einen Austausch über und den Abgleich von unterschiedlichen Sichtweisen, Zielsetzungen und Lösungswegen ermöglichen. Die bereits erwähnte Bildung gemeinsamer Sichtweisen bei allen am Planungsprozess beteiligten Akteuren schafft die notwendigen Voraussetzungen für einen Gestaltungsprozess, der zur Existenzsicherung und Zukunftsfähigkeit unserer Lebensräume beitragen soll. Zunächst gilt es, ein

1 *Spatial Simulation Lab, TU Vienna: working situation, team work*
1 *Stadtraum-Simulationslabor, TU Wien: Arbeitssituation Teamwork*

gemeinsames *Verständnis der Sachlage* und der *Gegebenheiten*[6] zu gewinnen. Welche Herausforderungen mit Raumbezug sind besonders dringend? Welche könnten zukünftig bedeutsam werden? Welche wesentlichen Fragestellungen zur Klärung der Sachlage können gemeinsam formuliert werden? Welche Problemkerne verbergen sich dahinter? Welche Zielsetzungen zu deren Lösung sind damit verbunden und welche Vorgehensweisen sind erforderlich und zweckmäßig? Welches zusätzliche Hintergrundwissen könnte notwendig und hilfreich sein? Welche Schwerpunkte müssten aufgrund der Knappheit verfügbarer Mittel und beschränkter Zeit gesetzt werden? In welchen Zeiträumen können und müssen Lösungsschritte und Handlungen gesetzt werden? Das sind nur einige der Fragen, die es zu beachten gilt. Dabei gilt es stets, Wesentliches vom Unwesentlichen zu unterscheiden, einen Überblick über die Problemstellungen, die damit verbundenen Sichtweisen und möglichen Lösungsansätze zu gewinnen und sodann zu bewahren.

Ein gemeinsames Verständnis der Sach- und Problemlage ist Voraussetzung für die Konzeption raum- und zeitbezogener Vorstellungen zur Lösung der dringenden Herausforderungen und der Vermeidung künftiger Probleme. Welche Lösungen könnten formuliert werden? Welche Wirkungen sind jeweils verbunden? Welche sind besonders passend? Es gilt zunächst, Lösungsvielfalt zu ermöglichen und auf Basis nachvollziehbarer Kriterien eine Auswahl zu begründen, Entscheidungen vorzubereiten und weitere Vorgehensweisen zu konzipieren. Die Zeit- und Mittelknappheit im

Whenever attempting to solve difficult spatial problems, their complexity must be dealt with in a suitable way.[10] The systematic generation of space-related knowledge and the subsequent development of a model create a further important basis for the solving of difficult problems. They allow for a reduction of complexity, which is important, and lead back to the heart of the problem via abstraction. Finally, it is possible to use spatial simulations to explore possible or desirable *futures*. These are only meaningful if they contribute to further insights and so improve decision-making and communication.[11] Spatial models and simulations need to be representative, precise, clear and vivid, attractive and comprehensible.[12]

2 *Simulation relating to urban space for the project Stuttgart 21—overlapping of building volumes and wind simulation in real time by means of CFD (computational fluid dynamics)* 14
2 *Stadtraumbezogene Simulation des Projektes Stuttgart 21 – Überlagerung von Bebauungsvolumen und Windsimulation in Echtzeit mittels CFD (Computational Fluid Dynamics)* 14

As laboratory spaces, the various real planning areas form the foundation for spatial planning work. The *interventions*[13] into reality that develop from planning processes are often considerable—they are rarely reversible, or only with considerable effort. Therefore, decisions that lead to concrete interventions and actions should be tested very carefully in advance. There is a need for suitable *laboratories*[14] to create spatial models—as representations of reality—and simulations building on them, which permit a clear overview, as well as insight at various levels of scale and facilitate teamwork. The results of simulation should be available promptly; the ideal option is a simulation in real time. Digital simulation laboratories and associated planning information systems can provide state-of-the-art instruments for dealing with difficult spatial issues and ensure the success of dialogue between the world of planning and everyday life.

Planungsprozess und die Komplexität der Fragestellungen empfiehlt Denk- und Planungsprozesse, die vielfältigen Wissensgewinn und paralleles Denken im Team ermöglichen und gewährleisten, dass gute Ideen kombiniert und weitergeführt werden können. Die Durchführung von Wettbewerben ist ein bewährtes Mittel zur Erzeugung vielfältiger Lösungsansätze. Das Wettbewerbsverfahren „Wiener Donauraum" ist durch offenen und strukturierten Austausch zwischen parallel arbeitenden Teams ein herausragendes Beispiel für eine innovative Gestaltung. Die damit verbundenen Erfahrungen und Erkenntnisse haben als *Wiener Modell*[7] in die Planungstheorie Eingang gefunden.

Der Versuch der Problemlösung kann auch zur Erkenntnis führen, dass diese nicht ausreichend verstanden wurden und die Problemformulierungen überprüft werden müssen. Der schrittweise und mitunter mühsame Erkundungsprozess von Lösungen und von geeigneten Wegen in die Zukunft mündet in das *Herstellen von Anleitungen*[8] und bedarf der *Verständigung über das Vorgehen*[9]. Die wesentlichen Elemente des weiteren Vorgehens müssen zu einer planerischen Strategie verknüpft werden.

Stets ist beim Lösen schwieriger raumbezogener Probleme ein geeigneter Umgang mit deren Komplexität[10] gefordert. Eine zweckmäßige raumbezogene Wissensgenerierung und eine damit zu verbindende Modellbildung schaffen wichtige weitere Grundlagen für das Lösen schwieriger Probleme. Sie erlauben die so wichtige Reduzierung der Komplexität und mit Abstraktion verbundene Rückführung auf den Problemkern. Mit raumbezogenen Simulationen werden schließlich mögliche und wünschenswerte *Zukünfte* erkundet. Sie sind nur von Bedeutung, wenn sie zu Erkenntnisgewinn beitragen sowie Entscheidungsfindung und Kommunikation verbessern[11]. Raumbezogene Modelle und Simulation müssen repräsentativ, genau, klar und anschaulich, attraktiv und nachvollziehbar sein[12].

Die vielfältigen realen Planungsräume bilden als Laborräume die Arbeitsgrundlage für Raumplanung. Die aus Planungsprozessen hervorgehenden *Eingriffe*[13] in die Wirklichkeit sind häufig erheblich, zumeist nicht oder nur mit großem Aufwand umkehrbar. Die Entscheidungen, die zu konkreten Eingriffen und Handlungen führen, sind daher umsichtig vorab zu prüfen. Für die raumbezogene Modellbildung – als Repräsentation der Wirklichkeit – und darauf aufbauende Simulationen sind geeignete *Labore*[14] erforderlich, welche Anschaulichkeit, Überblick samt Einblick auf verschiedenen Maßstabsebenen und Teamwork ermöglichen. Die Simulationsergebnisse sollten kurzfristig verfügbar sein, ideal wäre eine Simulation in Echtzeit. Digital gestützte Simulationslabore und damit verbundene Planungsinformationssysteme können ein zeitgemäßes Instrumentarium zur Bearbeitung schwieriger raumbezogener Problemstellungen bieten und sicherstellen, dass ein Dialog zwischen Planungs- und Alltagswelt gelingen kann.

Glossary

Life world   The life world includes everything beyond and surrounding the planning world.[15]

Planning world   The planning world is the field in which plans or instructions are developed. As a rule, several players (from the planning world) are involved here, acting within specific forms of organisation or cooperation.[16]

Settings   In very general terms, all those aspects of the life world that we wish to either change or retain through planning are known as "settings". In concrete terms, this concerns the part of the life world that is accessible to the players of the planning world for action and observation.[17]

Comprehension of the situation   Comprehension of the situation is a matter of putting together a description of the planning problem so that the planning task is presented as validly as possible. This usually takes place via the interplay of empirical investigation, as the examination of given circumstances, and the interpretation and evaluation of one's findings. Developing a "comprehension of the situation" makes precise reference to the interface between the life world and the planning world.[18]

Elaboration of instructions   These instructions show everything that needs to be done in order to bring about the desired result (plans, descriptions).[19]

Communication about behaviour   Once instructions have been outlined, it is a matter of agreeing with those affected or involved about further procedures (…).[20]

Interventions   The keyword "interventions" is used to refer to every concrete measure that is implemented in reality as a consequence of the instructions developed.[21]

Planning problems   Planning problems are unsolved tasks. Their starting points can be existing settings, which are judged to be negative and are to be improved, or existing settings that are judged to be positive: here, the assumption is that they will not continue of their own accord and something must be planned and undertaken to ensure that they are maintained. The three other components of the respective planning approach determine what is regarded as a problem in this context (…). This means that no view of, description of, or solution to a problem is "objective", but is predicated on the underlying planning approach.[22]

Planning approach   A planning approach can be understood as a set of problems (problem views) in connection with a set of aims, a set of methods, and specific background knowledge (…).[23] All four components have their own specific content, certainly, but they are mutually dependent.[24]

Begriffsglossar

Alltagswelt   Die Alltagswelt beinhaltet all das, was die Planungswelt umgibt.[15]

Planungswelt   Die Planungswelt ist der Bereich, in dem die Pläne bzw. Anleitungen erarbeitet werden. In der Regel sind daran mehrere Akteure (der Planungswelt) beteiligt, die in bestimmten Organisations- bzw. Kooperationsformen agieren.[16]

Gegebenheiten   Als „Gegebenheiten" werden hier ganz generell all die Dinge der Alltagswelt bezeichnet, an denen wir mit Planung etwas verändern oder die wir bewahren wollen. Konkret geht es um den Teil der Alltagswelt, der den Akteuren der Planungswelt für Aktionen und Beobachtungen zugänglich ist.[17]

Verständnis der Sachlage   Beim Verständnis der Sachlage geht es um die Erarbeitung einer Beschreibung des Planungsproblems, und zwar so, dass sie die Planungsaufgabe möglichst valide repräsentiert. Dies geschieht normalerweise durch ein Wechselspiel von empirischer Erkundung als Untersuchung gegebener Sachlagen und der Interpretation und Bewertung dieser Befunde. Die Erarbeitung des „Verständnisses der Sachlage" nimmt exakt Bezug auf die Nahtstelle zwischen Alltagswelt und Planungswelt.[18]

Herstellen von Anleitungen   Diese Anleitungen zeigen auf, was alles zu tun ist, um ein angestrebtes Ergebnis herbeizuführen (Pläne, Beschriebe).[19]

Verständigung über das Vorgehen   Ist eine Anleitung im Entwurf erstellt, geht es darum, sich mit den Betroffenen bzw. Beteiligten über das weitere Vorgehen zu verständigen (…).[20]

Eingriffe   Mit dem Stichwort „Eingriffe" wird all das bezeichnet, was aufgrund der erarbeiteten Anleitungen in der Realität konkret getan wird.[21]

Planungsprobleme   Planungsprobleme sind ungelöste Aufgaben. Ausgangspunkte können negativ bewertete Ist-Zustände sein, die verbessert werden sollen, oder positiv bewertete Ist-Zustände, bei denen unterstellt wird, dass sie nicht von alleine erhalten bleiben, sondern dass zu ihrer Erhaltung etwas geplant und unternommen werden muss. Was dabei als Problem angesehen wird, ist abhängig von den drei anderen Komponenten des jeweiligen Planungsansatzes (…). Das heißt, jede Problemsicht, jede Problembeschreibung und jede Problemlösung ist nicht „objektiv", sondern hat ihren Ursprung in dem zugrunde liegenden Planungsansatz.[22]

Planungsansatz   Ein Planungsansatz (*approach*) kann verstanden werden als ein Satz von Problemen (Problemsichten, P), in Verbindung mit einem Satz von Zielen (Z), einem Satz von Methoden (M) und einem bestimmten Hintergrundwissen (H) (…).[23] Alle vier Komponenten haben zwar ihre eigenen Inhalte, diese sind jedoch voneinander abhängig.[24]

PLANNING CULTURE WITHIN MUNICIPAL AUTHORITIES— PROFICIENCY IN MUNICIPAL URBAN DEVELOPMENT PLANNING

SILKE FABER, VIENNA

Despite comparable framework conditions, planning processes can yield very different results. It often happens that while planning runs on time, within budget, and to very high standards in one city, a seemingly similar city fails to achieve its targets and uses far too many resources in the process.

Public authorities are an essential actor in planning processes. They create the conditions for execution and implementation of all public planning. It is very difficult to implement proficient planning if there is a lack of commitment and expertise within these bodies. Municipal planning bodies have multifarious challenges to contend with. Supporting long-term urban development measures frequently clashes with other often more short-term local political objectives. This can lead to a minimum of political support and limited resources, which in turn limits the necessary scope of action and creative linearity in implementing planning tasks. Yet even—or particularly—in cities in which especially supported individual projects with apparently excellent results appear to lead to a shift in focus, old behavioural and decision-making patterns tend to creep back in after a short time.

Thus the question also arises as to how a "good planning culture" can be continuously cultivated by public authorities. This paper addresses how municipal authorities can be guided and supported within the field of planning and building so that the planning culture of a city—consolidation of maximum quality with optimal use of resources—can develop positively. As a result, recommended courses of action have been developed for individuals in charge of planning and policy-making within municipal authorities. Empirical studies have been carried out in mid-sized towns within the Vienna, Hamburg, and Zurich Metropolitan Regions. A secondary objective in this context is to generate new insights in the field of mid-sized town research and to contribute to the establishment of European Metropolitan Regions.

The uniqueness of planning challenges that go hand in hand with the particular logic of each city means that it is not possible to develop a universal remedy. Problems will therefore be categorised and solutions, which are deemed to be successful in practice, will be assigned to them—ultimately creating a kind of toolbox for planners and municipal policy-makers. This will be complemented by recommendations for implementation as well as indications of potential risks and side effects.

PLANUNGSKULTUR IN KOMMUNALVERWALTUNGEN – QUALIFIZIERUNGSMÖGLICHKEITEN KOMMUNALER STADTENTWICKLUNGSPLANUNG

SILKE FABER, WIEN

Planungsprozesse können trotz vergleichbarer Rahmenbedingungen sehr unterschiedliche Ergebnisse hervorbringen. Es ist immer wieder zu beobachten, dass in der einen Stadt Planungen schnell und im Kostenrahmen mit hoher Qualität umgesetzt werden, während in einer scheinbar ähnlichen Stadt die Ziele verfehlt und dabei unnötig viele Ressourcen verbraucht werden.

Ein wesentlicher Akteur im Planungsprozess ist die öffentliche Verwaltung. Sie schafft die Rahmenbedingungen für die Durchführung und Umsetzung sämtlicher öffentlicher Planungen. Qualifizierte Planungen können nur schwer realisiert werden, wenn es an dieser Stelle an Engagement oder Qualifikation mangelt. Die kommunalen Planungsämter haben ihrerseits mit vielseitigen Herausforderungen zu kämpfen. Die Unterstützung langfristiger stadtentwicklungspolitischer Maßnahmen konkurriert nicht selten mit anderen, häufig kurzfristigeren kommunalpolitischen Zielsetzungen. Hierdurch kann es zu einer geringen politischen Unterstützung und eingeschränkten Ressourcen kommen, die wiederum notwendige Handlungsspielräume und die gestalterische Geradlinigkeit in der Umsetzung von Planungsaufgaben einschränkt. Doch selbst – oder gerade – in Städten, in denen besonders geförderte und im Ergebnis herausragende Einzelplanungen scheinbar zu veränderten Schwerpunktsetzungen geführt haben, setzen sich häufig nach kurzer Zeit wieder alte Verhaltens- und Entscheidungsmuster durch.

Es stellt sich also die Frage, wie sich eine „gute Planungskultur" durch die öffentliche Verwaltung kontinuierlich aufbauen lässt. Die Arbeit zeigt auf, wie Kommunalverwaltungen im Bereich Planen und Bauen so gesteuert beziehungsweise unterstützt werden können, dass sich die Planungskultur einer Stadt – im Sinne der Verstetigung einer höchstmöglichen Qualität bei optimiertem Ressourceneinsatz – positiv entwickeln kann. Als Ergebnis werden Handlungsempfehlungen für verantwortliche Akteure der Kommunalverwaltung und -politik erarbeitet. Die empirischen Untersuchungen werden in Mittelstädten innerhalb der Metropolregionen Wien, Hamburg und Zürich durchgeführt. Nebengeordnetes Ziel ist es in diesem Zusammenhang auch, neue Erkenntnisse im Bereich der Mittelstadtforschung zu generieren und einen Beitrag zur Etablierung europäischer Metropolregionen zu leisten.

Die Erstellung von Patentrezepten ist aufgrund der Einmaligkeit von Planungsherausforderungen in Verbindung mit der Eigenlogik jeder Stadt nicht möglich. Daher sollen Problemlagen kategorisiert und den in der Praxis als erfolgreich eingeschätzten Lösungsansätzen zugeordnet werden, sodass am Ende der Arbeit eine Art Werkzeugkasten für Planer und Kommunalpolitiker zur Verfügung steht. Ergänzt wird dieser durch Anwendungsempfehlungen sowie Hinweise zu Risiken und Nebenwirkungen.

TEST DESIGN—
A METHOD FOR EXPLORING POTENTIALS FOR INFILL DEVELOPMENT IN CITIES AND METROPOLITAN REGIONS

MARITA SCHNEPPER, VIENNA

The number of people who live in cities is growing steadily. The assumption that 75 per cent of the world population will live in metropolitan regions by 2025 implies a huge shift in the relationship between city and country. The use of previously unbuilt areas for housing and infrastructure remains at a high level in cities with growing economies like Vienna, Zurich, and Munich. However, looking to the past reveals that cities are places of constant change, which are influenced by unpredictable interdependency, growth, stagnation, and shrinkage. Apart from securing the scarce resource of land, future thought and action should be geared towards the existing diversity as well as leaving room for new visions and ideas. "Vibrant" urban structures only evolve through change, and they develop through a combination of uses over time.

What strategy would be capable of exploiting existing inner-city potentials and ideas within the larger spatial context of metropolitan regions? Within this context, the development of central spatial structures is considered to be worthwhile in both growing and shrinking metropolitan regions. A new integrative approach is required to recognise the value of infill development; this must strive to demonstrate the built potentials of outer urban districts and old village or district centres within agglomerations. Possible urban scenarios are created in the form of test designs: on the one hand, to explore built density, and on the other, to consolidate and visualise urban developments and the potentials of place.

In contrast to large-scale peripheral developments, the strategy of infill development has the capacity to hold on to the existing context. Due to its transformative potential—conversion, multiple use, reuse, follow-up use, decommissioning—integrative spatial planning remains intact even in the event of changes of decision or unexpected economic shifts. This is the main prerequisite of robust spatial development.

This test design method is intended to provide an important instrument for area management—for economical and prudent handling of area on the one hand—and on the other for moderate, process-based urban planning proficiency in cities, thus making an important contribution to future processes.

METHODE TESTENTWURF – EINE METHODE ZUR ERKUNDUNG VON POTENZIALEN DER INNENENTWICKLUNG IN STÄDTEN UND METROPOLREGIONEN

MARITA SCHNEPPER, WIEN

Die Zahl der Menschen, die in Städten leben, steigt kontinuierlich. Die Annahme, dass im Jahr 2025 75 Prozent der Weltbevölkerung in Metropolregionen leben werden, bedeutet eine immense Veränderung des Verhältnisses von Land und Stadt. Die Inanspruchnahme bislang unbebauter Flächen für Siedlung und Verkehr hält in Städten mit wirtschaftlichem Wachstum wie Wien, Zürich und München unvermindert auf hohem Niveau an. Ein Blick in die Vergangenheit allerdings verdeutlicht: Städte sind Orte ständiger Veränderung, die von unvorhersehbaren Wechselwirkungen, Wachstum, Stagnation und Schrumpfung beeinflusst werden. Neben der Sicherung der knappen Ressource Fläche sollte das zukünftige Denken und Handeln auf die vorhandene Mannigfaltigkeit ausgerichtet sein sowie neuen Visionen und Ideen Freiraum geben. Denn „lebendige" Stadtstrukturen entstehen erst durch Wandlungen, die sich durch die Kombination von Nutzungen im Laufe der Zeit entwickeln.

Welche Strategie wäre aber fähig, die bestehenden innerörtlichen Potenziale und Ideen in großen räumlichen Zusammenhängen von Metropolregionen auszuschöpfen? Als besonders lohnenswert wird in diesem Zusammenhang die Innenentwicklung zentraler Raumstrukturen in wachsenden wie schrumpfenden Metropolregionen angesehen. Um zu erkennen, welchen Wert die Innenentwicklung besitzt, bedarf es einer neuen integrativen Herangehensweise, die versucht, die baulichen Flächenpotenziale städtischer Außenquartiere, alter Dorf- oder Stadtteilzentren in den Agglomerationen zu demonstrieren. In Form von Testentwürfen entstehen dazu mögliche städtebauliche Szenarien, die zum einen die Bebauungsdichte ausloten, zum anderen städtebauliche Entwicklungen und Potenziale des Ortes bündeln und visualisieren.

Im Vergleich zur großflächigen Außenentwicklung vermag die Strategie der Innenentwicklung einmal getroffene Rahmenbedingungen beizubehalten. Aufgrund ihrer Transformationsfähigkeit (Umbau, Mehrfachnutzung, Umnutzung, Nachnutzung, Rückbau) bleiben auch im Fall von Entscheidungsänderungen oder unerwarteten wirtschaftlichen Veränderungen die Voraussetzungen einer integrativen Raumplanung erhalten. Dies ist die Kernvoraussetzung der robusten Raumentwicklung.

Die Methode der Testentwürfe soll als wichtiges Instrument für das Flächenmanagement einerseits, für den haushälterischen und sparsamen Umgang mit der Fläche andererseits für die maßvolle, prozesshafte städtebauliche Qualifizierung von Ortschaften einen wichtigen Beitrag für weiterführende Verfahren liefern.

PLANNING AS A LEARNING PROCESS—
URBAN DISTRICT AND NEIGHBOURHOOD DEVELOPMENT IN METROPOLITAN REGIONS

WERNER TSCHIRK, VIENNA

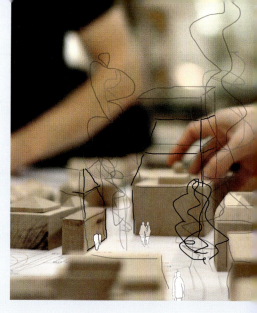

An urbanisation process is currently taking place in Europe, as in the rest of the world. Increasingly, more people are living in urbanised space. The United Nations predicts that in Austria, for example, the number of people living within an urban context will have increased by 1.24 million by 2050. From the point of view of urban and open space planning, the question arises as to how this field, with a multitude of involved actors, can succeed in reaching agreement on development objectives, while at the same time creating a framework that can contribute to the creation of high-quality living spaces.

In the face of complex life styles and habits as well as differing sets of values, the development of new urban districts and neighbourhoods is becoming an increasingly difficult undertaking. It furthermore involves complex tasks related to specific and unique situations. Experience from other projects can only be partially applied and there is a general lack of criteria with which to evaluate solutions.

What approach can support the solution of problems whose most essential characteristics are complexity, diversity, and uniqueness? What methods and instruments are suited to generating quality and securing it over a longer period? How can the design of planning processes contribute to the success of district and neighbourhood development?

The paper aims to find answers to these and other questions. The study of current development projects, of particular procedural and innovative character forms its basis. Planning processes such as the Zurich West cooperative development plan, the development of the former airport site in Munich into the new Messestadt Riem, the development of Aspern airfield into Seestadt Aspern (Vienna's Urban Lakeside) in Vienna, or the redesign of HafenCity in Hamburg are examples of this. On a theoretical level, our understanding of planning and "conceptual models" appears to significantly influence the success or failure of complex tasks. It also seems apparent that high-quality, sustainable living spaces do not develop randomly; they are rather the expression of an equally high-quality "production process." The objective of this paper is to critically question these processes, to set new standards and to learn from both successes and failures. Urban districts that are built today and structures that are established now shape the long-term future. Successful development projects can significantly increase quality of life in cities and metropolitan regions; they can contribute to careful use of natural resources or they can have the opposite effect. Their development processes create visions, stimulate debate and design futures—not only of spaces, but also of life itself. Planning processes for large projects can therefore be social learning processes.

PLANUNG ALS LERNPROZESS – STADTTEIL- UND QUARTIERSENTWICKLUNG IN METROPOLREGIONEN

WERNER TSCHIRK, WIEN

In Europa, wie auf der ganzen Welt, findet derzeit ein Urbanisierungsprozess statt. Zunehmend mehr Menschen leben im verstädterten Raum. Für Österreich beispielsweise prognostizieren die United Nations bis zum Jahr 2050 ein Mehr von 1,24 Millionen Menschen, die im urbanen Kontext leben werden. Dabei stellt sich aus Sicht der Stadt- und Raumplanung die Frage, wie es der Disziplin gemeinsam mit einer Vielzahl an beteiligten Akteuren gelingen kann, Einigung über Entwicklungsvorstellungen zu erzielen und gleichzeitig Rahmenbedingungen zu setzen, die zum Entstehen qualitativ hochwertiger Lebensräume beitragen können.

Angesichts komplexer Lebensstile und -gewohnheiten sowie differenzierter Wertemuster wird die Entwicklung neuer Stadtteile und Quartiere zu einem zunehmend schwierigen Unterfangen. Dazu kommt, dass es sich dabei durchwegs um komplexe Aufgabenstellungen handelt, deren Situation spezifisch und einzigartig ist. Erfahrungen aus anderen Projekten lassen sich nur bedingt übertragen und Kriterien zur Beurteilung von Lösungsansätzen fehlen großteils.

Welche Haltung kann das Lösen von Aufgaben unterstützen, deren wesentliche Merkmale die Komplexität, Vielschichtigkeit und Einzigartigkeit sind? Welche Methoden und Instrumente sind geeignet, Qualität hervorzubringen und diese über die Zeit hin zu sichern? Wie kann die Gestaltung des Planungsprozesses zum Erfolg von Stadtteil- und Quartiersentwicklungen beitragen?

Auf diese und weitere Fragen versucht diese Arbeit Antworten zu finden. Die praktische Basis bildet das Studium von aktuellen Entwicklungsvorhaben, die einen besonderen prozessualen und innovativen Charakter aufweisen. Planungsprozesse wie die Kooperative Entwicklungsplanung Zürich West, die Entwicklung des ehemaligen Flughafengeländes in München zur neuen Messestadt Riem, die Entwicklung des Flugfelds Aspern zur Seestadt Aspern in Wien oder die Umgestaltung der HafenCity in Hamburg sind Beispiele dafür. Auf der theoretischen Ebene scheint unser Planungsverständnis und „Denkmodell" ganz wesentlich zum Gelingen und Misslingen komplexer Aufgaben beizutragen.

Klar scheint auch, dass qualitative, hochwertige und zukunftsfähige Lebensräume nicht zufällig entstehen, sondern Ausdruck eines ebenso qualitätsvollen „Herstellungsprozesses" sind. Diesen Prozess kritisch zu hinterfragen, neue Maßstäbe zu setzen und aus Bewährtem sowie Mängeln zu lernen, ist Ziel dieser Arbeit. Denn Stadtteile, die heute gebaut werden, Strukturen, die heute geschaffen werden, prägen die Zukunft über lange Zeit. Gelungene Entwicklungsvorhaben können erheblich die Lebensqualität der Städte und Metropolregionen erhöhen, sie können zum schonenden Umgang mit natürlichen Ressourcen beitragen oder auch das Gegenteil bewirken. Ihre Entstehungsprozesse zeichnen Bilder, regen Diskussionen an, entwerfen Zukünfte – nicht nur für den einen Raum, sondern für das Leben selbst. Der Planungsprozess großer Projekte kann dabei ein sozialer Lernprozess sein.

STUTTGART METROPOLITAN REGION
METROPOLREGION STUTTGART

Kennzahlen Metropolregion Stuttgart[1] [Bezugsfläche Region Stuttgart]
Key Data Stuttgart Metropolitan Region[1] [Reference area: Stuttgart region]

Fläche Area: 365 400 ha
Einwohner Population: 2 678 795
Einwohner/ha Population/ha: 7.33
Bevölkerungsentwicklung Population development 2000–2010: + 2.5%
Erwerbstätige Active population: keine Angabe not specified
Anzahl Wohneinheiten Number of housing units: 1 273 536
Einwohner/Wohneinheit Residents/housing unit: 2.1

PORTRAIT OF STUTTGART METROPOLITAN REGION

WALTER SCHÖNWANDT/JENNY ATMANAGARA

Stuttgart Metropolitan Region, located at the centre of the federal state of Baden-Württemberg, is one of the strongest economic regions in Germany with approximately 2.7 million inhabitants and unemployment figures of 4.2 per cent. The state occupies an area of 3,654 square kilometres between the administrative shires of Böblingen, Esslingen, Göppingen, Ludwigsburg, and Rems-Murr-Kreis. Important transport axes such as the north-south connection from Frankfurt/Würzburg to Lake Constance and the west-east connection from the Rhine Valley through Munich and Nuremberg towards Eastern Europe (Verband Region Stuttgart 2011) intersect here. On a supraregional level, the area is an important economic and technological location within the greater European "Blue banana" area with its central, high-growth, and highly urbanised areas that stretch from the south of England to the north of Italy.

Dealing with current problems of settlement, traffic, economics, and environment—including the management of expanding mobility—are among the challenges facing regional development within the Stuttgart agglomeration. For that reason, the Stuttgart Region Association has formulated compulsory tasks, which among other things comprise regional transport planning, regional economic development and landscape framework planning. It has further adopted voluntary tasks, such as coordinating cultural and sporting events, as well as crosscutting tasks such as Europe or gender mainstreaming (Stuttgart Region Association 2011). The city of Stuttgart and the municipalities that surround it cooperate within the administrative district to fulfil these tasks. The association comprises the political realm of the region whose regional board is elected directly. This collaboration means that the otherwise common municipal planning authority can be overcome in favour of planning that has been voted for within the region. The railway and urban development project "Stuttgart 21" is still of regional and supraregional significance; in a referendum held on 27 November 2011, the majority of Baden-Württemberg's voting population agreed that the project should go ahead—58.9 per cent of those who voted, voted against stopping the project (Landeszentrale für politische Bildung Baden-Württemberg 2011).

The laboratory space that has been examined more closely is located in the Stuttgart district of Bad Cannstatt. The "Cannstatter Wasen" area is bordered to the west by the River Necker, to the east by the L1198 road and by the Cannstatter Strasse and Talstrasse bridges to the north and south. Rosenstein Park to the north-west and the Mercedes-Benz site to the south-east are also direct neighbours. This area served as an examination area for research work carried out at the IGP, whereby possible strategies with which to solve complex problems were examined starting with the "diversity of interests" problem.[1] IGP research projects are based on an understanding of space that largely follows the "socially constituted and constructed space" approach, thus differing from other understandings of space in architecture or geography.[2]

PORTRÄT ZUR METROPOLREGION STUTTGART

WALTER SCHÖNWANDT/JENNY ATMANAGARA

Die Metropolregion Stuttgart, zentral im Bundesland Baden-Württemberg gelegen, gehört mit ihren rund 2,7 Millionen Einwohnern und einer Arbeitslosenquote von 4,2 Prozent zu den wirtschaftlich stärksten Regionen in Deutschland. Sie erstreckt sich über 3654 Quadratkilometer zwischen Schwarzwald und Alb und umfasst die Stadt Stuttgart und die umliegenden Landkreise Böblingen, Esslingen, Göppingen, Ludwigsburg und Rems-Murr-Kreis. Wichtige Verkehrsachsen wie die Nord-Süd-Verbindung von Frankfurt/Würzburg in den Bodenseeraum und die West-Ost-Verbindung vom Rheintal über München und Nürnberg in Richtung Osteuropa kreuzen sich hier (Verband Region Stuttgart 2011). Überregional versteht die Region sich als wichtiger Wirtschafts- und Technologiestandort innerhalb des europäischen Großraumes der „Blauen Banane" mit ihren zentralen, wachstumsstarken und stark verstädterten Gebieten von Südengland bis Norditalien.

Zu den Herausforderungen der Regionalentwicklung im Ballungsraum Stuttgart gehören der Umgang mit aktuellen Problemen in den Bereichen Siedlung, Verkehr, Wirtschaft und Umwelt, zum Beispiel die Bewältigung der wachsenden Mobilität. Daher hat der Verband Region Stuttgart sogenannte Pflichtaufgaben formuliert, unter anderem Regionalverkehrsplanung, Regionale Wirtschaftsförderung und Landschaftsrahmenplanung. Darüber hinaus übernimmt er freiwillige Aufgaben, zum Beispiel die Koordination von Kultur- und Sportveranstaltungen, sowie Querschnittsaufgaben wie zum Beispiel Europa oder Gender Mainstreaming (Verband Region Stuttgart 2011). Um diese Aufgaben bewältigen zu können, kooperieren im Verband die Stadt Stuttgart und deren Umlandgemeinden. Der Verband bildet die politische Ebene der Region Stuttgart, deren Regionalversammlung direkt gewählt wird. Mit dieser Zusammenarbeit wird die sonst übliche Planungshoheit der Gemeinden zugunsten einer abgestimmten Planung in der Region überwunden. Regionale und überregionale Bedeutung hat nach wie vor das Bahninfrastruktur- und Stadtentwicklungsprojekt „Stuttgart 21", dessen Umsetzung mit dem Volksentscheid am 27. November 2011 von der Mehrheit der baden-württembergischen Wahlberechtigten befürwortet worden ist, das heißt 58,9 Prozent der Stimmberechtigten haben gegen den Ausstieg gestimmt (Landeszentrale für politische Bildung Baden-Württemberg 2011).

Der näher betrachtete Laborraum liegt im Stuttgarter Stadtbezirk Bad Cannstatt. Das Gebiet „Cannstatter Wasen" wird westlich durch den Neckar und östlich durch die Landstraße L 1198 begrenzt, die Brücken Cannstatter Straße und Talstraße schließen das Gelände im Norden und Süden ab. Der Rosensteinpark nordwestlich sowie das Gelände von Mercedes-Benz südöstlich liegen in unmittelbarer Nähe. Dieses Areal diente in einer der Forschungsarbeiten am IGP als Untersuchungsgebiet, wobei ausgehend vom Problem der „Gemengelage" mögliche Strategien zur Lösung komplexer Probleme untersucht wurden.[1] Den Forschungsarbeiten am IGP liegt ein Raumverständnis zugrunde, das weitgehend dem Ansatz des „sozial konstituierten und konstruierten Raumes" folgt und sich somit von anderen Raumverständnissen in Architektur oder Geografie unterscheidet.[2]

151

NINE LEVELS OF SCIENTIFIC WORK IN PLANNING

WALTER SCHÖNWANDT

Introduction

Amongst other things, the realisation of a doctoral college requires exploration of the question of what constitutes scientific work or research in spatial planning. The understanding of research within the planning discipline often differs from that of scientists working at the heart of the traditional university business of science and research, which is oriented on generating knowledge. Even within some individual disciplines (and certainly beyond them) terms such as "science" and "research" are not uniformly defined, with sharp contours. Indeed, looking more closely, many scientists have their own personal definition of science and the practice of science.

In the context of this essay, of course, it is only possible to outline roughly an answer to the question "What is scientific work in planning?" which may contain some gaps. Briefly, two fields of tension reveal the extent of this thematic field: the first field of tension covers the more "practical, manual" working techniques of a doctoral thesis, such as research into existing literature, managing of such literature and its evaluation, recommendations for scientific editing of the thesis—which comprises, among other things, an assessment of the current state of research—efforts to obtain fresh insights, comprehensibility, evidence for the ideas presented, separation of fact and opinions, the transferability of the results,[1] and discussions of the so-called problem of truth. After all, both laymen and scientists tend to equate science as almost identical to a striving for truth. They associate with this idea terms such as "intersubjective," "binding," "absolutely certain," "objective," etc., and attribute to the scientific undertaking a capacity to find, among a huge number of untested assertions, those that represent fresh insight; in other words, those that are "empirically true." However, it has emerged that this key aspect of the criterion "truth" goes hand in hand, paradoxically, with difficulties—fundamentally impossible to overcome—in finding that very truth: "So the conceptualisation of the term, truth, and of the criteria of truth creates so many controversial problems that some scientists now shy from ever using the word truth at all."[2] Between the two poles of this field of tension—i.e., the rather simple, technical questions of work on the one hand and the problem of truth on the other—there are many other themes in scientific theory that may play a part in the formulation of a doctoral thesis. Concentrated insight into this wide field of themes is provided, for example, by the eight-volume work *Treatise on Basic*

NEUN EBENEN WISSENSCHAFTLICHEN ARBEITENS IN DER PLANUNG

WALTER SCHÖNWANDT

Einführung

Die Durchführung eines Doktorandenkollegs erfordert unter anderem die Auseinandersetzung mit der Frage, was wissenschaftliches Arbeiten bzw. Forschen in der räumlichen Planung bedeutet. Dabei unterscheidet sich das Forschungsverständnis in den Planungsdisziplinen häufig von jenem derjenigen Wissenschaftler, die im Kern des traditionellen, eher erkenntnisorientierten universitären Wissenschafts- und Forschungsbetriebes arbeiten. Selbst innerhalb einzelner Disziplinen (und erst recht darüber hinaus) sind Begriffe wie „Wissenschaft" und „Forschung" keineswegs einheitlich und randscharf definiert. Bei genauerer Betrachtung haben viele Wissenschaftler ihre jeweils eigene Definition von Wissenschaft und Wissenschaftlichkeit.

Im Rahmen dieses Buchbeitrages kann die Frage „Was ist wissenschaftliches Arbeiten in der Planung?" selbstverständlich nur lückenhaft angerissen werden. Wie breit dieses Themenfeld ist, lässt sich anhand zweier Spannungsfelder kurz andeuten: Das erste Spannungsfeld reicht von den eher „handwerklichen" Arbeitstechniken einer Dissertation, wie zum Beispiel der Literaturrecherche, -verwaltung und -auswertung, über Empfehlungen zur wissenschaftlichen Bearbeitung der Dissertation, was unter anderem die Aufarbeitung des aktuellen Forschungsstandes, das Streben nach Erkenntnisgewinn, Nachvollziehbarkeit, Beleg der aufgestellten Thesen, Trennung von Fakten und Meinungen sowie die Übertragbarkeit der Ergebnisse[1] umfasst, bis hin zu den Diskussionen um das sogenannte Wahrheitsproblem. Schließlich betrachten sowohl Laien wie auch Wissenschaftler die Wissenschaft und das Streben nach Wahrheit als nahezu identisch. Mit dieser assoziieren sie Begriffe wie „intersubjektiv", „verbindlich", „eindeutig sicher", „objektiv" etc. und messen dem Unternehmen Wissenschaft die Fähigkeit zu, aus einer Unmenge ungeprüfter Behauptungen jene herausfinden zu können, die Erkenntnis bedeuten, also „empirisch wahr" sind. Allerdings hat sich herausgestellt, dass diese Zentralität des Kriteriums „Wahrheit" paradoxerweise Hand in Hand geht mit im Grunde unüberwindlichen Schwierigkeiten, eben jene zu finden: „So bietet die Konzeptualisierung des Begriffs von Wahrheit und von Wahrheitskriterien so viele kontroverse Probleme, dass manche Wissenschaftler sich scheuen, das Wort Wahrheit überhaupt noch in den Mund zu nehmen".[2] Zwischen den beiden Polen dieses Spannungsfelds, also den eher einfachen, arbeitstechnischen Fragestellungen

Philosophy by Mario Bunge (published by Verlag Reidel, Dordrecht, from 1974 to 1989), although of course even this publication can only reflect the viewpoint of a single scientist.

A second significant field of tension emerges as a consequence of the planning sciences' set aim to work and research in an action-oriented manner. While the majority of research in other disciplines is oriented on improving our knowledge and can remain in the descriptive realm as a result, research in the planning sciences is usually directed towards developing recommendations for action from analysis and thus paving the way for decisions. However, this is an extremely political process, in the sense that it is full of evaluating decisions: it has little in common, therefore, with the "reflective distance" otherwise preferred in the case of descriptively oriented scientific work; a distance that scientists are expected to adopt with respect to the object of their investigation. The two positions thus contradict each other to some extent.

The two fields of tension uncovered here create a background and also an occasion to the subsequent investigation of nine levels of scientific work in planning. These nine levels, of course, represent the pragmatic simplification of a discourse on scientific theory that is more complex in reality. Their intention is to guide the doctoral candidates in their research work and give them an initial orientation in the fields of tension outlined above, but they do not represent a finished "recipe": it is true that all nine levels are fundamentally relevant to scientific work, but it may be necessary to work on the different levels with more or less intensity depending on the individual questions posed.

Nine levels of scientific work in planning

The following will describe various stages of work, which generally build upon each other and define each other reciprocally. This presentation is based on a publication by Bunge dating from 1987 and the "Key Seven" according to Schönwandt 2011.

1. "Problems First!"—the definition of problems

In order to gain orientation within the complexity of planning themes, it was recommended to the doctoral candidates that they set out their work in a problem-oriented fashion. In this context, "problem orientation" means identifying what problems or poor conditions exist at the beginning of a work of planning and thereby agreeing on possibly differing views of these problems. "Problems" (or "challenges") are current or expected circumstances that people do *not* want because they are evaluated as negative; in this context, problems may also be circumstances that are positive as such, but which nevertheless cause people dissatisfaction. Such circumstances evaluated as negative are fundamentally different to aims; the latter being circumstances for which one is striving. Despite claims to the contrary, the problem-oriented starting point is still not customary in the profession of

einerseits und dem Wahrheitsproblem andererseits, liegen eine Vielzahl weiterer wissenschaftstheoretischer Themen, die bei einer Dissertation eine Rolle spielen können. Einen komprimierten Einblick in dieses breite Themenfeld bietet beispielsweise das achtbändige Werk *Treatise on Basic Philosophy* von Mario Bunge (erschienen im Verlag Reidel, Dordrecht, in den Jahren 1974 bis 1989), wobei auch diese Publikation selbstverständlich nur die Sicht eines einzelnen Wissenschaftlers wiedergibt.

Ein zweites bedeutsames Spannungsfeld eröffnet sich als Folge der Zielsetzung der Planungswissenschaften, handlungsorientiert zu forschen und zu arbeiten. Während ein Großteil der Forschungen anderer Disziplinen eher erkenntnisorientiert ist und dabei im Deskriptiven stehen bleiben kann, ist planungswissenschaftliche Forschung zumeist darauf ausgerichtet, aus der Analyse Handlungsempfehlungen zu erarbeiten und somit Entscheidungen vorzubereiten. Dies ist jedoch ein hochgradig politischer Prozess in dem Sinne, dass er mit wertenden Entscheidungen durchsetzt ist: Er hat also wenig zu tun mit dem ansonsten bei deskriptiv orientierten wissenschaftlichen Arbeiten bevorzugten „reflexiven Abstand", den ein Wissenschaftler seinem Untersuchungsgegenstand gegenüber einnehmen sollte; beide Positionen widersprechen sich deshalb zu einem gewissen Grade.

Die beiden aufgezeigten Spannungsfelder bilden Hintergrund und Anlass zugleich, um sich im Folgenden mit neun Ebenen wissenschaftlichen Arbeitens in der Planung auseinanderzusetzen. Diese neun Ebenen sind dabei eine pragmatische Vereinfachung eines realiter komplexeren wissenschaftstheoretischen Diskurses. Sie sollen dazu dienen, die Doktorierenden bei ihren Forschungsarbeiten zu unterstützen und ihnen in den oben skizzierten Spannungsfeldern eine erste Orientierung zu geben, stellen jedoch kein fertiges „Kochrezept" dar: Zwar sind alle neun Ebenen für das wissenschaftliche Arbeiten grundsätzlich relevant, je nach individueller Fragestellung kann es jedoch erforderlich werden, die einzelnen Ebenen in unterschiedlicher Tiefe zu bearbeiten.

Neun Ebenen wissenschaftlichen Arbeitens in der Planung

Nachfolgend werden verschiedene Arbeitsschritte beschrieben, die zumeist aufeinander aufbauen und sich gegenseitig bedingen. Die Darstellung basiert auf einer Veröffentlichung von Bunge 1987 und den „Key Seven" nach Schönwandt 2011.

<u>1. „Problems First!" – Problembestimmung</u>

Um in der Komplexität von Planungsthemen Orientierung zu finden, wurde den Doktorierenden empfohlen, ihre Arbeiten problemorientiert auszurichten. Mit „Problemorientierung" ist hier gemeint, dass es zu Beginn einer Planungsarbeit darum geht, zu identifizieren, um welche Probleme bzw. Missstände es geht und sich über die dabei möglichen unterschiedlichen Problemsichten zu verständigen. „Probleme" (oder „Herausforderungen") sind dabei aktuelle oder zu erwartende Zustände, die man *nicht* will, weil

planners and architects. Our universities train (future) planners and architects to (i) start out from aims or general principles established in advance, (ii) suggest measures and solutions directly from their knowledge as experts, or (iii) make theories and methods specific to their discipline into the starting point of work. Only rare checks are made in this context as to whether those three starting points are actually suitable for the problems in question.

It is no easy task to approach assignments with more orientation on problems. The challenges to be met are obvious when one takes the following into account[3]: problems are not "self-evident" and certainly not situations that can be identified "objectively"; they are dependent on the perceptions of the relevant actors and therefore "socially constructed."

In a problem situation, the perception of the problem may diverge considerably among the actors. Uncertainties related to content, therefore, are not only caused by the complexity of the problem to be handled, in terms of its subject and content, but also due to diverging perceptions of the problem or the values and interests of the players involved.

When players draw their own conclusions, starting out from very different perceptions of the problems, and are simultaneously unwilling or unable to reflect upon such differences in perception, it becomes increasingly likely that their communication and interaction will develop into a "dialogue of the deaf."

One elementary prerequisite to the development of a convincing concept for a solution in a doctoral thesis is the most precise, well-founded definition of the problem possible—because those who do not adequately formulate the problem faced at the start of their work will be unable subsequently to develop a stringent chain of argument from the problem to its solution, simply because the problem to be solved has not been specified and is thus inadequately identified. In this context, another part of the working process is to rethink and reformulate the initial problem repeatedly in the light of new insights.

2. "Conceptual"—the definition of key concepts

Planners never operate in the scientific context (or in practice) with things "as such", but always with more or less fitting descriptions of our environment. The heart of such descriptions as knowledge that can be captured by language always consists of concepts (terms) that are connected into propositions by means of interrelations. For example, in the sentence, "City districts with dense building and mixed usage facilitate shorter ways and create less traffic", the concepts "city", "dense", "mixed usage" and "traffic" are brought into a single context and so connected to form a proposition. Essential points that had to be brought home to many participants even in the context of the doctoral college are: first, concepts comprise the central, elementary components of any knowledge; they play a part, if not *the* central part in every sentence, every formulation of a problem, every planning

man sie als negativ bewertet; Probleme können dabei auch Zustände sein, die an sich positiv sind, mit denen man aber trotzdem nicht zufrieden ist. Diese als negativ bewerteten Zustände sind etwas grundlegend anderes als Ziele; letztere sind Zustände, die man anstrebt. Der problemorientierte Ansatz ist in der Profession der Planer und Architekten, trotz anderslautender Beteuerungen, eher ungewöhnlich. Die Universitäten trainieren (angehenden) Planern und Architekten an, (i) von vorab gesetzten Zielen bzw. Leitbildern auszugehen, (ii) aus ihrem Expertenwissen heraus unmittelbar Maßnahmen und Lösungen vorzuschlagen oder (iii) disziplinspezifische Theorien und Methoden zum Ausgangspunkt ihrer Arbeit zu machen. Nur selten wird dabei geprüft, ob diese drei Ansatzpunkte für die jeweilige Problemstellung überhaupt geeignet sind.

Aufgaben problemorientierter anzugehen, ist keine triviale Aufgabe. Die dabei zu bewältigenden Herausforderungen werden deutlich, wenn man sich Folgendes vor Augen führt:[3]

Probleme sind nicht „selbstevident" und erst recht keine „objektiv" identifizierbaren Situationen, sondern hängen von den Wahrnehmungen der Akteure ab: Sie sind daher „sozial konstruiert".

In einer Problemsituation kann die Problemwahrnehmung der Akteure erheblich divergieren. Unsicherheiten in Bezug auf die Inhalte sind deshalb nicht nur durch die fachlich-inhaltliche Komplexität des zu bearbeitenden Problems verursacht, sondern auch durch die divergierende Problemwahrnehmung beziehungsweise Wertsetzungen und Interessen der beteiligten Akteure.

Wenn Akteure Schlussfolgerungen ziehen und dabei von sehr unterschiedlichen Problemwahrnehmungen ausgehen sowie zugleich nicht willens oder in der Lage sind, diese Unterschiede in der Problemwahrnehmung zu reflektieren, dann nimmt die Wahrscheinlichkeit zu, dass ihre Kommunikation und Interaktion zu einem „Dialog der Gehörlosen" – „dialogue of the deaf" wird.

Eine möglichst präzise und fundierte Problembestimmung ist eine elementare Voraussetzung, um in einer Dissertation überhaupt ein schlüssiges Lösungskonzept entwickeln zu können – denn: Wer zu Beginn seiner Arbeit das zu lösende Problem nicht hinreichend präzise formuliert, kann in der Folge auch keine stringente Argumentationskette von einem Problem bis hin zu dessen Lösung entwickeln, schlicht, weil das zu lösende Problem nicht benannt und folglich nicht bekannt ist. Zum Arbeitsprozess gehört es dabei auch, das Ausgangsproblem im Lichte neuer Erkenntnisse immer wieder zu überdenken und neu zu formulieren.

2. „Conceptual" – Definieren der Schlüsselbegriffe

Planer operieren in der Wissenschaft (wie in der Praxis) nie mit den Dingen „an sich", sondern immer nur mit – mehr oder minder zutreffenden – Beschreibungen unserer Umwelt. Diese Beschreibungen bestehen – als sprachlich fassbares Wissen – im Kern immer aus Begriffen, die via Relationen zu Aussagen verknüpft werden. Zum Beispiel werden in dem Satz:

recommendation, etc. There is no getting around it, either in science or in practice: concepts carry our knowledge and subsequently defines our acts of planning it is not an "academic game". Concepts in this context are not "true" or "false" but based on agreements; they cannot ever be defined perfectly, but offer a core of meaning. Second, it took some time before the college participants really understood the fact that concepts (such as "city", "architecture", "landscape", etc.) are mental fictions that are impossible to observe, since they exist only in our minds. As such, they need to be defined in order to give them content and meaning. Without this definition of concepts, our statements have no content or meaning but are merely empty words without substance; consequently, any speaker or author is obliged to provide definitions of his or her concepts. Some time passed before this realisation was implemented consistently in the relevant presentations and texts: those who simply say or write a word like "city", "landscape", etc. without adding a definition however brief and provisional are merely providing objects for reading or listening that lack meaning and content rather than propositions with substance.

The experience gained in the context of the doctoral college leaves us with the impression that there is still room for improvement in the awareness of this complex of themes within the profession of planners and architects. In our discussions, it emerged that the notion of "clarifying what you are talking about" was unfamiliar to many.

3. "Logical"—checking propositions for their consistency, logic, and lack of contradiction

In science as in practice, the logical construction of individual propositions as well as the logical structure of complete reports are important, not least so that the reader can understand the content and follow the argumentation. The aim is to reduce propositions' vagueness and lack of precision and to increase their comprehensibility. Great importance is also attached to this aspect in practical tasks of planning, as the addressees of planning documents, as a rule, have very different knowledge backgrounds and may be more or less familiar with the reading and understanding of corresponding texts.

Scientific logic tests whether propositions made are consistent, logical, and free of contradiction in themselves and by comparison to other systems of propositions, and also whether the conceived plans for action have been developed stringently. In principle, theses can be supported or questioned argumentatively with respect to the matter in hand ("ad rem") or on the basis of inconsistencies in an opponent's argumentation ("ad hominem"). In the field of planning, however, this scientific logic rarely plays a key role.

This is because in the case of planning discourse, it is often not only a matter of the content discussed but of asserting one's own opinions as well. To this purpose, authors or speakers sometimes employ various types of

„Stadtteile mit dichter Bebauung und gemischten Nutzungen ermöglichen kürzere Wege und erzeugen weniger Verkehr" die Begriffe „Stadt", „Dichte", „Nutzungsmischung" und „Verkehr" in einen Zusammenhang gebracht und damit zu einer Aussage verknüpft. Wesentliche Punkte, die auch im Rahmen des Doktorandenkollegs vielen Teilnehmern erst vermittelt werden mussten, sind: (i) Begriffe sind die zentralen, elementaren Grundbausteine jeglichen Wissens, sie spielen in jedem Satz, jeder Problemformulierung, jeder Planungsempfehlung etc. eine, wenn nicht *die* zentrale Rolle. An ihnen kommt man weder in der Wissenschaft noch in der Praxis vorbei: Begriffe sind die Träger unseres Wissens und bestimmen in der Folge unsere Planungshandlungen – sie sind kein „academic game". Begriffe sind dabei nicht „wahr" oder „falsch", sondern beruhen auf Vereinbarungen, zudem lassen sie sich nur kernprägnant, nie jedoch randscharf definieren. (ii) Im Kolleg hat es eine Weile gedauert, bis wirklich verstanden wurde, dass Begriffe (wie zum Beispiel „Stadt", „Architektur", „Landschaft" etc.) unbeobachtbare gedankliche Fiktionen sind, die nur in unseren Denkorganen existieren und die definiert werden müssen, um ihnen Inhalt und Sinn zu geben. Fehlt diese Begriffsdefinition, haben sie keinen Inhalt und Sinn, sondern sind nur substanzlose Worthülsen; folglich ist es die Bringschuld eines Redners oder Autors, solche Begriffsdefinitionen zu liefern. Entsprechend lange hat es auch gedauert, bis diese Erkenntnis in den jeweiligen Präsentationen und Texten konsequent umgesetzt wurde: Wer ein Wort wie „Stadt", „Landschaft" etc. nur ausspricht oder hinschreibt, ohne eine Definition hinzuzufügen, und sei sie noch so kursorisch und vorläufig, der liefert nur sinn- und inhaltsfreie Hör- oder Leseobjekte, nicht jedoch substanzhaltige Aussagen.

Die im Rahmen des Doktorandenkollegs gewonnenen Erfahrungen hinterlassen den Eindruck, dass der Kenntnisstand bezüglich dieses Themenkomplexes innerhalb der Planer- und Architektenprofession durchaus noch gesteigert werden kann. In den Diskussionen zeigte es sich, dass das „Klarmachen-wovon-Du-redest" für viele eher ungewohnt ist.

3. „Logical" – Prüfen der Aussagen auf ihre Konsistenz, Schlüssigkeit und Widerspruchsfreiheit

In der Wissenschaft wie in der Praxis sind der logische Aufbau einzelner Aussagen wie auch die logische Struktur ganzer Berichte bedeutsam, nicht zuletzt, damit der Leser den Inhalt verstehen und die Argumentation nachvollziehen kann. Anspruch ist, Vagheit und Ungenauigkeit von Aussagen zu reduzieren und ihre Nachvollziehbarkeit zu steigern. Auch bei Planungsaufgaben kommt diesem Aspekt eine hohe Bedeutung zu, denn die Adressaten von Planungsunterlagen besitzen in der Regel unterschiedlichste Wissenshintergründe und sind mehr oder weniger vertraut mit dem Lesen und Verstehen entsprechender Texte.

Wissenschaftliche Logik prüft, ob die getroffenen Aussagen in sich und im Vergleich zu anderen Aussagensystemen konsistent, schlüssig und widerspruchsfrei sowie die entworfenen Handlungspläne stringent entwickelt

(pseudo) logic ("artifices") in order to influence the outcome of the discourse in their favour. For instance: champions of the railway project Stuttgart 21 argued in autumn 2010 that the decision to build Stuttgart 21 had emerged during the course of a legal procedure and that concluded contracts already existed. For this reason, they maintained, the project could no longer be stopped because if *this* project were reversed, many *other* projects could and would also have to be reversed. As a result, there would be no more legal certainty in Germany, which in the end would endanger our social order and democracy. (Arbiter Dr. Heiner Geißler quoted this argumentation in a program by TV broadcaster Phoenix on 29th October 2010, saying that protest against the project Stuttgart 21 was also cited as an "attack on parliamentary democracy", although he subsequently distanced himself from this viewpoint.) The "logic" behind this is: what is done in a single, specific case inevitably ("logically") makes it necessary to do it exactly the same way in all other cases. However, this is an inadmissible and therefore by no means compelling generalisation. Every case, and this therefore includes Stuttgart 21 as well, can be seen as an individual case that must be dealt with using individually determined measures and evaluated according to individual criteria. A second example of such pseudo logic is the introduction of supposed authorities: in discourse, not only reasons relating to content are presented for or against a project; instead, we are referred to authorities that the opponent will (hopefully) respect. In the case of Stuttgart 21, the champions of the project referred to the EU, for example, categorising the project's realisation as important to the development of the European transport network. These two examples demonstrate that in planning processes scientific logic i.e., a statement's consistency, logic, and freedom from contradiction is often overlaid by a range of (pseudo) logic. This often shifts the emphasis of discourse from the level of facts to that of relationships.

In the doctoral college, the logical level emerged in discussion most frequently in conjunction with the phrase "but that is not thinking consistently ..."

4. "Methodological"—selection of suitable methods

Scientists, like planners, need to select the methods that are suitable to handle (presentation, evaluation, etc.) a specific task or situation in planning. In this context, methods are approaches or techniques that generate an ordered rather than chance sequence of purposeful actions, which we assume capable of answering a question or solving a problem. By their very nature, there are a large number of methods. In the context of the international doctoral college, this topic of methods was discussed most often from the point of view of two aspects: on the one hand, as a problem concerning the interplay between method and outcome, and secondly using the key word Methodism.

The first named aspect indicates that every method can provide only some

sind. Grundsätzlich können Thesen im Hinblick auf die Sache („ad rem") oder anhand der Inkonsistenz der Argumentation des Gegners („ad hominem") argumentativ gestützt oder infrage gestellt werden. Diese wissenschaftliche Logik spielt jedoch im Planungsbereich oft nicht die Hauptrolle.

Bei planerischen Diskursen geht es nämlich nicht nur um den diskutierten Inhalt, sondern oft auch um das Durchsetzen der eigenen Auffassung. Hierfür verwenden Autor beziehungsweise Redner mitunter verschiedene (Pseudo-)Logiken („Kunstgriffe"), um das Ergebnis des Diskurses in ihrem Sinne zu beeinflussen. Ein Beispiel: Die Befürworter des Bahnprojektes Stuttgart 21 argumentierten im Herbst 2010, dass der Beschluss, Stuttgart 21 zu bauen, in einem rechtmäßigen Verfahren zustande gekommen sei, und dass man bereits abgeschlossene Verträge habe. Aus diesem Grund könne man das Projekt jetzt nicht mehr stoppen, weil, wenn *dieses* Projekt rückgängig gemacht würde, auch viele *andere* Projekte rückgängig gemacht werden könnten und müssten. Als Folge davon gäbe es in Deutschland keine Rechtssicherheit mehr, was – am Ende – unsere Gesellschaftsordnung und unsere Demokratie gefährde. (Der Schlichter Dr. Heiner Geißler zitierte diese Argumentation am 29. Oktober 2010 in dem Fernsehsender Phoenix mit dem Satz, der Protest gegen das Projekt Stuttgart 21 werde auch als „Anschlag auf die parlamentarische Demokratie" bezeichnet, um sich anschließend von dieser Sichtweise zu distanzieren.) Die „Logik" dahinter ist: Was man in einem bestimmten Einzelfall tut, führt zwangsläufig („logisch") dazu, dass man es genauso in allen übrigen Fällen tut beziehungsweise tun muss oder tun müsste. Dies aber ist eine unzulässige und deshalb keineswegs zwingende Verallgemeinerung. Jeder Fall, also auch Stuttgart 21, lässt sich vielmehr immer auch als Einzelfall betrachten, der mit Hilfe individuell abgestimmter Maßnahmen zu behandeln und nach eigenen Kriterien zu bewerten ist. Ein zweites Beispiel solcher Pseudologiken ist das Anführen von Autoritäten: Während des Diskurses werden dann nicht inhaltliche Gründe für oder gegen ein Vorhaben angeführt, stattdessen wird auf Autoritäten verwiesen, die der Gegner (hoffentlich) respektiert. Bei Stuttgart 21 haben sich die Befürworter des Projektes zum Beispiel auf die EU berufen, welche die Umsetzung des Vorhabens als wichtig für den Ausbau des europäischen Verkehrsnetzes einstuft. Die beiden Beispiele verdeutlichen, dass die wissenschaftliche Logik, das heißt die Konsistenz, Schlüssigkeit und Widerspruchsfreiheit von Aussagen, bei Planungsprozessen häufig überlagert wird von verschiedenen (Pseudo-)Logiken. Damit verschiebt sich der Schwerpunkt des Diskurses von der Sachebene auf die Beziehungsebene.

Im Doktorandenkolleg kam die Ebene der Logik am häufigsten im Verbund mit der Formulierung „das ist aber nicht konsequent gedacht ..." in die Diskussion.

4. „Methodological" – Auswahl geeigneter Methoden

Wissenschaftler wie Planer müssen für die Bearbeitung (Darstellung, Beurteilung etc.) einer planerischen Aufgabenstellung beziehungsweise Sach-

specific results and not others: for instance, it is possible to register concrete patterns of human behaviour with the aid of observation; but observation cannot show us the motives behind this concrete behaviour. It is equally problematic when the method of questionnaires is employed to investigate concrete patterns of human behaviour, since actual behaviour often differs considerably from declared intentions ("what people do, what people say"). This has emerged especially in connection with questionnaires on the subject of environmental conservation or, in general, on socially desirable behaviour. Another example of the influence of the selected method on the outcome is the use of geographical information systems (GIS), which allow us to present maps of quantitatively acquired, available data, for example, but do not admit the fact that people have subjective "mental maps" that often differ considerably from their geographical counterparts. Or, using the method of document analysis one rarely finds out what has really happened during planning, as decisive argumentation in planning practice is not usually recorded according to the motto "the most important things in planning are not written down."[4] This all means that single methods facilitate investigation into and analysis of specific facts but exclude others. The so-called "methodism trap" also appeared in the doctoral college: one method is selected and the problem is forced into this method. Someone who makes an early decision to apply the method "geographical information system", for example, thus considerably restricts his or her possible findings from the very beginning.

5. "Epistemological"—testing the empirical resilience of propositions

Scientific work and good planning practice both demand from planners and architects that they safeguard the propositions they have made empirically as far as possible: that is, they should present resilient proof and avoid suppositions that contradict existent scientific and technical knowledge. Six fundamental approaches used to test the truth of a proposition can be distinguished, which are (a) unanism, (b) pragmatism, (c) rationalism, (d) empiricism, (e) critical rationalism, and (f) critical realism.[5]
a) The assumption in *unanism* is that consensus among the experts involved is sufficient basis for regarding something as reliable and true. However, a classic example can be used to demonstrate that such evidence is insufficient: until the middle of the last millennium, all experts assumed that the earth was the centre of our universe. It was not until the beginning of the seventeenth century that Galileo Galilei with his astronomical investigations was able to confirm the heliocentric system conceived by Copernicus and so disprove the geocentric notion of the universe. Another example: until March 2011, experts in the atomic industry were agreed that the so-called "remaining risk" in the operation of nuclear power stations could be kept under control. Events at the Japanese nuclear power station Fukushima triggered considerable doubts over this assumption.

lage die jeweils geeigneten Methoden auswählen. Methoden sind dabei Vorgehensweisen oder Techniken als geordnete, nicht-zufällige Sequenz zielgerichteter Operationen/Handlungen, von denen angenommen wird, dass sie in der Lage sind, eine Frage zu beantworten oder ein Problem zu lösen. Naturgemäß gibt es eine Vielzahl von Methoden. Im Rahmen des Internationalen Doktorandenkollegs wurde dieses Thema Methoden am häufigsten unter zwei Aspekten diskutiert: Zum einen als Problem der Wechselwirkung von Methode und Ergebnis, sowie, zum zweiten, unter dem Stichwort Methodismus.

Der erstgenannte Aspekt verweist auf die Tatsache, dass jede Methode nur bestimmte Ergebnisse liefern kann und andere nicht: So lassen sich zum Beispiel mit Hilfe von Beobachtungen konkrete menschliche Verhaltensweisen erfassen; was Beobachtungen jedoch nicht liefern können, sind die zugrundeliegenden Motive für dieses konkrete Verhalten. Oder: Soll die Methode der Befragungen eingesetzt werden, um konkrete menschliche Verhaltensweisen zu untersuchen, so ist dies ebenfalls nicht unproblematisch, denn vielfach unterscheidet sich das tatsächliche Verhalten deutlich von den erklärten Absichten („what people do, what people say"), was sich besonders bei Umfragen zum Thema Umweltschutz oder, ganz allgemein, zu sozial erwünschtem Verhalten gezeigt hat. Ein weiteres Beispiel für den Einfluss der gewählten Methode auf das Ergebnis ist die Verwendung Geografischer Informationssysteme (GIS), die zum Beispiel die Kartendarstellung quantitativ erhobener Erreichbarkeitsdaten erlauben, ohne jedoch darauf einzugehen, dass Menschen subjektive „mental maps" besitzen, die oft erheblich von den geografischen Karten abweichen. Oder: Mit der Methode der Dokumentenanalyse findet man fast nie heraus, was bei einer Planung wirklich abgelaufen ist, da in der Planungspraxis entscheidende Argumentationen meist nicht schriftlich festgehalten werden, gemäß dem Satz „Die wichtigen Dinge in der Planung werden meist nicht aufgeschrieben."[4] Das heißt, einzelne Methoden ermöglichen die Erhebung und Analyse bestimmter Sachverhalte und schließen andere aus.

Im Doktorandenkolleg zeigte sich aber auch die sogenannte Methodismusfalle: Man wählt zuerst eine Methode aus und presst die Probleme in diese Methode hinein. So schränkt jemand, der sich frühzeitig auf die Anwendung der Methode „Geografisches Informationssystem" festlegt, die damit erzielbaren Ergebnisse von vornherein erheblich ein.

5. „Epistemological" – Überprüfung der empirischen Belastbarkeit von Aussagen

Wissenschaftliches Arbeiten wie auch eine gute Planungspraxis verlangen von Planern und Architekten, dass diese ihre getroffenen Aussagen möglichst empirisch absichern, das heißt belastbare Belege vorlegen und Mutmaßungen vermeiden, die im Widerspruch zum verfügbaren wissenschaftlichen und technischen Wissen stehen. Um den Wahrheitsgehalt einer Aussage zu prüfen, lassen sich beispielsweise sechs grundlegende

b) *Pragmatism* sees practical success or lack of it that is, the results of a process as evidence of a proposition's truth ("… if it works?" or "the healers must be right"). However, another classic example shows that this applies only to a limited extent: NASA's Apollo program. Essentially, the flights of this program to the moon took place according to Newton's view of the world rather than Einstein's relativist world view, but today we know that the latter is the more fitting of the two views.

c) *Rationalism* regards a proposition as true when it coheres wit specific background knowledge. If a proposition does not agree with the state of knowledge brought into play as a standard for comparison, or if it does not fit into a mental construct assumed given, it is not granted credibility. However, in this case the judgement of whether something is true or false is dependent on predetermined postulates, which are based on agreement. Therefore, an advance testing of the validity of these fundamental postulates would be necessary.

d) *Empiricism* views a proposition as true when there is *positive* evidence of it. In this context, however, the question is raised—how much positive evidence must be found in order to finally safeguard a proposition like "all swans are white", and above all, when can one stop searching? If this train of thought is taken to its conclusion, the search can only really be stopped when we are absolutely sure that we have checked every single swan. In practicable terms, however, this is impossible. It follows that no matter how much positive evidence one has, it does not provide conclusive proof of a proposition's correctness.

e) *Critical rationalism* draws the consequences from the dilemma of empiricism, so that the claim is made that a thesis can never be proven positively. It can only be proved false; that is, it can be contradicted. Thus, a theory can only be upheld by the lack of evidence weakening it. If we set out in search of evidence against our assumptions, contradictory evidence and do not find it, this speaks in favour of the theory put forward. There are two weak points in this type of argumentation: on the one hand, it leads to provisionalism in principle: "To date, nothing speaks against the theory that all swans are white." Secondly, contradictory data is not sufficient reason to abandon a theory because it does not agree with the available data. There may be at least three reasons for this: (i) the theory is not true; (ii) the data is inaccurate; and/or (iii) the external conditions have changed, i.e. the "ceteris paribus clause" (under otherwise identical conditions) has not been adhered to.

f) Finally, *critical realism* combines rationalism, empiricism and critical rationalism and so demands coherence with background knowledge—also changing—substantial positive evidence and a lack of significant negative evidence.

Although it combines various helpful methodical approaches in this way, it still cannot dispose entirely of their fundamental difficulties.

In the end, we can look at the matter from all angles but there is no ultimate, absolute evidence for the truth of propositions. The demand for "ul-

Herangehensweisen unterscheiden, und zwar (a) Unanismus, (b) Pragmatismus, (c) Rationalismus, (d) Empirismus, (e) Kritischer Rationalismus und (f) Kritischer Realismus[5].

a) Beim *Unanismus* wird davon ausgegangen, dass der Konsens unter den beteiligten Experten ausreicht, um etwas als verlässlich und wahr betrachten zu können. Dass dies jedoch kein hinreichender Beleg ist, lässt sich mit einem klassischen Beispiel zeigen: Bis Mitte des letzten Jahrtausends gingen alle Experten davon aus, dass die Erde das Zentrum unseres Universums bildet. Erst zu Beginn des 17. Jahrhunderts konnte Galileo Galilei mit seinen astronomischen Untersuchungen das heliozentrische Weltsystem von Kopernikus bestätigen und damit die These des geozentrischen Weltbildes widerlegen. Ein anderes Beispiel: Bis zum März 2011 waren sich die Experten der Atomindustrie darüber einig, dass das sogenannte Restrisiko des Betriebs von Kernkraftwerken beherrschbar ist. Erst die Ereignisse im japanischen Atomkraftwerk Fukushima ließen hierzu erhebliche Zweifel aufkommen.

b) Der *Pragmatismus* sieht den Erfolg oder Misserfolg in der Praxis – also das Prozessergebnis – als Beleg für die Wahrheit einer Aussage an („… if it works?", „wer heilt, hat recht"). Dass dies aber nur bedingt zutrifft, zeigt ein anderes klassisches Beispiel, nämlich das Apollo-Programm der NASA. Die Flüge dieses Programms zum Mond wurden im Wesentlichen nach dem Newton'schen Weltbild durchgeführt und nicht nach dem Einstein'schen, relativistischen Weltbild, von dem man heute weiß, dass es das zutreffendere von beiden ist.

c) Der *Rationalismus* betrachtet eine Aussage als wahr, wenn sie mit einem bestimmten Hintergrundwissen kohärent ist. Deckt sich eine Behauptung nicht mit einem als Vergleichsmaßstab herangezogenen Wissensbestand oder passt sie sich nicht in ein als gegeben angenommenes Gedankengebäude ein, wird ihr die Glaubwürdigkeit abgesprochen. Allerdings hängt hierbei die Einschätzung, ob etwas wahr oder falsch ist, von vorausgesetzten, auf Übereinkünften beruhenden Postulaten ab. Daher wäre eigentlich vorab eine Geltungsprüfung dieser zugrundeliegenden Postulate notwendig.

d) Der *Empirismus* erachtet eine Aussage als wahr, wenn sich dafür *positive* Belege finden lassen. Dabei stellt sich jedoch die Frage, wie viele positive Belege gefunden werden müssen, um eine Theorie/Aussage – wie beispielsweise die Aussage „Alle Schwäne sind weiß" – wirklich endgültig abzusichern und vor allem, wann darf man die Suche abbrechen? Denkt man diesen Gedankengang zu Ende, so zeigt sich, dass die Suche nur dann abgebrochen werden kann, wenn man absolut sicher ist, alle Schwäne überprüft zu haben. Dies ist jedoch praktisch unmöglich. Daraus folgt: Noch so viele positive Belege liefern keinen abschließenden Beweis für die Richtigkeit einer Theorie/Aussage.

e) Beim *Kritischen Rationalismus* wird aus dem Dilemma des Empirismus die Konsequenz gezogen und behauptet, dass man Thesen nie positiv belegen kann, sondern dass sie nur falsifizierbar, das heißt widerlegbar sind. Nur das Fehlen entkräftender Belege kann eine Theorie stützen. Begibt man sich auf die Suche nach Gegenbeweisen für die eigenen Annahmen, also

timate justification" leads to an inescapable situation, which philosopher Hans Albert has called the "Münchhausen-trilemma." The claim to prove scientific propositions resembles an attempt to "pull oneself up by one's own hair." In this context, Albert identified three alternative phenomena:
a) Infinite regress, which demands that we go on providing more and more reasons for the arguments/evidence given and can never arrive at a certain conclusion (and so at a final, "true" argument).
b) The epistemological circle, which already assumes in the process of argument whatever requires proof and cannot ever lead to an autonomous (final) foundation as a result.
c) Interrupting the process of argumentation at a specific (or any) point, whereby there is no further rational argumentation, as the interruption is arbitrary by necessity.
Austrian philosopher Paul Feyerabend derives the radical conclusion from this that, as there are no scientific methods with which to establish the truth and the dominant situation within scientific theory is one of anarchy, we can say simply that no theory is true or false and everyone may assume or postulate whatever he or she wants. In this context, "anything goes" is the motto that he proclaims: "Do whatever you want to do."[6]
These deliberations show clearly that every item of evidence can be questioned. If one wants to convince a conversation partner of a measure's quality to solve a problem, for example, one cannot provide more than (as credible and plausible as possible) evidence of one's own view of things. The other way around, the conversation partner's counter arguments can only represent an attempt to lend further weight to his personal view of the world. There is nothing in either case that is "objectively true" or "clearly proven."
In this sense, the profession of planners and architects is far removed from planning truly based on evidence (in the strictest sense of the word). As Heidemann noted in 1992, therefore, planning is and will remain, "… judicious handling of suppositions and rumours."

6. "Ontological"—adopting a logical view of the world

Some basic concepts are always used when working on scientific (and indeed practical) tasks of planning, such as: process, nature, space, time, system, history, society, and various others besides. Such concepts, because they are very general, are not only used in some disciplines. Analysing and systemising them is the field of ontology; consequently, this field analyses the content of the world, what there is "out there." The essential foundation to scientific work is to ensure that the thought constructs on which the use of such concepts is based are logical in themselves. These four sentences alone indicate that the thematic field targeted cannot be dealt with, even to a limited degree, in this particular context. Let one example suffice, therefore.
One important, basic ontological assumption was outlined above, i.e., the fact that concepts are unobservable, conceptual (and thus abstract) fic-

nach gegenteiligen Belegen, und findet diese nicht, dann spricht dies für die Theorie, die man aufgestellt hat. Diese Argumentationsweise hat allerdings vor allem zwei Schwachstellen: Zum einen führt sie zum Prinzip der Vorläufigkeit: „Bisher spricht nichts gegen die These, dass alle Schwäne weiß sind". Zum zweiten sind widersprechende Daten letztlich kein ausreichender Grund, eine Theorie zu verwerfen, nur weil sie mit den vorliegenden Daten nicht übereinstimmt. Denn hierfür kann es ja zumindest drei Ursachen geben: (i) Die Theorie stimmt nicht; (ii) die Daten stimmen nicht; und/oder (iii) die Rahmenbedingungen haben sich geändert, das heißt, die „ceteris-paribus-Klausel" (unter ansonsten gleichen Umständen) wurde nicht eingehalten.

f) Der *Kritische Realismus* schließlich verbindet Rationalismus, Empirismus und Kritischen Rationalismus und verlangt somit Kohärenz mit einem – auch sich wandelnden – Hintergrundwissen, substanzielle positive Belege und das Fehlen signifikanter negativer Belege.

Obwohl er damit die hilfreichen Ansätze verschiedener Herangehensweisen kombiniert, kann er deren grundsätzliche Schwierigkeiten nicht aus dem Weg räumen.

Letztlich kann man es drehen und wenden wie man will, schlussendliche, absolute Beweise für die Wahrheit von Aussagen gibt es nicht. Die Forderung nach einer „Letztbegründung" führt in eine auswegslose Situation, die der Philosoph Hans Albert als „Münchhausen-Trilemma" bezeichnet hat. Der Anspruch, wissenschaftliche Aussagen zu belegen, ähnelt dem Versuch, sich „am eigenen Schopf aus dem Sumpf ziehen". Dabei identifizierte Albert drei alternative Erscheinungsformen:

a) Den infiniten Regress, der für gegebene Begründungen immer weitere Gründe anführen muss und somit nie zu einem sicheren Ende (und damit zu einer letzten, „wahren" Begründung) kommen kann;

b) Den epistemologischen Zirkel, der im Begründungsverfahren das zu Begründende schon voraussetzt und daher zu keinem autonomen (letzten) Fundament führen kann;

c) Den Abbruch des Begründungsverfahrens an einem bestimmten (oder irgendeinem) Punkt, wobei allerdings keine rationale Begründung mehr vorliegt, da der Abbruch notgedrungen willkürlich ist.

Aus dieser Sachlage leitete der österreichische Philosoph Paul Feyerabend die radikale Schlussfolgerung ab, dass, da es nun mal keine wissenschaftlichen Methoden zur Feststellung von Wahrheit gäbe, wissenschaftstheoretische Anarchie herrsche, dann sei eben schlichtweg keine Theorie wahr oder falsch, dann könne jeder annehmen oder postulieren, was er wolle; „anything goes" lautete das Motto, das er hierzu ausgab: „Mach, was Du willst"[6].

Diese Ausführungen verdeutlichen, dass sich jeder Beleg infrage stellen lässt. Will man zum Beispiel einen Gesprächspartner von der Qualität einer Maßnahme zur Lösung eines Problems überzeugen, kann man nicht mehr liefern als (möglichst glaubwürdige, plausible) Belege für die eigene Sicht der Dinge. Umgekehrt stellen auch die Gegenbelege des Gesprächspartners nur den Versuch dar, seiner persönlichen Weltsicht etwas mehr Gewicht zu

tions in our human brains (see above, point 2. "Conceptual"—the definition of key concepts). In addition, I (W.S.) assume in this context that the reader has truly understood that "primary number," for example, belongs to this category of concepts, just like "architecture" or "city." Whereas everyone will probably notice that there is something odd about the sentence "primary numbers perspire in the sun" even though it is grammatically correct, this is less obvious in the case of the proposition "architecture communicates." Both sentences are ontologically incorrect, as in both cases abstract entities (here: concepts) are accredited with characteristics possessed only by organisms. Organisms can perspire and communicate, but abstract entities such as "primary numbers," "architecture," and "city," etc. are unable to do so. Correspondingly, the sentence "architecture communicates" quite frequently causes much unnecessary confusion in the architectural world.

Another example is the statement "Nature does not need mankind." Here, a need is attributed to nature, which only man or other organisms can experience, not abstract concepts such as "nature." And so researchers developing a scientific treatise who have architecture "communicating" or attribute human needs to the concept of "nature" may stray quite easily onto mental paths that can hardly be followed to a profitable, logical conclusion.

7. "Valuational"—values as the basis of planning discourse

Values describe the relation between an object and an organism, whereby individuals or groups of individuals evaluate specific traits of people, objects, events, ideas, or relations as either positive or negative on the basis of their own subjective standards.

Planning processes are permeated by the setting of values, and values direct every stage of work in a planning process. They already play an important part in an early stage of this process, the stage of problem definition, as they influence which problems are perceived or not, what concepts are selected to describe the problems and the relations into which they are combined, what state of affairs is evaluated as bad, and what factors are made responsible for this or not. In the further course of a planning process, values shape the decisions made by the planner, the aims reached, what restrictions are accepted in the process, and what bundles of measures are chosen—or not—to fight the causes behind problems. Each of these decisions implies a selection, which is based on subjective evaluations (values). In each case, the planner could always evaluate objects or their characteristics in a different way and so come to completely different (evaluated) results. The results of planning, therefore, are never "without alternatives." These deliberations indicate that different values or systems of values define the course of every planning issue, and the way they do so. As the value systems on which a planning process is based are manifold and interchangeable, the actors involved often adopt different perspectives as well—e.g., when weighing up the advantages and disadvantages of a planning solution.

verleihen. „Objektiv wahr" oder „eindeutig belegt" ist in keinem der beiden Fälle irgendetwas.

Damit ist die Planer- und Architektenprofession von einer (im strengen Wortsinne) wirklich evidenz-basierten Planung weit entfernt. Planung ist und bleibt deshalb, wie bereits Heidemann (1992) festgestellt hat: „(…) der verständige Umgang mit Mutmaßungen und Gerüchten".

6. „Ontological" – Eine schlüssige Weltsicht einnehmen

Bei der Bearbeitung wissenschaftlicher (wie praktischer) Planungsaufgaben werden immer irgendwelche grundlegenden Begriffe angewandt, wie zum Beispiel: Prozess, Natur, Raum, Zeit, System, Geschichte, Gesellschaft und manche mehr. Solche Begriffe werden, weil sie sehr allgemein sind, nicht nur in irgendwelchen Einzeldisziplinen verwendet. Sie zu analysieren und zu systematisieren ist das Arbeitsfeld der Ontologie; sie analysiert folglich, woraus die Welt besteht und was es dort „draußen gibt". Beim wissenschaftlichen Arbeiten kommt es darauf an, dass die Gedankengebäude, welche der Verwendung solcher Begriffe zugrunde liegen, in sich schlüssig sind. Bereits diese vier Sätze machen deutlich, dass damit gedanklich ein Themenfeld angesteuert wird, welches im hier gegebenen Rahmen nicht, und zwar auch nicht ansatzweise, abgehandelt werden kann. Deshalb soll ein Beispiel genügen.

Oben wurde eine wichtige ontologische Grundannahme angerissen, nämlich, dass Begriffe unbeobachtbare gedankliche (also abstrakte) Fiktionen in unseren menschlichen Denkorganen sind (siehe oben, Punkt 4. „Conceptual" – Definieren der Schlüsselbegriffe). Außerdem gehe ich (W.S.) für dieses Beispiel davon aus, dass der Leser wirklich verstanden hat, dass beispielsweise „Primzahl", aber auch „Architektur" oder „Stadt" ebensolche Begriffe sind. Während vermutlich jeder bei dem Satz „Primzahlen schwitzen in der Sonne" spürt, dass daran irgendetwas nicht stimmt, obwohl er grammatikalisch in Ordnung ist, ist dies bei der Aussage „Architektur kommuniziert" weniger offensichtlich. Beide Sätze sind ontologisch nicht korrekt, da abstrakten Entitäten (hier: Begriffen) in beiden Fällen Eigenschaften zugesprochen werden, die nur Organismen besitzen. Organismen können schwitzen und kommunizieren, abstrakte Dinge, wie „Primzahlen", „Architektur", „Stadt" etc., können dies jedoch nicht. Entsprechend sorgt der Satz „Architektur kommuniziert" in der Architektur nicht selten auch für einiges an unnötiger Verwirrung.

Ein weiteres Beispiel ist die Aussage „Die Natur braucht den Menschen nicht." Hier wird der Natur ein Bedürfnis zugeschrieben, das nur Menschen oder andere Organismen haben können, nicht jedoch abstrakte Begriffe wie „Natur".

Wer also bei der Erarbeitung einer wissenschaftlichen Abhandlung Architektur „kommunizieren" lässt oder dem Begriff „Natur" menschliche Bedürfnisse zuschreibt, kommt leicht auf gedankliche Pfade, die er kaum gewinnbringend und schlüssig zu Ende bringen kann.

The subject of planning discourse on values, however, is almost always some form of value *conflict*, which the planner needs to "negotiate" not only with himself but also, and almost always with other actors involved in the planning issue. In other words, value conflicts are the "daily bread" of all planning assignments.

One VDI guideline (3780, September 2000) that was developed with the advice of technology philosophers lists some typical (exemplary for the given context) value fields, all of which can be relevant to planning and each of which may come into conflict with the others: (i) personality development/social quality, (ii) environmental quality (incl. aesthetic quality), (iii) health, (iv) safety, (v) ability to function, (vi) economy and (vii) (general economic) prosperity. In concrete cases, of course, each of these fields can be differentiated still further.

Two examples: the question was discussed several times in the doctoral college whether, and to what extent, it is planning's task to ensure "the equality of living conditions in different regions." Those supporting this thesis adopt (in relation, for example, to the abovementioned field of "social quality") a specific value system; thus they represent the standpoint of "social justice." This attitude sees it as the state's task to bring about a redistribution of prosperity; in this case, with the aim of supporting disadvantaged groups of people or regions. A counter position to this system of values is "liberal justice." Advocates of this position represent the thesis that the state should avoid such interventions as far as possible, as differences in distribution mirror the effective market forces, which ultimately means that the ongoing developments cannot be stopped anyway, and in the end the taxpayers' money would only be wasted unnecessarily.[7] This tense line between "more state" and "more market" is reflected in many other planning themes: e.g., provision of public transport, post offices, food shops, doctors, etc. in rural regions.

The essential point here is that the question "how much social justice can we actually provide financially, or in which fields do we want or need to provide it" must be re-examined, discussed, and negotiated repeatedly. In the process, evaluating judgements will always have to be made.

A second discussion evolved in the doctoral college on the concept of nature (a subject to be allocated primarily but not exclusively to the above-cited value field of "environmental quality"): while some regard nature as something with an intrinsic value of its own, which should consequently be preserved, others assumed that in Europe, for example, there was no longer any nature uninfluenced by man (wilderness) anyway, meaning that the whole area has already been "over-formed" by the hand of man and that consequently he may continue to shape it.

In order to do justice to the significant part played by values as a basis for planning activity, planners—particularly in scientific discourse—should always make explicit the values behind their propositions and recommendations for action. Only this kind of explicit disclosure makes it possible for other actors to follow and test their approaches, as well as the argumentation behind their statements and instructions for action.

7. „Valuational" – Werte als Basis planerischer Diskurse

Werte bezeichnen die Relation zwischen einem Objekt und einem Organismus, wobei Individuen oder Gruppen von Individuen bestimmte Merkmale von Personen, Gegenständen, Ereignissen, Ideen oder Beziehungen anhand ihrer subjektiven Maßstäbe positiv oder negativ bewerten.

Planungsprozesse sind mit Wertsetzungen regelrecht durchtränkt, und Werte lenken sämtliche Arbeitsschritte eines Planungsprozesses. Bereits in einem frühen Stadium dieses Prozesses, der Problemdefinition, spielen sie eine wichtige Rolle, denn sie beeinflussen, welche Probleme überhaupt wahrgenommen und bearbeitet werden und welche nicht, welche Begriffe zur Beschreibung dieses Problems gewählt und zu welchen Relationen zusammengesetzt werden, welcher Zustand als misslich bewertet wird und welche Ursachen dafür verantwortlich gemacht werden und welche nicht. Im weiteren Verlauf des Planungsprozesses prägen Werte die vom Planer zu treffenden Entscheidungen, welche Ziele erreicht, welche Restriktionen dabei akzeptiert und welche Maßnahmenbündel zur Bekämpfung der Ursachen ausgewählt werden sollen und welche nicht. Jede dieser Entscheidungen impliziert eine Auswahl, welcher subjektive Wertungen zugrunde liegen. Der Planer könnte dabei die jeweiligen Objekte bzw. deren Merkmale immer auch anders bewerten und in der Folge zu völlig anderen (Bewertungs-)Ergebnissen kommen. Planungsergebnisse sind deshalb auch nie „alternativlos".

Diese Ausführungen umreißen, dass und auf welche Weise verschiedene Werte oder Wertsysteme den Weg jeder Planung bestimmen. Da die zugrundeliegenden Wertesysteme vielfältig und auswechselbar sind, nehmen die betroffenen Akteure in einem Planungsprozess oft auch unterschiedliche Perspektiven ein, zum Beispiel bei der Abwägung der Vor- und Nachteile einer Planungslösung.

Gegenstand planerischer Diskurse über Werte sind dabei fast immer irgendwelche *Wertkonflikte*, die der Planer nicht nur mit sich selber, sondern zusätzlich fast immer auch mit anderen Akteuren, die an der Planung beteiligt sind, „aushandeln" muss. Mit anderen Worten: Wertkonflikte sind das „täglich Brot" aller Planungsaufgaben.

Eine unter Mitwirkung von Technikphilosophen entstandene VDI-Richtlinie (3780, September 2000) listet (für den hier gegebenen Kontext exemplarisch) einige typische Wertbereiche auf, die alle auch für die Planung relevant sein und jeweils miteinander in Konflikt geraten können: (i) Persönlichkeitsentfaltung/Gesellschaftsqualität, (ii) Umweltqualität (inkl. ästhetische Qualität), (iii) Gesundheit, (iv) Sicherheit, (v) Funktionsfähigkeit, (vi) Wirtschaftlichkeit sowie (vii) (gemeinwirtschaftlicher) Wohlstand. Jeder dieser Bereiche ist selbstverständlich im konkreten Einzelfall noch weiter zu differenzieren.

Zwei Beispiele: Im Doktorandenkolleg wurde mehrfach die Frage diskutiert, ob und inwieweit räumliche Planung die Aufgabe hat, für „Gleichwertigkeit der Lebensverhältnisse in unterschiedlichen Regionen" zu sorgen. Wer diese

8. "Practical"—working out suitable measures

Planning incorporates the development of possible active measures, which emerge from the insights and demands of the levels of reflection described above. The purpose of such measures is to realise targeted aims, representing the direct outcome of planning work. In this context, planners should already consider the possible short- and long-term effects of the suggested measures, as well as their interplay with other action. As a general rule, at least the following four types of measures are available to spatial planning, which should be taken into consideration[8]:

1) the provision of spaces (e.g., commercial or housing areas, public and green areas)
2) the construction of facilities (for example, houses, squares, streets, parks)
3) adjustment of organisations (associations, public institutions, companies, etc.) that operate within these facilities (example: car-sharing is a type of organisation that does not change any aspect of a space or the facilities within it (buildings) but is nonetheless relevant to space and land use)
4) influence on behaviour of people using these spaces and facilities (for example, location decisions, preference for detached or apartment houses, traffic behaviour: use of public transport or individual traffic, and so on).

However, planners often concentrate on the first type (1) of measure: they make use of regional, land-use or building plans in order to provide spaces; that is, they attribute a specific use to specific areas. They employ the "customary" instruments of spatial planning for this purpose: central locations, axes, priority and reserved areas, green belts, but also area development plans. The constructing of facilities, the second type of measure (2), is generally the task of architects and civil engineers. Adjustment of organisations (3) and influencing behaviour (4), by contrast, are often neglected as types of measure in spatial planning.

But these measures often exert a considerable influence on how a space is actually used: location decisions, traffic decisions, use of the environment, etc. are based on the behaviour patterns of organisations and people. In addition, the types of measure (3) and (4) extend the players' arena beyond the classic addressees of planning measures; the focus is no longer on public addressees alone, but also private users of spaces or facilities. A prominent example of the third type of measure (3), the adjustment of organisations, is the so-called highly synchronised timetable. The innovation of this concept was to change the organisational form—i.e., the operation—of rail traffic by "synchronising" and connecting passenger train routes; very few changes were made to spaces and facilities in the context of this concept. To sum up: instruments of spatial planning are most effective when they work on all four of the abovementioned levels, as long as no contradictions are involved.

These vertritt, nimmt (bezogen beispielsweise auf den oben genannten Wertebereich „Gesellschaftsqualität") eine bestimmte Werthaltung ein, er vertritt damit den Standpunkt der „sozialen Gerechtigkeit". Danach ist es die Aufgabe des Staates, für eine Umverteilung des Wohlstandes zu sorgen, hier mit dem Ziel, benachteiligte Personengruppen bzw. Regionen zu unterstützen. Eine Gegenposition hierzu ist die „liberalistische Gerechtigkeit". Befürworter dieser Position vertreten die These, der Staat möge sich mit solchen Eingriffen möglichst zurückhalten, solche Verteilungsunterschiede spiegelten die jeweils wirksamen Marktkräfte wider, was letztlich bedeute, dass die ablaufenden Entwicklungen ohnehin nicht wirklich aufgehalten werden könnten, am Ende würde nur unnötig das Geld der Steuerzahler verschwendet.[7] Diese Spannungslinie zwischen „mehr Staat" und „mehr Markt" spiegelt sich in zahlreichen anderen Planungsthemen wider: Versorgung ländlicher Räume mit Nahverkehrsangeboten, Postfilialen, Lebensmittelläden, Ärzten etc.

Wesentlich ist dabei, dass die Frage „wie viel an sozialer Gerechtigkeit können wir uns finanziell überhaupt leisten, beziehungsweise in welchen Bereichen wollen oder müssen wir sie uns leisten?" immer wieder neu geprüft, ausdiskutiert und ausgehandelt werden muss. Dabei sind immer wertende Urteile zu fällen.

Eine zweite Diskussion entspann sich im Doktorandenkolleg um den Naturbegriff (ein Thema, welches primär, aber keineswegs ausschließlich, dem oben genannten Wertebereich „Umweltqualität" zuzuordnen ist): Während die einen Natur als etwas betrachteten, das einen Eigenwert hat und das es folglich auch zu bewahren gilt, gingen andere davon aus, dass es, beispielsweise in Europa, sowieso keine vom Menschen unbeeinflusste Natur (Wildnis) mehr gibt, das heißt, die gesamte Fläche bereits von Menschhand „überformt" ist und folglich auch weiterhin durch den Menschen gestaltet werden kann.

Um der bedeutenden Rolle von Werten als Basis für Planungshandlungen Rechnung zu tragen, sollten Planer, gerade und besonders in einem wissenschaftlichen Diskurs, stets explizit machen, welche Werte sie ihren Aussagen und Handlungsempfehlungen zugrunde legen. Denn erst diese explizite Offenlegung ermöglicht es anderen Akteuren, die Vorgehensweise sowie die Begründung von Aussagen und Handlungsanweisungen nachzuvollziehen und auf den Prüfstand zu stellen.

8. „Practical" – Erarbeitung geeigneter Maßnahmen

Planung umfasst die Entwicklung von Maßnahmen, die als Handlungsoptionen aus den Erkenntnissen und Festlegungen der bisher beschriebenen Reflexionsebenen hervorgehen. Solche Maßnahmen dienen der Verwirklichung angestrebter Ziele und stellen das unmittelbare Resultat planerischen Wirkens dar. Dabei sollten vom Planer die möglichen kurz- und langfristigen Wirkungen der vorgeschlagenen Maßnahmen sowie Wechselwirkungen bereits mitbedacht werden. In aller Regel stehen der räumlichen Planung zumindest die folgenden vier Maßnahmearten zur Verfügung, die in Erwägung gezogen werden sollten:[8]

9. "Approach"—reflection of discipline-based planning approaches

Another level of reflection relates to so-called planning approaches. These are fundamental, paradigmatic patterns of thought, which, like "glasses", determine the way in which planners see things. The heart of planning approaches comprises particular views of problems, aims, methods, and specific background knowledge. These four components appear in various combinations and are interdependent. In this context, the "nature of the issue" does not determine which planning approach is employed; in other words, in planning, it is possible to choose and change between different approaches.[9] In planning work, therefore, it is a matter of sounding out the freedom of action associated with different planning approaches, and using them to solve problems.

Every planner employs are least one planning approach, which consciously or unconsciously influences his or her thinking and communicative and practical behaviour. The planning approach used is determined primarily by the planner's practised profession, by the body of thought in his "professional community" as a system of knowledge and beliefs. Because only a limited number of problem definitions, defined aims and subsequent solutions are possible with each planning approach, however, they inevitably lead to a "narrowing of perspectives": as a rule, urban planners only come up with urban planning solutions, sociologists usually provide sociological responses, economists offer only economic solutions, etc. Hereby, they overlook the fact that viewpoints and methods from other disciplines may bring fresh perspectives and approaches to a solution.

Therefore, in the context of a planning process, different planning approaches should be incorporated into one's considerations as a test, in order to exploit the space for solutions associated with different planning approaches. In addition, this method makes it easier to understand the standpoints of other parties involved and affected, moderating them and integrating them into the planning process.

In the college, it was necessary to show the doctoral candidates that planning approaches are fundamentally interchangeable and that planners and architects themselves must decide which approaches they will select in a problem-oriented, responsible way. Here, it emerged that abandoning the lines of thought acquired in professional training and applied in practice is not always easy, by any means. Nevertheless, it was possible to create an environment of teaching and learning, with the international doctoral college, that made such changes in approach easier: the professors and associate lecturers participating in the college each apply several and various planning approaches, and awareness of this stimulated and promoted discussion of the advantages and disadvantages of different planning approaches.

1) Das Ausweisen von Standorten (zum Beispiel Gewerbe- oder Wohngebiete, Frei- und Grünflächen),
2) die Errichtung von Anlagen (zum Beispiel Häuser, Plätze, Straßen, Parks),
3) die Steuerung der Organisationen (Verbände, öffentliche Institutionen, Unternehmen etc.), die in diesen Anlagen operieren (Beispiel: Car-Sharing ist eine Organisationsform, die weder an den Standorten noch an den Anlagen (dem Gebauten) etwas verändert und trotzdem raum- und flächenrelevant ist) und
4) die Beeinflussung der Verhaltensweisen der Personen, die diese Flächen und Anlagen nutzen (zum Beispiel Standortentscheidungen, Bevorzugung von Ein- oder Mehrfamilienhäusern, Verkehrsverhalten: Nutzung öffentlicher Verkehrsmittel oder Individualverkehr und so weiter).

Planer konzentrieren sich indes nicht selten auf den Maßnahmentyp (1): Sie bedienen sich der Regional-, Flächennutzungs- oder Bebauungspläne, um Flächen auszuweisen; das heißt, Flächen eine bestimmte Nutzung zuzuschreiben. Hierzu dienen die „gängigen" Instrumente der räumlichen Planung: zentrale Orte, Achsen, Vorrang- und Vorbehaltsflächen, Grünzüge, aber auch Bauleitpläne. Die Errichtung von Anlagen, der Maßnahmentyp (2), ist gewöhnlich die Aufgabe von Architekten und Bauingenieuren. Die Steuerung von Organisationen (3) und die Beeinflussung von Verhaltensweisen (4) werden hingegen als Maßnahmearten in der räumlichen Planung oft vernachlässigt.
Diese haben jedoch häufig erheblichen Einfluss darauf, wie der Raum tatsächlich genutzt wird: Standortentscheidungen, verkehrliche Entscheidungen, Nutzung der Umwelt etc. basieren auf den Verhaltensweisen dieser Organisationen und Personen. Mit den Maßnahmearten (3) und (4) weitet sich zudem die Arena der Akteure über die klassischen Planadressaten hinaus; es stehen nicht mehr nur öffentliche Adressaten im Blickpunkt, sondern auch die privaten Nutzer der Flächen oder Anlagen. Ein prominentes Beispiel für die Maßnahmeart (3), die Steuerung von Organisationen, ist der sogenannte Integrale Taktfahrplan. Die Innovation dieses Konzeptes war, die Organisationsform, das heißt den Betrieb des Bahnverkehrs zu verändern, und zwar durch das sogenannte Vertakten und Verknüpfen von Personenzugstrecken; am Gebauten selbst wurde im Rahmen dieses Konzeptes nur sehr wenig verändert. Zusammengefasst gilt: Instrumente der räumlichen Planung sind dann am effektivsten, wenn sie auf allen vier genannten Ebenen wirken und dabei keine Widersprüche aufweisen.

9. „Approach" – Reflexion der disziplinspezifischen Planungsansätze

Eine weitere Ebene der Reflexion betrifft die sogenannten Planungsansätze. Dies sind grundlegende paradigmatische Denkmuster, die wie „Brillen" die Art und Weise bestimmen, wie Planer die Dinge betrachten. Planungsansätze bestehen im Kern aus bestimmten Problemsichten, Zielen, Methoden und einem bestimmten Hintergrundwissen. Diese vier Komponenten

Conclusion

The above reflections provide a contribution to academic debate on complex problems of spatial planning by elucidating nine levels of scientific work as elements of a school of thought "scientific work in planning." In this context, all nine levels determine each other reciprocally. However, the interpermeation of the nine levels can be very different indeed, depending on the thematic emphasis of research work in each case.

kommen jeweils im Verbund vor und sind voneinander abhängig. Welcher Planungsansatz benutzt wird, ist dabei nicht von der „Natur der Sache" her vorgegeben; entsprechend kann man beim Planen zwischen verschiedenen Planungsansätzen wählen und wechseln.[9] Bei der Planungsarbeit kommt es deshalb darauf an, Handlungsspielräume, die an unterschiedliche Planungsansätze gekoppelt sind, auszuloten und für die Problemlösungen zu nutzen. Jeder Planer verwendet zumindest einen Planungsansatz, der sein Denken und sein kommunikatives wie praktisches Verhalten bewusst oder unbewusst beeinflusst. Wesentlich bestimmt wird der verwendete Planungsansatz vor allem durch die Professionszugehörigkeit des Planenden, durch das Gedankengut seiner „professional community" als Wissens- und Glaubensgemeinschaft. Weil mit jedem Planungsansatz aber nur eine begrenzte Menge von Problemdefinitionen, Zielbestimmungen und in der Folge Problemlösungen möglich ist, führen sie unvermeidlich zu „Blickwinkelverengungen": Stadtplaner kommen in der Regel nur auf stadtplanerische Lösungen, Soziologen meist nur auf soziologische, Betriebswirte nur auf betriebswirtschaftliche Lösungen etc. Sie übersehen dabei, dass Sichtweisen und Methoden anderer Disziplinen neue Perspektiven und Lösungsansätze mit sich bringen können.

Im Rahmen eines Planungsprozesses geht es deshalb darum, unterschiedliche Planungsansätze prüfend in die eigenen Überlegungen miteinzubeziehen, um die Lösungsspielräume zu nutzen, welche sich an verschiedene Planungsansätze knüpfen. Darüber hinaus wird es dadurch leichter, die Standpunkte anderer Beteiligter und Betroffener verstehen, moderieren und in den Planungsprozess integrieren zu können.

Den Kandidaten im Kolleg galt es zu vermitteln, dass Planungsansätze grundsätzlich austauschbar sind und es den Planern und Architekten selbst obliegt, problemorientiert und verantwortungsbewusst darüber zu entscheiden, welchen Ansatz sie wählen. Dabei zeigte sich, dass es keineswegs immer leicht fällt, die im Rahmen einer professionellen Ausbildung erworbenen und in der Praxis angewandten Denkpfade zu verlassen. Gleichwohl konnte mit dem Internationalen Doktorandenkolleg eine Lehr- und Lernumgebung geschaffen werden, welche Ansatzwechsel erleichterte. Der Grund: Die beteiligten Professoren und Lehrbeauftragten selbst verwenden mehrere und unterschiedliche Planungsansätze, was die Diskussion um das Für und Wider verschiedener Planungsansätze provoziert und gefördert hat.

Fazit

Die obigen Ausführungen liefern einen Beitrag zur wissenschaftlichen Auseinandersetzung mit komplexen Problemstellungen der räumlichen Planung, indem neun Ebenen wissenschaftlichen Arbeitens als Elemente einer „Denkschule wissenschaftliches Arbeiten in der Planung" erläutert werden. Dabei gilt, dass sich alle neun Ebenen wechselseitig bedingen. Die Durchdringung dieser neun Ebenen kann allerdings, je nach thematischem Schwerpunkt der jeweiligen Forschungsarbeit, höchst unterschiedlich sein.

INTERREG—RETROSPECTIVE AND PERSPECTIVE
THE FUTURE OF THE EUROPEAN FUNDS FOR REGIONAL DEVELOPMENT POST 2013

SUSANNA CALIENDO, STUTTGART

Which path will the EFRD have to take post 2013? Is it a suitable instrument with which to achieve the objectives set by Lisbon and Europe for 2020? Shortages of public funds have now meant that it has become common to check the availability of funding before the responsible committees decide to go ahead with planning projects and funds are released. Within this context, the much-invoked coffers in Brussels are beginning to have an increasingly significant role to play. Subsidisation programs form a part of every single EU budget. 45.5 billion euro of the whole 126.5 billion euro EU budget are invested in Structural Funds. However, some changes took place during the funding period 2007 to 2013. The Structural Funds became oriented increasingly towards the objectives set by Lisbon and growth politics. Two of these are the European Regional Development Fund (ERDF) and the European Social Fund (ESF). Only the least-developed EU states can participate in these Cohesion Funds. Objectives such as "Convergence," "Regional Competitiveness and Employment," and "European Territorial Collaboration" have taken the place of former goals such as community ones. The majority of this funding goes to the "Convergence" objective for regions that are structurally weak. These regions receive funds for administration towards the "Regional Competitiveness and Employment" objective—by EU definition, this is the first administrative level under the member states. A further 22 per cent is invested in programs that are centrally managed in Brussels. INTERREG is a centrally managed program that aims towards European territorial collaboration. INTERREG aims to support cooperation and governance structures in order to establish balanced European spatial development. Critics are of the opinion that transnational funded projects create more (administrative) work and that the added value is merely financial. On the other end of the spectrum, supporters of INTERREG think that exchange of experiences within the EU saves resources, provides new impulses and leads to an increase in quality and innovation within planning projects. However, questions as to which transnational uses and which effects the projects strive towards usually remain unanswered.

Within the context of current debate on the future direction of the European Regional Development Fund (ERDF) the dissertation "INTERREG—Retrospective and Perspective" does not seek to find "one road to Europe," it aims to ask the right questions to make it easier for policy-makers to select a path that is tailored to European problems. A retrospective of former INTERREG projects and conversations with experts are intended to reveal successes and weak points as well as delivering guidelines with which to shape the EFRE and in particular INTERREG post 2013.

INTERREG – RÜCKBLICK UND AUSBLICK
DIE ZUKUNFT DES EUROPÄISCHEN FONDS FÜR REGIONALE ENTWICKLUNG NACH 2013

SUSANNA CALIENDO, STUTTGART

Welchen Weg muss EFRE post 2013 einschlagen? Ist INTERREG ein geeignetes Instrument, die Ziele von Lissabon und Europa 2020 zu erreichen? Mit der Verknappung öffentlicher Mittel ist es inzwischen üblich, die Verfügbarkeit von Fördermitteln abzuprüfen, bevor in den zuständigen Gremien Planungsvorhaben beschlossen und Finanzmittel zur Verfügung gestellt werden. Dabei spielen die vielbeschworenen Geldtöpfe in Brüssel eine immer größere Rolle. Förderprogramme sind in fast allen Einzelbudgets der EU enthalten. Von insgesamt 126,5 Milliarden Euro des EU-Haushalts fließen pro Jahr 45,5 Milliarden Euro in die Strukturfonds. In der Förderperiode 2007 bis 2013 gab es einige Veränderungen. Die Strukturfonds werden verstärkt auf die Ziele von Lissabon und die Wachstumspolitik ausgerichtet. Es gibt den Europäischen Fonds für regionale Entwicklung (EFRE) und den Europäischen Sozialfonds (ESF). Am Kohäsionsfonds partizipieren nur die rückständigsten EU-Staaten. An die Stelle der bisherigen Ziele sowie der Gemeinschaftsinitiativen treten die Ziele „Konvergenz", „Regionale Wettbewerbsfähigkeit und Beschäftigung" und „Europäische territoriale Zusammenarbeit". Der größte Teil der Förderung entfällt auf das Ziel „Konvergenz" für strukturschwache Regionen. Für das Ziel „Regionale Wettbewerbsfähigkeit und Beschäftigung" erhalten die Regionen – per Definition der EU die erste verfasste administrative Ebene unterhalb der Mitgliedstaaten – die Mittel zur Verwaltung. Weitere 22 Prozent fließen in Programme, die zentral in Brüssel verwaltet werden.

Ein zentral verwaltetes Programm zur europäisch-territorialen Zusammenarbeit ist INTERREG. Durch INTERREG soll die Bedeutung von Kooperation und Governance-Strukturen für eine ausgewogene europäische Raumentwicklung gefördert werden. Kritiker vertreten die Meinung, dass transnationale Förderprojekte einen erhöhten (administrativen) Aufwand verursachen und der Mehrwert allein finanzieller Art ist. Andererseits gibt es Anhänger von INTERREG, die der Auffassung sind, dass der Erfahrungsaustausch innerhalb Europas Ressourcen spart, neue Impulse gibt und zur Steigerung der Qualität und Innovation planerischer Maßnahmen beiträgt. Allerdings bleiben die Aussagen darüber, welchen transnationalen Nutzen und welche Wirkungen die Projekte erzielen, meist unbeantwortet.

Vor dem Hintergrund der aktuellen Diskussion zur zukünftigen Ausrichtung des Europäischen Fonds für regionale Entwicklung (EFRE) versucht die Dissertation „INTERREG – Rückblick und Ausblick" nicht „den einen Weg nach Europa" zu finden, sondern vielmehr die richtigen Fragen zu stellen, um der Politik die Wahl eines auf die Lösung von europäischen Problemen ausgerichteten Weges zu erleichtern. Durch einen Rückblick auf die bisherigen Projekte von INTERREG und in Gesprächen mit Experten sollen bisherige Erfolge, aber auch Schwachstellen aufgezeigt und Handlungsempfehlungen für die Gestaltung von EFRE und insbesondere INTERREG post 2013 gegeben werden.

HOUSING REGION—REGIONAL FOCUS POINTS OF MUNICIPAL HOUSING PROVISION

XENIA DIEHL, STUTTGART

After the end of the Second World War, apartment building in Germany had one main objective, to get rid of housing shortages. Providing living space for families was one of the priorities. The situation has since changed dramatically: factors such as demographic changes, weakening economic dynamics, or shifts in priorities within households have led to heterogeneous conditions in the housing industry and housing policy. The housing market has since split into very different market sectors.

Particularly in prospering regions, in contrast to the general trend across the country, there is a great demand for a type of living space that is not being provided. This lack of living space is especially serious within the affordable housing in central locations sector. The demand cannot be fulfilled by current housing stock because household constitution and living conditions have changed. In large cities like Frankfurt am Main, Hamburg, or Berlin, more that 50 per cent of homes are single households and the demographic transformation with rapidly increasing numbers of people over sixty can already be felt.

Where then can (living) space be created, which corresponds to these different living conditions and situations, within our densely populated urban regions? How can the high demand for affordable living space by so-called economically weak households such as lone parents or pensioners be met? What role can public authorities—particularly urban planning—play in this? These questions will be examined on the basis of the Frankfurt-Rhine-Main Metropolitan Region. Phenomena such as a constantly increasing living area per head, reduction of average household sizes, and workplace-driven emigration have become apparent. If the assumption is made that at least 20 per cent of regional housing demand comes from low-income areas, 30,000 housing units can be said to be lacking in the region right now.

These issues are increasingly becoming the subject of municipal debate. The objective is also to hold this debate on a regional level, since it is relevant to the realities in which people live and to superordinate factors such as mobility and accessibility.

Starting with current trends in local and regional settlement development, key locations for affordable housing construction will be identified. Examples will be shown of what role municipal urban planning can and should play in housing provision as well as why an accompanying regional approach is essential.

WOHNREGION – REGIONALE SCHWERPUNKTE ÖFFENTLICHER WOHNRAUMVERSORGUNG

XENIA DIEHL, STUTTGART

Seit dem Ende des Zweiten Weltkriegs war der Wohnungsbau in Deutschland vor allem darauf ausgerichtet, Wohnungsnot zu beseitigen. Wohnraum für Familien war dabei eine der Maximen. Aktuell hat sich die Situation deutlich verändert: Faktoren wie der demografische Wandel, die sich abschwächende wirtschaftliche Dynamik oder Präferenzverschiebungen der Haushalte führen zu heterogenen Rahmenbedingungen für Wohnungswirtschaft und Wohnungspolitik. Der Wohnungsmarkt gliedert sich inzwischen in regional sehr unterschiedliche Teilmärkte auf.

Insbesondere in prosperierenden Regionen besteht entgegen dem bundesweiten Trend eine hohe Nachfrage nach Wohnraum, dem kein entsprechendes Angebot gegenübersteht. Besonders gravierend ist das Wohnungsdefizit im Segment preisgünstiger Wohnungen in zentralen Lagen. Im derzeitigen Wohnungsbestand kann diese Nachfrage auch deswegen nicht aufgefangen werden, weil sich die Zusammensetzung der Haushalte und die Lebensbedingungen der Menschen verändert haben. In Großstädten wie zum Beispiel Frankfurt am Main, Hamburg oder Berlin beträgt der Anteil der Singlehaushalte bereits heute mehr als 50 Prozent und der demografische Wandel mit rasch steigender Anzahl der Menschen über 60 Jahre ist bereits spürbar.

Wo kann also der (Wohn-)Raum in unseren dicht besiedelten Stadtregionen entstehen, der den veränderten Lebensbedingungen und Wohnverhältnissen entspricht? Wie kann vor allem der hohen Nachfrage nach preisgünstigem Wohnraum der sogenannten „einkommensschwachen Haushalte" wie zum Beispiel Alleinerziehenden oder Rentnern begegnet werden? Welche Rolle kann die öffentliche Hand – insbesondere die Stadtplanung – dabei spielen?

Diesen Fragen soll anhand der Metropolregion FrankfurtRheinMain nachgegangen werden. Hier zeigen sich die Phänomene der stetig steigenden Wohnfläche pro Kopf, Verringerung der durchschnittlichen Haushaltsgrößen und Zuwanderung von Bevölkerung aufgrund des Arbeitsplatzangebotes besonders deutlich. Geht man davon aus, dass mindestens 20 Prozent des regionalen Wohnungsbedarfs Haushalte aus dem Niedrigeinkommensbereich sind, so fehlen bereits heute 30.000 preisgünstige Wohnungen in der Region.

Es ist zu beobachten, dass diese Themen zunehmend Gegenstand kommunaler Diskurse sind. Ziel ist, den Diskurs auch regional zu führen, da dies der Lebenswirklichkeit der Menschen und den übergeordneten Bedingungen wie zum Beispiel Mobilität und Erreichbarkeiten entspricht. Ausgehend von den aktuellen Trends der lokalen und regionalen Siedlungsentwicklung sollen Schlüsselräume für preisgünstigen Wohnungsbau identifiziert werden. Beispielhaft wird gezeigt, welche Rolle die kommunale Stadtplanung bei der Wohnraumversorgung spielen kann und sollte und warum hierfür eine flankierende regionale Betrachtungsweise zielführend ist.

CITY, COUNTRY, AND ...? A CONTRIBUTION TO UNDERSTANDING THE INTERIOR DIFFERENTIATION OF EUROPEAN METROPOLITAN REGIONS

REINHARD HENKE, STUTTGART

The most important words are simple: happiness, courage, pride; pain, suffering, anger. They often appear in pairs: goods and chattels, smoke and mirrors, city and country. "City and country" are deeply ingrained in our speech and thought; everyone associates something with them.

The boundary between city and country remained clear while city walls still existed. Although this hard boundary is missing today, our use of language has not kept up the pace: there is no term that takes into account the zone within the continuum between city and country, which is inadequately represented by these two constructs. This being so, it is impossible for fruitful exchange to take place in relation to that zone. Yet this is exactly where most Europeans live and work, in the close environs of core cities, where value is created, where changes and risks, strengths and weakness abound, where the tasks of urban planning lie. Many attempts have been made to address the complexity of this zone, particularly within the context of a united Europe—where diversity of language stands in the way and simple realities often take hold.

Hundreds of towns and cities outside of metropolises are suffering from a lack of professional attention. They are lacking in political support and the means—including money as an instrument—with which to develop their territorial capital. Towns and municipalities that surround core cities do not receive enough attention in regional politics: neither politics nor instruments are particularly tailored to this zone and its potentials therefore remain untapped. Such towns and municipalities do not have the tools with which to act collectively and synergies can therefore not be developed. Resources are wasted on communication and negotiation processes. This leads to a cumulative dilemma: a negative state of affairs for which there are no words to describe it appropriately.

A structure is required that puts us in a position to achieve better results when planning for the third zone between city and countryside. In this paper, the term "peri-urban space" is used as a name for this structure—taking up on an initiative by several European regions—in the knowledge that the objective cannot merely be to invent an appropriate definition: it is not as if there are no definitions that try to make this space tangible—there are far too many. Instead, the common approaches taken to describing metropolitan regions are analysed and examined in relation to their usefulness, practicability, and the traps that appear on the path to comprehending the issues.

This paper therefore pursues the question as to how urban planners can help regions to assert themselves among European competitors using the means at their disposal—exploring, interpreting, and understanding circumstances and then communicating the approach.

STADT, LAND, UND …? EIN BEITRAG ZUR VERSTÄNDIGUNG ÜBER DIE INNERE DIFFERENZIERUNG EUROPÄISCHER METROPOLREGIONEN

REINHARD HENKE, STUTTGART

Die wichtigen Wörter sind Einsilber: Glück, Mut, Stolz; Schmerz, Leid, Wut. Oft treten sie in Paaren auf: Hab und Gut, Schall und Rauch, Stadt und Land. Stadt und Land: Das ist tief im Sprechen und Denken verwurzelt, und jeder verbindet etwas damit.

Solange es Stadtmauern gab, war die Grenze zwischen Stadt und Land klar. Heute fehlt diese harte Grenze, aber unser Sprachgebrauch hinkt hinterher: Es gibt keinen Begriff, der darauf eingeht, dass es im Kontinuum zwischen Stadt und Land eine Zone gibt, die durch diese beiden Konstrukte nur unzureichend repräsentiert wird. Damit ist eine fruchtbare Verständigung über diese Zone nicht möglich. Aber gerade dort, im engeren Umland der Kernstädte der großen Regionen Europas, lebt und arbeitet ein Großteil der Europäer, dort entstehen große Teile der Wertschöpfung, dort manifestieren sich Chancen und Risiken, Stärken und Schwächen, dort liegen Aufgaben für die Raumplanung. So gibt es auch zahlreiche Versuche, sich dieser Komplexität zu stellen, zumal im Kontext des verfassten Europas – wo die Sprachenvielfalt im Wege steht und sich oft die simplen Wahrheiten durchsetzen.

Hunderten Städten neben den Metropolen fehlt die fachliche Aufmerksamkeit. Es fehlt ihnen an politischer Unterstützung und an Mitteln (sowohl Geld als auch Instrumente), um ihr spezifisches Territorialkapital entwickeln zu können. Städte und Gemeinden im Umland der Kernstädte werden in der Regionalpolitik nicht ausreichend berücksichtigt: Es gibt keine Politiken und keine Instrumente, die auf die Besonderheiten dieser Zone zugeschnitten sind. Somit werden die Potenziale dieser Zone nicht genutzt. Diesen Städten und Gemeinden fehlt die Handhabe zum gemeinsamen Vorgehen, weshalb keinerlei Synergien entwickelt werden können. Ressourcen werden für Verständigungs- und Aushandlungsprozesse verschwendet. Damit ergibt sich ein kumuliertes Dilemma: Wir haben einen Missstand, und uns fehlen die Worte, ihn entsprechend zu bezeichnen.

Wir brauchen ein Konstrukt, das uns in die Lage versetzt, beim Planen für das Dritte zwischen Stadt und Land bessere Ergebnisse zu erzielen. Als Name für dieses Konstrukt wird in dieser Arbeit „peri-urbaner Raum" verwendet, eine Initiative mehrerer europäischer Regionen aufgreifend und wohl wissend, dass es nicht darum gehen kann, eine richtige Definition zu erfinden: Es ist ja nicht so, dass es keine Definitionen gibt, die diesen Raum greifbar zu machen versuchen, sondern zu viele. Stattdessen werden die gängigen Ansätze, Metropolregionen zu beschreiben, analysiert und auf ihre Nützlichkeit, auf ihre Praxistauglichkeit und auf die Fallen auf dem Weg zur Verständigung über die Sachverhalte hin untersucht.

Die Arbeit geht also der Frage nach, wie Raumplaner mit ihren Mitteln – Sachlagen erkunden, deuten und verstehen und sich dann über das Vorgehen verständigen – Regionen dabei helfen können, sich im Europäischen Wettbewerb zu behaupten.

STRATEGIES DURING PLANNING—
THE APPLICATION OF STRATEGIES IN SOLVING COMPLEX PROBLEMS IN SPATIAL DEVELOPMENT

ANTJE HERBST, STUTTGART

Land cannot be multiplied and its availability is therefore limited. In countering a continuously growing demand for land through "interior development before exterior," the challenge to planners involves developing inner-city sites whose complexity casts doubt upon planning procedures from the outset. Such sites include those that are already occupied by buildings or uses or which have dense infrastructure, several owners, conflicting uses, or pollution.

Spatial planning strategies are becoming increasingly important in finding solutions to such problems. In applying them, planners hope to achieve objective-oriented action parameters, which relativise complexity. However, approaches to planning still continue to fail. It is common knowledge that there is no generally applicable understanding of strategy: depending on the degree of abstraction, the context and the demands on the term, you can be dealing with very diverse structures. Many so-called strategies in spatial planning are not in fact strategies at all, or they are ineffective in reality when it comes to solving complex problems. For this reason, initial investigation will be undertaken into the following: what do planners understand by strategy? And which strategies do they apply to site development?

Inspired by James Reason, who attributes various types of failed results to one of three levels of implementation, author-related understandings of strategy are initially assigned to these three levels: the skill-based, the rule-based, and the knowledge-based levels. Accordingly, one can understand strategy to be the skills available, rules applied, and also knowledge generated.

If this trilogy is applied to problem-solving, it becomes routine-based planning—for example, in the case of federal Building Development Procedures, according to predetermined schemata. On the other hand, it also involves applying rules in familiar problem situations—such as "not considering space in isolation"—and therefore rule-based planning. And it occasionally involves knowledge-based planning—for example, in new situations in which it is unclear what should be done.

Since every planner sees the problem through their own "spectacles" it is important to clarify which intellectual pre-suppositions planners have in mind when they plan. Planners tend to apply familiar approaches to familiar situations. Only when routine attempts at finding solutions fail do they become open to new approaches. Within this context, it is important to find out how skills can be derived from initially learned knowledge and how these, in turn, become problem-solving routines.

The response to these research questions is intended to deliver statements about what strategies can be applied during planning and for which problem they are particularly "suited." A further objective is to identify test criteria to determine whether these are in actual fact planning strategies.

STRATEGIEN BEIM PLANEN – DIE ANWENDUNG VON STRATEGIEN ZUM LÖSEN KOMPLEXER PROBLEME IN DER FLÄCHENENTWICKLUNG

ANTJE HERBST, STUTTGART

Boden lässt sich nicht vermehren und ist demnach nur begrenzt vorhanden. Um dem stetig wachsenden Flächenverbrauch durch „Innenvor Außenentwicklung" zu begegnen, besteht die planerische Herausforderung darin, auch jene innerstädtischen Flächen zu entwickeln, die aufgrund ihrer Komplexität ein planerisches Handeln von vornherein infrage stellen. Gemeint sind Flächen, die teilweise bebaut oder genutzt werden oder eine dichte Infrastruktur, mehrere Eigentümer, Nutzungskonflikte oder Altlasten aufweisen.

Um derartig komplexe Probleme zu lösen, gewinnen zunehmend Strategien in der Raumplanung an Bedeutung. Von ihrem Einsatz versprechen sich Planer zielführende Handlungsorientierungen, die Komplexität relativieren. Dennoch scheitern immer wieder planerische Anläufe. Bekannt ist, dass es kein allgemeingültiges Strategieverständnis gibt: Je nach Abstraktionsgrad, Kontext und Anforderung des Begriffes hat man es mit völlig unterschiedlichen Konstrukten zu tun. Viele der in der räumlichen Planung sogenannten „Strategien" sind in Wirklichkeit keine oder sie bleiben wirkungslos, sodass sie bislang wenig hilfreich sind, um komplexe Probleme zu lösen. Deshalb soll eingangs untersucht werden: Was verstehen Planer unter Strategie? Und welche Strategien wenden sie bei der Flächenentwicklung an?

Inspiriert von James Reason, der unterschiedliche Arten von Fehlleistungen drei Ausführungsebenen zuordnet, wird zunächst versucht, die autorenbezogenen Strategieverständnisse diesen drei Ebenen zuzuordnen: der fähigkeitsbasierten, der regelbasierten und der wissensbasierten Ebene. Demnach kann man unter einer Strategie vorhandene Fähigkeiten, angewandte Regeln und auch generiertes Wissen verstehen. Überträgt man diese Trilogie auf das Lösen von Problemen, geht es zum einen um routinebasiertes Planen, zum Beispiel bei Bauleitplanverfahren nach vorgegebenen Schemata. Zum anderen handelt es sich um die Anwendung von Regeln in vertrauten Problemsituationen wie „den Raum nicht isoliert betrachten", also um regelbasiertes Planen. Und gelegentlich geht es auch um wissensbasiertes Planen, zum Beispiel in neuen Situationen, wenn man nicht weiß, was zu tun ist. Da jeder Planer das Problem durch seine eigene „Brille" betrachtet, ist zu klären, welche geistigen Vorannahmen Planer im Kopf haben, wenn sie planen. Denn Planer neigen in vertrauten Situationen dazu, gespeicherte Vorgehensweisen anzuwenden. Erst wenn routinierte Lösungsversuche versagen, sind sie für neue Lösungsansätze bereit. Vor diesem Hintergrund gilt es herauszufinden, wie aus anfänglich erlerntem Wissen Fähigkeiten werden, die wiederum zu Problemlöseroutinen werden?

Mit der Beantwortung der Forschungsfragen sollen Aussagen darüber getroffen werden, welche Strategien beim Planen angewandt werden und für welches zu lösende Problem sie „geeignet" sind. Weiterhin ist beabsichtigt, Prüfkriterien zu benennen, die beschreiben, ob es sich tatsächlich um planerische Strategien handelt.

RHINE-NECKAR METROPOLITAN REGION
METROPOLREGION RHEIN-NECKAR

Kennzahlen Metropolregion Rhein-Neckar
Key Data Rhine-Neckar Metropolitan Region

Fläche Area: 563 700 ha
Einwohner Population: 2 359 522
Einwohner/ha Population/ha: 4.2
Bevölkerungsentwicklung Population development: 2000–2009: +1.14%
Erwerbstätige Active population (Vollzeit full time): 637 564
Anzahl Wohneinheiten Number of housing units: 1 132 985
Einwohner/Wohneinheit Residents/housing unit: 2.1

THE SMALL, MEDIUM-SIZED, AND LARGE

MARKUS NEPPL

Some 2.4 million people live in the Rhine-Neckar Metropolitan Region—the seventh largest urban conglomeration in Germany, which extends over three federal states, Baden Wuerttemberg, Rhineland Palatinate, and Hessen. If you believe the glossy brochures, major high-performance firms and medium-sized companies exploit the location advantages offered by the region, especially its central position in Europe and its closeness to universities, polytechnics, vocational institutions, and numerous public and private scientific bodies.

On the central website www.m-r-n.com the dual terms "investing and managing," "research and study," "living and experiencing," and "regional planning and development" serve as aids in orientation. A professional, worldly and well-positioned image is projected.

However, if one attempts to find out how the various agencies in the region organise their relations with each other and what the actual aims of this network are, the responses remain rather superficial and generalised. The territorial layout already raises a number of questions. How does the deep divide between the two rural areas, Palatinate and Odenwald, and the urban triangle Mannheim, Ludwigshafen and Heidelberg affect the claims to being a compact and well-organised metropolitan region? How can the many, very different municipalities agree on a common approach above and beyond established planning procedures? Is ambitious collaboration really possible, also across federal state borders?

The very optimistic picture painted by marketing efforts can barely disguise the generally tense situation. There may indeed have been a range of remarkable developments in "SAP Wonderland" in the small town of Walldorf, but the problems of the two industrial towns Mannheim and Ludwigshafen loom larger. Major industries battling with the various consequences of structural change are located in these cities. Added to this are 700 hectares to be converted from military use, thrown almost simultaneously onto the market. Besides concrete structural problems, this area also offers the whole gamut of urban and regional planning issues that will face us in the future. Is such a network of large, medium-sized, and small cities possibly much more robust than a large, compact metropolis? How do we cope with climate adaptation and energy supply in decentralised areas? How are the newly urbanised intermediate zones developing? The postgraduate course discussions showed that excursions into the region had a rather sobering effect. Meetings with the various officials responsible, together with the achievements observed, failed to arouse any of the euphoria shown in the high-gloss brochures, but gave way to a presentiment of the serious challenges to planning that the future holds.

An almost perfect laboratory, in other words, for our course.

DIE KLEINEN, DIE MITTLEREN UND DIE GROSSEN

MARKUS NEPPL

Etwa 2,4 Millionen Menschen leben in der Metropolregion Rhein-Neckar, dem siebtgrößten Verdichtungsraum in Deutschland, der sich über drei Bundesländer – Baden-Württemberg, Rheinland-Pfalz und Hessen – erstreckt. Glaubt man den Hochglanzbroschüren, dann nutzen leistungsstarke Großunternehmen und mittelständische Betriebe die Standortvorteile dieser Region, besonders ihre zentrale Lage in Europa und die Nähe zu Universitäten, Fachhochschulen, Berufsakademien und zahlreichen öffentlichen und privaten wissenschaftlichen Einrichtungen.

Auf der zentralen Website www.m-r-n. com dienen die Begriffspaare „investieren & wirtschaften", „forschen & studieren", „leben & erleben" und „Regionalplanung &-Entwicklung" als Orientierungshilfe. Man gibt sich professionell, weltgewandt und gut aufgestellt.

Versucht man aber herauszufinden, wie die unterschiedlichen Akteure der Region ihr Verhältnis untereinander organisieren und was eigentlich die Ziele dieses Verbundes sind, bleiben die Aussagen sehr oberflächlich und allgemein. Dabei wirft schon der räumliche Zuschnitt eine Reihe von Fragen auf. Wie wirkt sich das starke Gefälle zwischen den beiden ländlichen Räumen Pfalz und Odenwald und dem Städtedreieck Mannheim, Ludwigshafen und Heidelberg auf den Anspruch einer kompakten und gut organisierten Metropolregion aus? Wie können die vielen und sehr unterschiedlichen Kommunen sich auf ein gemeinsames Vorgehen jenseits der gängigen Planungsprozeduren verständigen? Kann es tatsächlich ein ambitioniertes Miteinander auch über die Grenzen der Bundesländer geben?

Das sehr optimistische Bild der Marketingbemühungen kann über die insgesamt angespannte Lage nur schwer hinwegtäuschen. Zwar gibt es im „SAP-Wunderland" in der Kleinstadt Walldorf tatsächlich eine Reihe von bemerkenswerten Entwicklungen, es überwiegen aber die Probleme der beiden Industriestädte Mannheim und Ludwigshafen. Beide Städte sind Standorte von Großindustrien, die mit den unterschiedlichen Folgen des Strukturwandels zu kämpfen haben. Dazu kommen noch 700 Hektar militärische Konversionsflächen, die fast gleichzeitig auf den Markt drängen. Neben den konkreten strukturellen Problemen bietet dieser Raum aber auch die gesamte Palette raum- und stadtplanerischer Fragestellungen, die uns in Zukunft beschäftigen werden. Ist ein solches Geflecht von großen, mittleren und kleinen Städten möglicherweise sehr viel robuster als eine große, kompakte Metropole? Wie werden Klimaanpassung und Energieversorgung in dezentral organisierten Räumen bewältigt? Wie entwickeln sich die verstädterten Zwischenzonen? Im Diskurs des Kollegs brachten die Exkursionen in die Region eher Ernüchterung. Die Begegnungen mit den verschiedenen Akteuren und die in Augenschein genommenen Errungenschaften erzeugten bei den Teilnehmern nicht die Euphorie der Hochglanzbroschüren. Man bekam eher eine Vorahnung, wie tiefgreifend die planerischen Herausforderungen in Zukunft sein werden. Also ein fast perfekter Laborraum für unser Kolleg.

TWO REALITIES
BETWEEN VISIONS AND PROJECTS

MARKUS NEPPL

There is a boom in the term "region." One intrinsic aspect of urban history has always been a city's linkage with its surrounding area and membership of smaller local or larger regional networks. The initiative to develop metropolitan regions aroused expectations that a better basis would be created for action "above" the planning control of local administrative organs. The hope was that the "blinkered" approach practised in many places would be augmented by more intense exchange and a common basis for action within the more formal network of a metropolitan region.
But looking at the self-portrayals of the relevant organisations today, there is no reference to planning. Instead, one sees the very different ways in which the term is used. It seems positively predestined to make each place's significance appear greater by describing the larger context. With notable frequency, the public platform is occupied by the relevant marketing organisations. It is interesting to see, in this context, that big cities seem to deal with the matter quite differently to networks of towns with equal status. While the city of Hamburg merely continues to grow in importance as the Hamburg Metropolitan Region, the names of the cities no longer appear at all in the Rhine-Neckar Metropolitan Region. But apart from better communication and a keener sense of "community," are there concrete questions or occasions when joint planning promises better results?
Regarding the work of administrative organs in the Rhine-Neckar Metropolitan Region, it is clear that the concern is almost exclusively with publicity work and more informal exchange. There is very careful avoidance of reference to projects on the level of the metropolitan region. One reason for this is surely the differing power structures and interests within the organisational framework. While the bigger industrial companies of the region and the three cities—Mannheim, Ludwigshafen, and Heidelberg—set their sights primarily on national competition for locations, the smaller communities in the Odenwald or Palatinate cannot identify with such aims.
Is the metropolitan region thus no more than an empty label? Within the college discourse, this complex of themes was examined from various perspectives. Besides the question of what should actually be understood by a project and how evaluations ought to be structured, an attempt was made to describe possibilities for methodical action within larger-scale contexts. These discussions focused on the concept of design in spatial planning. What themes and problems are relevant here? How can players be motivated successfully to work together over a long period of time? How can

ZWEI WIRKLICHKEITEN
ZWISCHEN VISIONEN UND PROJEKTEN

MARKUS NEPPL

Der Begriff Region hat Konjunktur. Die Verflechtung mit dem Umland und die Zugehörigkeit zu kleineren lokalen oder größeren regionalen Verbünden war immer schon mit der Geschichte der Stadt untrennbar verbunden. Mit der Initiative zur Entwicklung der Metropolregionen ging die Erwartung einher, dass eine bessere Grundlage geschaffen würde, „oberhalb" der Planungshoheit der Gemeinden zu agieren. Die Hoffnung war, dass das an vielen Stellen praktizierte Kirchturmdenken im formelleren Verbund einer Metropolregion durch einen intensiveren Austausch und gemeinsame Handlungsgrundlagen ergänzt würde.

Wenn man sich heute aber mit den Selbstdarstellungen der jeweiligen Organisationen beschäftigt, ist von Planung nicht die Rede. Es wird vielmehr deutlich, wie unterschiedlich der Begriff verwendet wird. Er scheint geradezu prädestiniert zu sein, durch die Beschreibung eines größeren Zusammenhangs die jeweilige Bedeutung gewichtiger erscheinen zu lassen. Auffallend oft wird die öffentliche Plattform von den jeweiligen Marketingorganisationen besetzt. Interessant dabei ist, dass eine Großstadt völlig anders damit umgeht als ein Verbund eher gleichrangiger Städte. Während die Stadt Hamburg ihre Bedeutung als Metropolregion Hamburg nur noch steigert, treten in der Metropolregion Rhein-Neckar die Namen der Städte gar nicht mehr auf. Gibt es aber neben der besseren Kommunikation und einem intensiveren „Wir-Gefühl" tatsächlich Anlässe und Fragestellungen, bei denen eine gemeinsame Planung ein besseres Ergebnis verspricht?

Betrachtet man die Arbeit der Organe der Metropolregion Rhein-Neckar, wird deutlich, dass es fast ausschließlich um Öffentlichkeitsarbeit und den eher informellen Austausch geht. Man vermeidet es sehr sorgsam, von Projekten auf der Ebene der Metropolregion zu sprechen. Ein Grund hierfür sind sicherlich die unterschiedlichen Kräfteverhältnisse und Interessenlagen in der Organisationsstruktur. Während die großen Industrieunternehmen der Region und die drei Städte Mannheim, Ludwigshafen und Heidelberg vor allem den nationalen Standortwettbewerb im Visier haben, können sich kleinere Gemeinden im Odenwald oder in der Pfalz nicht mit diesen Zielen identifizieren.

Bleibt zum Schluss die Metropolregion nur ein inhaltsleeres Label? Im Diskurs des Kollegs wurde dieser Themenkomplex aus unterschiedlichen Richtungen betrachtet. Neben der Frage, was eigentlich unter einem Projekt zu verstehen ist und wie Evaluierungen zu strukturieren sind, wurde versucht zu beschreiben, wie man methodisch in größeren Zusammenhängen agie-

large amounts of information be structured and visualised in a meaningful way for planning? And finally, how do we measure the success of large-scale planning?

In the emerging works, it was not a matter of simulating processes but initially of clarifying concepts and carefully analysing the problems faced. It soon became obvious, however, that the regions were too different and many themes too specific to allow the development of easily transferrable findings or generally applicable approaches. Three examples will now be given to demonstrate the diversity of the problems.

IBA Emscherpark—Master Plan "Emscher Zukunft" (Future of the Emscher Area)

The biggest German metropolitan region is the Ruhr with 11.8 million inhabitants. After Moscow, Istanbul, London, and Paris, it is the fifth largest in Europe. The cities of the Ruhr have always been aware that their spatial and functional links made and continue to make them directly dependent on each other. In the late nineteen-seventies an obvious need emerged to cope with far-reaching, radical structural changes following the step-by-step closure of mines and other problems in heavy industry. Besides economic and social effects, however, another question was posed: how should the region handle the immense spatial impact of this structural change? The abandonment of large-scale industrial areas led to the creation of wasteland, which could not be used without major investments. After the affected cities had recognised that they all had a similar problem, the Internationale Bauausstellung Emscherpark was initiated in the mid-nineteen-eighties. The central aspect of this IBA, besides a large number of projects realised, was a highly idealised spatial principle. It would never have been possible to plan—and certainly not to realise—a coherent "Emscherpark." But the name conveyed the main aim in a striking way: "more quality of life and better housing, architectonic, urban-developmental, social and ecological measures as a foundation to economic change in an industrial region long past its best." On this scale, the IBA Emscherpark became an internationally recognised example of a regional planning process. Even after an intense ten-year process, its aims were far from being achieved. In the main, the projects realised were no more than exemplary, and after the great euphoria there was clear disillusionment in many places. Subsequently, the cities sought to concentrate on their immediate problems once again, and so the many attempts to establish a Ruhr metropolis remained more or less unsuccessful.

Relatively unnoticed by the public, the Emscher Association decided in 1991 to redevelop the Emscher River. After protracted technical investigations, the feasibility study "The Emscher as a lifeline—from sewage canal to backbone of the Emscherpark" was published in 1998. This gigantic infrastructure project along eighty-five kilometres with an overall investment of 4.4 billion euros and a realisation period of more than twenty years developed—due to conceptual preparation by the IBA protagonists—from an

ren kann. Der Begriff des Raumplanerischen Entwerfens stand im Mittelpunkt dieser Diskussionen. Welche Themen und Problemstellungen sind in diesem Zusammenhang relevant? Wie gelingt es, die Akteure zur Zusammenarbeit über einen langen Zeitraum zu motivieren? Wie können die großen Informationsmengen strukturiert und für eine Planung brauchbar visualisiert werden? Und schließlich: Wie kann der Erfolg einer großmaßstäblichen Planung gemessen werden?

In den entstehenden Arbeiten ging es nicht um die Simulation der Prozesse, sondern zunächst um eine Begriffsklärung und eine sorgfältige Analyse der Problemstellung. Es wurde aber schnell deutlich, dass die Regionen zu unterschiedlich und viele Themen zu spezifisch sind, als dass sich schnell übertragbare Ergebnisse und allgemeingültige Herangehensweisen herausarbeiten lassen. An drei Beispielen soll verdeutlicht werden, wie vielfältig solche Problemstellungen sein können.

IBA Emscherpark – Masterplan Emscher Zukunft

Die größte deutsche Metropolregion ist das Ruhrgebiet mit 11,8 Millionen Einwohnern. Nach Moskau, Istanbul, London und Paris ist sie die fünftgrößte in Europa. Den Städten des Ruhrgebiets war immer bewusst, dass sie durch ihre räumliche und funktionale Verflechtung unmittelbar aufeinander angewiesen waren und sind. In den späten 1970er Jahren wurde durch die schrittweise Aufgabe des Bergbaus und durch die Probleme der Schwerindustrie klar, dass man vor tiefgreifenden strukturellen Umwälzungen stand. Neben den wirtschaftlichen und sozialen Auswirkungen stellte sich aber auch die Frage, wie man mit den immensen räumlichen Auswirkungen dieses Strukturwandels fertigwerden würde. Durch die Aufgabe großer Industrieareale entstanden Brachflächen, die ohne große Investitionen nicht nutzbar waren. Nachdem die betroffenen Städte erkannt hatten, dass sie alle ein ähnliches Problem hatten, wurde Mitte der 1980er Jahre die Internationale Bauausstellung Emscherpark initiiert. Der Kern dieser IBA war neben einer Vielzahl von realisierten Projekten ein stark idealisiertes räumliches Leitbild. Einen zusammenhängenden „Emscherpark" hätte man nie planen und schon gar nicht realisieren können. Der Begriff transportierte aber das Ziel: „mehr Lebens- und Wohnqualität, architektonische, städtebauliche, soziale und ökologische Maßnahmen als Grundlage für den wirtschaftlichen Wandel in einer in die Jahre gekommenen Industrieregion" auf sehr eingängige Weise. In diesem Maßstab wurde die IBA Emscherpark damit ein international beachtetes Beispiel für einen großräumlichen Planungsprozess. Auch nach einem zehnjährigen intensiven Prozess hatte man die Ziele noch lange nicht erreicht. Die realisierten Projekte blieben eher modellhaft und nach der großen Euphorie folgte vielerorts eine deutliche Ernüchterung. In der Folge versuchten die Städte sich wieder mehr auf ihre unmittelbaren Probleme zu konzentrieren und die vielen Versuche, eine Ruhrmetropole zu etablieren, blieben mehr oder weniger erfolglos.

Relativ unbemerkt von der Öffentlichkeit beschloss die Emschergenossenschaft im Jahre 1991 den Umbau des Flusses Emscher. Nach langwierigen

infrastructural project into a key project of regional spatial planning. In 2003, a competition for the planning of public space was launched, comprising design concepts for the riverbank areas. The redeveloped course of the river affects the administrative sovereignty of thirteen cities and communities, so that it appeared impossible to design only one part of the river bank and ignore the adjacent areas. An apparently simple planning issue led in 2006 to the master plan "Emscher-Zukunft," which first established a comprehensive, spatial aim regarding the river's course and its adjacent areas. Besides statements concerning technology and design, this work focused primarily on extensive dialogue processes with all those involved. The Emscher Association recognised very quickly that this project required far more than technical planning. The principle of dialogue: a project of a lifetime like the redevelopment of the Emscher can only be successful, if it is supported by the entire region. Close dialogue with all those involved, therefore, has been a firm component of the redevelopment project from the very beginning.

After extensive preparation work, building began on the canal in 2009. As underground construction work is not particularly spectacular per se, everything happened relatively unnoticed. But the locals also initiated a large number of planning activities, which gradually became manifest in concrete projects. Besides comprehensive projects for public space and bridges, a large number of housing redevelopments, new commercial locations, and cultural activities have direct links with the new Emscher. Can this kind of a project on a regional scale now function as a model for projects in a metropolitan region, or was it a single case that could only develop from a specific problem situation in a region?

The conditions and peripheral circumstances of the Ruhr region certainly cannot be transferred to other regions. But the decisive factor in the master plan "Emscher Zukunft" was the link made between an infrastructural project and comprehensive spatial planning. The dialogue events did not simply convey a finished plan that simply had to be confirmed. Instead, they were forums facilitating open debate about continuing spatial development. In this context, it was possible to combine a whole number of aims, which served everyone as a common basis for planning. Often, regional plans have only a politically motivated background of distribution and seem unsuitable to influence activity within small-scale areas effectively. In future, it will not be possible to finance forward-looking, detailed planning on a regional scale. Large-scale plans should not degenerate into mere means of communication within informal processes, however, but should be employed in a more regulated manner in connection with infrastructural projects. The master plan "Emscher Zukunft" demonstrates very clearly that much can be achieved in terms of planning in connection with an infrastructural project of spatial relevance. It is not a matter of communication here, but of a target-oriented understanding of planning.

technischen Untersuchungen wurde im Jahr 1998 die Machbarkeitsstudie „Die Emscher als Lebensader – von der Abwasserrinne zum Rückgrat des Emscherparks" veröffentlicht. Dieses gigantische Infrastrukturprojekt von 85 Kilometern Länge mit einer Gesamtinvestition von 4,4 Milliarden und einem Realisierungszeitraum von über 20 Jahren wurde durch die konzeptionelle Vorarbeit der IBA-Akteure von einem Infrastrukturprojekt zu einem regionalen raumplanerischen Schlüsselprojekt. Im Jahre 2003 wurde dann ein freiraumplanerischer Wettbewerb ausgeschrieben, der die Gestaltung der Uferbereiche beinhaltete. Der umzubauende Flusslauf berührt die Hoheitsbereiche von 13 Städten und Gemeinden, sodass es unmöglich erschien, nur einen Uferbereich zu gestalten, der nichts mit den anliegenden Flächen zu tun haben sollte. Aus der einfach erscheinenden Gestaltungsfrage entstand 2006 der „Masterplan Emscher Zukunft", der erstmals ein umfassendes räumliches Ziel für den Flusslauf und die angrenzenden Flächen fixierte. Neben den technischen und gestalterischen Aussagen wurden vor allen Dingen umfangreiche Dialogprozesse mit allen Beteiligten in den Mittelpunkt der Arbeit gestellt. Die Emschergenossenschaft hat sehr schnell erkannt, dass dieses Projekt sehr viel mehr als eine technische Planung braucht. Das Prinzip Dialog: Ein Generationenprojekt wie der Emscher-Umbau kann nur Erfolg haben, wenn es von der ganzen Region getragen wird. Der enge Dialog mit allen Beteiligten ist daher von Anfang an fester Bestandteil des Umbauprojekts.

Nach umfangreichen Vorarbeiten erfolgte 2009 der Baubeginn des Kanals. Da das unterirdische Baugeschehen als solches nicht sonderlich spektakulär ist, geht jetzt alles relativ unbemerkt seinen Gang. Die Anlieger haben aber eine Vielzahl von planerischen Aktivitäten gestartet, die sich nach und nach in konkreten Projekten manifestieren. Neben umfangreichen Freiraum- und Brückenprojekten sind eine Vielzahl von Siedlungsumbauten, neuen Gewerbestandorten und kulturellen Aktivitäten unmittelbar mit der neuen Emscher verknüpft. Kann ein solches Projekt in einem regionalen Maßstab nun auch ein Modell für Projekte in einer Metropolregion sein oder ist es ein Einzelfall, der nur aus einer spezifischen regionalen Problemlage entstehen konnte?

Sicherlich sind die Verhältnisse und Randbedingungen des Ruhrgebiets nicht auf andere Regionen übertragbar. Das Entscheidende beim „Masterplan Emscher Zukunft" war aber die Kopplung eines Infrastrukturprojektes mit einer umfassenden räumlichen Planung. Die Dialogveranstaltungen dienten nicht der Vermittlung eines fertigen Plans, der dann nur bestätigt werden sollte. Es waren vielmehr Foren, in denen ganz offen über die räumliche Weiterentwicklung debattiert wurde. In diesem Rahmen war es möglich, eine ganze Reihe von Zielen zu vereinbaren, die allen als gemeinsame Planungsgrundlage dienen. Regionalpläne haben oft nur einen politisch motivierten Verteilungshintergrund und sind anscheinend nicht geeignet, die kleinräumig orientierten Ebenen wirkungsvoll zu beeinflussen. In Zukunft wird eine vorausschauende detaillierte Planung auf einem regionalen Maßstab nicht finanzierbar sein können. Großmaßstäbliche Pläne dürfen

Rhine-Neckar Metropolitan Region

In the Rhine-Neckar Metropolitan Region, the two rivers have functioned as no more than name-givers to date. Indeed, they enjoy an almost beggarly existence in the region. In recent years, each city has made separate plans to improve the riverbanks, but they have not been examined and considered in conjunction up until now. The city of Ludwigshafen built a shopping centre, Mannheim has been planning "Blau Mannheim Blau" for many years, and Heidelberg abandoned its plans for a new bank of the Neckar a

1 *"Emscher Zukunft" master plan*
1 *Masterplan „Emscher Zukunft"*

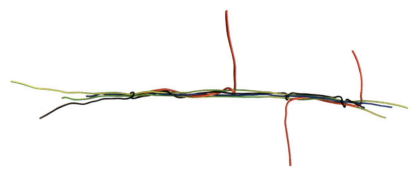

2 *A colored cable loom—the symbol of the "Neue Emscher"*
2 *Farbiger Kabelstrang als Symbol für die „Neue Emscher"*

3 *Development concept (detail)*
3 *Ausschnitt Entwicklungskonzept*

aber nicht zum bloßen Kommunikationsmittel in informellen Prozessen verkommen, sondern sollten viel dosierter in Verbindung mit Infrastrukturprojekten eingesetzt werden. Der Masterplan Emscher Zukunft zeigt sehr deutlich, was in Verbindung mit einem räumlich relevanten Infrastrukturprojekt planerisch geleistet werden kann. Dabei geht es nicht nur um Kommunikation, sondern um ein zielorientiertes Planungsverständnis.

Metropolregion Rhein-Neckar

In der Metropolregion Rhein-Neckar dienten die beiden Flüsse bisher nur als Namensgeber. Sie fristen in der Region ein beinahe kümmerliches Dasein. Jede Stadt hat in den letzten Jahren vereinzelt Pläne zur Aufwertung der Uferbereiche gemacht, die aber bisher nicht im Zusammenhang untersucht und betrachtet wurden. Die Stadt Ludwigshafen hat ein Einkaufszentrum gebaut, Mannheim plant schon seit Jahren „Blau Mannheim Blau" und Heidelberg hat vor kurzem seine Planungen für das neue Neckarufer eingestellt. Diese Einzelinitiativen hätten als regionale Projektfamilie das Potenzial, im Verbund mit notwendigen Hochwasserschutzmaßnahmen tatsächlich als zentrales Projekt der Metropolregion anerkannt zu werden. Neben diesen Themen steht die Region vor einer weiteren Herausforderung. In der gesamten Region sind in den nächsten Jahren 700 Hektar militärische Konversionsflächen zu integrieren.

4 The "Neue Emscher" (drawing)
4 Die „Neue Emscher" (Illustration)

5 The "Neue Emscher" (drawing)
5 Die „Neue Emscher" (Illustration)

6 The "Neue Emscher" (drawing)
6 Die „Neue Emscher" (Illustration)

7 The "Neue Emscher" near Essen/Gelsenkirchen (drawing)
7 Die „Neue Emscher" bei Essen/Gelsenkirchen (Illustration)

short time ago. As a regional "project family," these individual initiatives would have the potential—in conjunction with the necessary flood protection measures—for recognition as a central project in the metropolitan region. Besides these issues, the region also faces a further challenge: across the region 700 hectares of military land due for conversion need to be integrated in the coming years.

8 The "Emscher cable"
8 Das „Emscherkabel"

9 The Emscher near Oberhausen
9 Die Emscher bei Oberhausen

Unesco-Welterbe Oberes Mittelrheintal

Im oberen Mittelrheintal diskutiert man seit Jahren über eine zusätzliche Rheinquerung als Konjunkturmotor. Da man sich aber im Bereich des als Unesco-Weltkulturerbe geschützten Gebietes befindet, kann diese Maßnahme nicht nur regional behandelt werden. Es wurden erhebliche Mittel in Machbarkeitsstudien und Gutachten zur Abschätzung der verkehrstechnischen und ökonomischen Folgen investiert. Welche Auswirkungen dieses

Unesco World Heritage, Upper Middle Rhine Valley

In the Upper Middle Rhine Valley, there has been discussion of an additional Rhine crossing as a stimulus to business activity for many years. However, as it is part of an area protected as Unesco World Cultural Heritage, this measure cannot be dealt with on a regional basis only. Considerable funds have been invested into feasibility studies and expert reports to evaluate the traffic, technical, and economic consequences. But the object of this immense planning effort was not the effect that the infrastructural project would have on the spatial development of the two very different banks of the Rhine.

At the same time, an initiative for the promotion of regional tourism, collaborating with some communities, conceived the so-called Rheinsteig. A success story for the region has been created by linking up various hiking paths from Bonn to Rüdesheim, and arranging joint national marketing. The Middle Rhine Valley has become a tourist destination once again. In connection with the hiking paths, a number of other projects have developed in towns and villages, causing them to flourish in a new way. It is only speculation, but it seems this "mini-project" has triggered more economic growth locally than the major Rhine bridge project. Everyone in the region grasped the success of regional and local action immediately. The initial situation of these three projects makes them into infrastructural projects, albeit with different dimensions. But when both regional and local issues are taken into account, specialist sectoral planning may lead to works of planning that impact on the whole region.

These very different projects show the range of themes and constellations that can be handled in large-scale, all-round regional planning activities involving many protagonists. The idea of the project also played a key role in some works at the college. In her thesis „Vier Städte in Bewegung—Hannover-Braunschweig-Göttingen-Wolfsburg—die virtuelle Metropolregion und das Projekt als Instrument zur Stärkung des Metropolgedankens" (Four cities in motion—Hanover-Brunswick-Göttingen-Wolfsburg—the virtual metropolitan region and the project as an instrument underpinning the idea of the metropolis), Susanne Brambora-Seffers shed considerable light on project constellations, their great diversity, and peripheral conditions. One interesting insight is the extremely inflationary manner in which the term is employed. Nevertheless, all serious efforts of this nature share a commitment to reach a target within a predefined period. The fact that each project has a pre-history and an aftermath, and that success is very difficult to measure are also significant aspects of Susanna Caliendo's work: she concerned herself with the evaluation of INTERREG projects. How can we evaluate projects on a regional scale? Often, they are not really visible, for either they have a very short duration and appear more as events, or there are protracted processes of assessment and planning so that the impact is hard to demonstrate. Although the impact of projects is difficult to grasp, with their large-scale design approaches, Markus Nollert, Kristin Barbey and Andreas Nütten repeatedly arrive at a very concrete level, at which it

Infrastrukturprojekt auf die räumliche Entwicklung der beiden sehr unterschiedlichen Rheinseiten haben wird, war nicht Gegenstand dieser immensen Planungsanstrengung.

Zur gleichen Zeit hat eine Initiative zur regionalen Förderung des Tourismus zusammen mit einigen Gemeinden den sogenannten „Rheinsteig" konzipiert. Durch die Zusammenlegung einiger Wanderwege von Bonn nach Rüdesheim und deren überregionale Vermarktung ist eine Erfolgsgeschichte für die Region entstanden. Das Mittelrheintal wurde wieder zu einem touristischen Ziel. Im Verbund mit dem Wanderweg gibt es eine Reihe von weiteren Projekten, die in den Ortschaften entstanden und diese neu erblühen lassen. Man könnte spekulieren, dass dieses „Miniprojekt" mehr lokales Wirtschaftswachstum ausgelöst hat als das Großprojekt der Rheinbrücke. Jeder in der Region hat den Erfolg von regionalem und lokalem Handeln sofort verstanden. Bei allen drei Projekten handelt es sich in der Ausgangslage um Infrastrukturprojekte in unterschiedlichen Dimensionen. Wenn aber regionale und lokale Fragestellungen mit einbezogen werden, können aus sektoralen Fachplanungen räumlich wirksame Planwerke entstehen.

An diesen sehr unterschiedlichen Projekten wird deutlich, welche Themen und Konstellationen tatsächlich in einem großräumlichen Umgriff auch unter Beteiligung vieler Akteure planerisch angegangen werden können. Der Begriff des Projekts spielt auch in einigen Arbeiten des Kollegs eine zentrale Rolle. Susanne Brambora-Seffers hat in ihrer Arbeit *Vier Städte in Bewegung – Hannover-Braunschweig-Göttingen-Wolfsburg – die virtuelle Metropolregion und das Projekt als Instrument zur Stärkung des Metropolgedankens* sehr intensiv die Bandbreite und die Randbedingungen von Projektkonstellationen durchleuchtet. Interessant ist die Erkenntnis, wie inflationär der Begriff verwendet wird. Trotzdem findet sich in allen ernst gemeinten Anstrengungen die Verbindlichkeit, ein Ziel in einem definierten Zeitraum erreichen zu wollen. Dass jedes Projekt eine Vor- und auch eine Nachgeschichte hat und Erfolg sehr schwer messbar ist, spielt wiederum bei Susanna Caliendo, die sich mit der Evaluation von INTERREG-Projekten beschäftigt hat, eine gewichtige Rolle. Wie können Projekte in regionalem Maßstab bewertet werden? Sie sind oft nicht wirklich sichtbar, sie haben entweder eine sehr kurze Laufzeit und erscheinen eher als Event oder es sind langwierige Abwägungs- und Planungsprozesse, deren Wirkung schwer nachzuweisen ist. Obwohl die Effekte von Projekten schwer zu greifen sind, kommen Markus Nollert, Kristin Barbey und Andreas Nütten in ihren großräumlichen Entwurfsansätzen immer wieder auf eine sehr konkrete Ebene, auf der sich die gefundenen Grundsätze sehr schnell in konkrete Projekte umsetzen lassen würden. Entscheidend dabei ist aber, dass sich diese einer großräumigen Logik verpflichtet fühlen. Es sind keine ad-hoc-Problemlösungen, sondern immer Projektfamilien in einem klar erkennbaren Gefüge mit einem relativ einfach erkennbaren Wirkungszusammenhang. Um aber solche Planwerke erarbeiten und kommunizieren zu können, müssen auch die Instrumente angepasst werden.

would soon be possible to implement the principles uncovered in concrete projects. The decisive aspect here, however, is that such projects are bound to larger-scale logics. They are not ad hoc solutions to problems, but always "project families" within an obvious constellation with an effective context that is also easily discernible. In order to be able to develop such planning works and communicate them to others, however, the instruments of planning need to be adapted as well.

The formal planning activities of the regional land-use plan are often not precise enough and insufficiently informative. So Martin Berchtold and Philipp Krass have taken the technical possibilities of geo-information systems as their starting point: How can they enhance planning work with visualised data and plumb the limits of the technically feasible? These works show that it is not just a matter of replacing standard regional planning procedures with new ones or simply making them more technically effective.

The metropolitan regions need to use the challenges they are now facing to develop a deeper understanding of planning. Adaptations to climate change, the necessary redevelopment of energy production and distribution, and the further development of mobility cannot be seen as sectoral planning issues any longer. In the long term, the construct of the metropolitan region can only be successful if it convinces all the players involved that it will bring noticeable improvements.

Die formellen Planwerke des Flächennutzungsplans erweisen sich oft als zu ungenau und zu wenig informativ. Martin Berchtold und Philipp Krass haben deshalb die technischen Möglichkeiten von Geoinformationssystemen zum Ausgangspunkt genommen, die planerische Arbeit mit visualisierten Daten anzureichern und die Grenzen des technisch Machbaren auszuloten. Diese Arbeiten zeigen, dass es nicht darum geht, regionalplanerische Standardprozeduren durch neue zu ersetzen oder sie nur technisch effektiver zu machen.

Die Metropolregionen müssen die anstehenden Herausforderungen nutzen, um ein weitergehendes Planungsverständnis zu entwickeln. Die Anpassungen an den Klimawandel, der notwendige Energieumbau und die Weiterentwicklung der Mobilität können nicht länger als sektorale Planungen verstanden werden. Langfristig hat das Konstrukt der Metropolregion nur eine Chance erfolgreich zu sein, wenn für alle Akteure ein identifizierbarer Mehrwert erkennbar ist.

METROPOLITAN REGIONS AND CLIMATE CHANGE— SPATIAL CLIMATE PROTECTION AND ADAPTION STRATEGIES

KRISTIN BARBEY, KARLSRUHE

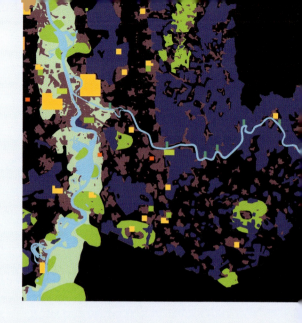

The insights gained by climate research about human contribution to global warming lead straight to the question that this paper is based upon: the question of how space and nature are treated.

Climate change and its consequences, as well as strategies with which to minimise these (Climate Protection) and to adapt to them (Climate Adaptation) are of spatial relevance. The complexity of issues relating to climate change and its consequences requires simultaneous development of spatial climate protection and adaptation strategies on both regional and local levels, as well the establishment of effective holistic strategic concepts on both spatial planning and political levels.

Significant restructuring will be required on the spatial level in the coming decades, which will involve implementing sustainable spatial development objectives with a special focus on climate change and climate adaptation—for example, the implementation of energy systems. Apart from first steps, concrete holistic concepts that outline spatial proposals for the spatial structural transformation that will be required in the very near future, and on the other hand suitable climate protection and climate adaptation measures within the context of city and metropolitan regions, are currently absent. The objective of this research project is to develop a holistic spatial concept (design), the individual steps of which—when coordinated with one another and applied within a similar time frame—could work towards a corresponding result and towards a near-natural, climate friendly metropolitan region by 2050.

Within the context of the development of the holistic spatial concept, the question arises as to which theoretical, content-related basics of spatial design and decision making processes should be delivered and what priorities must be set in doing so. Clarity must also be achieved as to how the different strategies and actions need to be positioned in relation to one another from a spatial point of view in order to achieve spatial sustainability in an aestetic sense as well as examining their potential spatial effect.

Within the context of the specific conditions of the Rhine-Necktar Metropolitan Region and the city of Mannheim, concrete spatial development strategies will be designed, which represent a coordinated holistic spatial climate protection and adaptation concept on both the metropolitan regional and local levels. The ultimate objective is to reveal insights that are found through this process of design and analysis, to identify potential actors and implementation instruments in conjunction with spatial planning and politics and to think through the applicability of these strategies to other European Metropolitan Regions.

METROPOLREGION IM KLIMAWANDEL – RÄUMLICHE STRATEGIEN, KLIMASCHUTZ UND KLIMAANPASSUNG

KRISTIN BARBEY, KARLSRUHE

Die Erkenntnisse der Klimaforschung über den anthropogenen Anteil an der Klimaerwärmung verweisen direkt auf die Fragestellung, die dieser Arbeit zugrunde liegt: Die Frage nach dem Umgang mit Raum und Natur.

Der Klimawandel und seine Folgen, aber auch die Strategien, die diesen mindern (Klimaschutz) und an diesen anpassen (Klimaanpassung), sind raumbedeutsam. Sie begründen in ihrem räumlichen Wirkungszusammenhang den dieser Arbeit zugrundeliegenden Forschungsansatz Raum. Die Komplexität der Fragestellung zum Thema Klimawandel und Klimafolgen erfordert die gleichzeitige Entwicklung räumlicher Strategien zu Klimaschutz und Klimaanpassung auf regionaler und lokaler Ebene sowie die Etablierung wirksamer gesamtstrategischer Konzepte auf raumplanerischer und politischer Ebene.

Auf räumlicher Ebene ist in der Realisierung nachhaltiger Raumentwicklungsziele mit den besonderen Aspekten Klimaschutz und Klimaanpassung in den kommenden Jahrzehnten ein erheblicher Umbau und Strukturwandel zu leisten – so beispielsweise der Wechsel der Energiesysteme. Zur Zeit fehlt es neben ersten Ansätzen an konkreten gesamträumlichen Konzepten, die einerseits eine räumliche Vorstellung von dem in allernächster Zukunft anstehenden räumlichen Strukturwandel abbilden und die andererseits geeignete Maßnahmen für Klimaschutz und Klimaanpassung im Zusammenhang von Stadt und Metropolregion verorten. Thema des Forschungsprojekts ist die Entwicklung eines gesamträumlichen Konzepts (Entwurf), dessen einzelne Maßnahmen – wenn aufeinander abgestimmt und zeitnah umgesetzt – eine entsprechende Wirkung in Richtung einer naturnahen, klimagerechten Metropolregion 2050 erzielen könnten.

In der Entwicklung des gesamträumlichen Konzepts stellt sich insbesondere die Frage danach, auf welcher theoretisch-inhaltlichen Grundlage raumplanerische Entwurfs- und Abwägungsprozesse zu leisten und welche Prioritäten dabei zu setzen sind. Auch ist zu klären, wie die unterschiedlichen, auf den Raum bezogenen Strategien und Maßnahmen im Sinne einer ästhetischen Nachhaltigkeit und im Hinblick auf ihre möglichen Raumwirkungen in angemessener Weise zueinander zu positionieren sind.

Bezogen auf die besonderen Bedingungen der Metropolregion Rhein-Neckar und der Stadt Mannheim werden konkrete Raumentwicklungsstrategien entworfen, die ein aufeinander abgestimmtes gesamträumliches Konzept Klimaschutz und Klimaanpassung auf metropolregionaler und lokaler Ebene darstellen. Schließlich gilt es die Erkenntnisse aus diesem Entwurfs- und Abwägungsprozess aufzuzeigen, mögliche Akteure und Instrumente der Umsetzung im Zusammenwirken von Raumplanung und Politik zu benennen und die Übertragbarkeit der Strategien auch auf andere Europäische Metropolregionen auszuloten.

DESIGNING WITH GIS—A CONCEPT FOR IMAGE-GENERATING PROCEDURES IN PLANNING AND DESIGN PROCESSES

MARTIN BERCHTOLD, KARLSRUHE

Geographic Information Systems (GIS) can be used to analyse, model, vary, and visualise the geometry and topological relationships of space as well as the attributes associated with it. The first GIS programs were developed about thirty years ago. They have since evolved into high-performance software with extensive processing and depiction procedures. While GIS is intensively used by many disciplines from surveying to geography, urban and spatial planners have for a long time paid little attention to the specific application procedures of GIS in their own planning tasks, preferring to leave the development and application of such programs to the experts. The development of a thinking and working method in relation to GIS has therefore widely been neglected in the planning world, which is only now beginning to look at GIS in terms of analysing, diagnosing, and applying for its own uses and putting specific thought processes into motion. This paper aims to contribute to this long-overdue emancipation process.

In the face of such challenges as demographic transformation, space-related energy planning, or climate change, quick, simple, and affordable methods with which to generate strong, comprehensible images from immense floods of data are becoming indispensible in metropolitan regions; these can provide order and structure within the chaos of data so that images become more focused and correlations clearer—to form the basis of planning solutions.

However: where exactly does it make sense to use this? What contribution can GIS make and what added value can it create? Approaches, methods, and results are tested on concrete planning experiments and are analysed, and a systematic GIS-supported method is developed through a planning and design process. The components of this span from exploration to the development of motives: both ways of "forming an impression." In the process, it will be outlined which data material can deliberately be treated "differently" counter to the conventions of accepted proper and professional procedures, while still striving to gain insights—and how a little information is often already enough. On the other hand, what are the most fatal methodological mistakes and what are the limits and risks of the application of GIS?

One surprising insight can perhaps be mentioned in advance: whenever things get interesting in an experiment it is usually not a due to GIS itself. What is interesting is the selection of certain information, the decision as to what data will be extracted and put in relation to one another, the process and testing itself: altogether signs of a different way of thinking, which derives from continuous work with GIS from a planning point of view, and from which effects on our way of designing, can unfold.

ENTWERFEN MIT GIS – EIN KONZEPT FÜR BILDGEBENDE VERFAHREN IM PLANUNGS- UND ENTWURFSPROZESS

MARTIN BERCHTOLD, KARLSRUHE

Mit Geografischen Informationssystemen (GIS) lassen sich Geometrie und topologische Beziehungen des Raumes und die daran angebundenen Sachdaten erfassen, modellieren, verarbeiten und visualisieren. Die ersten GIS-Programme entstanden vor etwa 30 Jahren. Seither wurden sie zur Hochleistungssoftware mit umfangreichen Verarbeitungs- und Darstellungsverfahren weiterentwickelt. Während GIS in vielen Disziplinen zwischen Vermessung und Geografie intensiv zum Einsatz kommt, haben sich Stadt- und Raumplaner lange Zeit erstaunlich wenig mit den spezifischen Anwendungsmöglichkeiten von GIS bei ihren eigenen planerischen Fragestellungen beschäftigt, sondern Aufbau und Bedienung der Programme den Experten überlassen. Die Entwicklung einer planerischen Denk- und Arbeitsweise in Bezug auf das Werkzeug GIS blieb deshalb weitgehend aus. Die Planung beginnt gerade erst richtig, sich mit GIS auseinanderzusetzen, um beim Analysieren, Diagnostizieren und Operieren eigene Zugänge und spezifische Denkprozesse in Gang zu setzen. Diesen längst fälligen Emanzipationsprozess möchte die Arbeit mitgestalten.

Angesichts der Herausforderungen wie demografischer Wandel, raumbezogene Energieplanung oder Klimawandel werden insbesondere in Metropolregionen schnelle, einfache und kostengünstige Methoden unverzichtbar, die starke und verständliche Bilder aus den immensen Datenfluten generieren können, die Ordnung und Struktur im Datengewirr schaffen, damit das Bild schärfer wird und Zusammenhänge klar werden: als Basis für planerische Lösungen.

Aber: Wo genau macht der Einsatz wirklich Sinn? Wie sieht der Beitrag von GIS, wie der Mehrwert aus? Anhand konkreter Planungsexperimente werden Ansätze, Methoden und Ergebnisse getestet und ausgewertet und eine Systematik GIS-gestützter Methoden im Planungs- und Entwurfsprozess erarbeitet. Deren Bausteine reichen von der Erkundung bis hin zur Entwicklung von Motiven: beides Formen von „Sich-ein-Bild-Machen". Dabei wird auch dargelegt, wie mit Datenmaterial bewusst „anders", mitunter auch gegen die Konventionen des sach- und fachgerechten Umgangs gearbeitet und trotzdem Erkenntnisgewinn erzielt werden kann – und wie wenige Informationen oftmals schon reichen. Andererseits: Welches sind die fatalsten methodischen Fehler, welches die Grenzen und Gefahren bei der Anwendung von GIS?

Eine überraschende Erkenntnis lässt sich vielleicht schon vorwegnehmen: Immer, wenn es interessant wird in den Experimenten, liegt das meist nicht am GIS selbst. Das Interessante ist die getroffene Auswahl einer bestimmten Information, die gefällte Entscheidung, welche Daten herangezogen und miteinander in Beziehung gebracht werden, das Vorgehen und Ausprobieren selbst: allesamt Anzeichen einer veränderten Denkweise, die aus der kontinuierlichen Auseinandersetzung mit GIS aus Planungssicht entsteht und Auswirkungen auf unsere Art zu entwerfen entfalten könnte.

CONNECTING TO DATA LANDSCAPES—A CONCEPT FOR CONNECTING GEO-DATA IN SPATIAL PLANNING

PHILIPP KRASS, KARLSRUHE

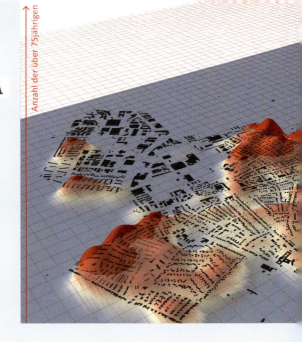

Our cities and regions are subjected to continuous transformation: new settlements are created, infrastructure is expanded, old things decay, population sizes and compositions change. Some transformations take place faster and are more obvious, others are more gradual and are largely hidden. It is vital that these processes be known and understood for long-term and farsighted planning, if intervention in spatial development is to be possible.

Within this context, the observation and analysis of continuing changes in our environment play an important role in more ways than one: they deliver the basis of a comprehensive depiction of the current spatial situation, they help to recognise impending problems at an early stage in order to develop future scenarios and options for action, and not least they provide a better understanding of the evolution of the current situation and the effects of past planning decisions in hindsight. Observations over time are therefore necessary.

Space-related data, which has been gathered in many locations for the most diverse reasons and analysed and visualised with the help of Geographic Information Systems (GIS), forms the basis of these spatial observations. In the age of the Internet, GPS and electronic data processing, the volume of this data is growing rapidly. While this holds the considerable potential to reach a better understanding of spatial situations, processes, and correlations, it also holds the danger of losing an overview as a result of increasing amounts of data, which—within a context of depleting resources—must be avoided.

Data collection and analysis as well as the long-term selection and observation of whatever relates to the most important planning issues must be accessible with a minimum of effort if efficient, targeted spatial observation that can be directly applied to spatial planning is to be achieved. It is less a matter of collecting as much as possible or of collecting new data, than of cleverly connecting already collected data and of expressing what is required of the collected data and of the new data that is needed.

An important objective of this work is to develop a basic set of geo-data that can be used in spatial observation and planning. Apart from examining the quality, suitability and source of data, appropriate spatial reference points will be researched, which incorporate small-scale, cross-border situations. A further important objective is to develop suitable visualisation methods.

"Gebirge der Senioren"

DATENLANDSCHAFTEN ERSCHLIESSEN – EIN KONZEPT ZUR ERSCHLIESSUNG VON GEODATEN FÜR DIE RAUMPLANUNG

PHILIPP KRASS, KARLSRUHE

Unsere Städte und Regionen sind einem laufenden Wandel unterzogen: Neue Siedlungen entstehen, Infrastrukturen werden ausgebaut, Altes verfällt, Größe und Zusammensetzung der Bevölkerung ändern sich. Einige Transformationen laufen schneller ab und sind offensichtlich, andere verlaufen schleichender und weitestgehend im Verborgenen. Für eine langfristige und vorausschauende Planung ist es von entscheidender Bedeutung, diese Prozesse zu kennen und zu verstehen, um gestaltend auf die Raumentwicklung einwirken zu können.

Dabei spielt die Beobachtung und Auswertung der laufenden Veränderung unserer Umwelt in mehrfacher Hinsicht eine wichtige Rolle: Sie soll die Grundlagen für ein möglichst umfangreiches Bild der aktuellen räumlichen Situation liefern, sie soll helfen, heraufziehende Probleme frühzeitig zu erkennen, um entsprechende Zukunftsszenarien und Handlungsoptionen entwickeln zu können und nicht zuletzt soll sie rückblickend zu einem besseren Verständnis der Entstehung des heutigen Zustands und der Auswirkungen vergangener Planungsentscheide beitragen. Dazu sind Beobachtungen über Zeitreihen notwendig. Grundlage der Raumbeobachtung bilden raumbezogene Daten, welche an vielen Stellen und zu unterschiedlichsten Zwecken erhoben werden und mit Hilfe von Geografischen Informationssystemen (GIS) analysiert und visualisiert werden können. Im Zeitalter des Internets, von GPS und elektronischer Datenverarbeitung, wächst die Menge dieser Daten zudem rasant. Dies birgt auf der einen Seite ein beachtliches Potenzial zu einem besseren Verständnis von räumlichen Situationen, Prozessen und Zusammenhängen, auf der anderen Seite besteht die Gefahr, angesichts der immer größer werdenden Datenmengen die Übersicht zu verlieren oder immense Datenfriedhöfe anzulegen, was vor dem Hintergrund knapper Ressourcen zu vermeiden ist.

Für eine effiziente, zielführende und auf die unmittelbare Verwendung in der Raumplanung hin ausgerichtete Raumbeobachtung bedarf es deshalb einer Minimierung des Aufwandes für die Erfassung und Auswertung von Daten und einer Auswahl dessen, was im Hinblick auf die wichtigen planerischen Fragestellungen dauerhaft erfasst und beobachtet werden soll. Dabei geht es weniger darum, möglichst viel zu sammeln oder neu zu erheben, sondern in erster Linie darum, bereits vorhandene Daten geschickt miteinander zu verknüpfen, aber auch um das Formulieren von Anforderungen an die Datenbeschaffenheit oder für gegebenenfalls neu benötigte Daten.

Ein wesentliches Ziel der Arbeit ist die Entwicklung eines Grundsets von Geodaten für die Verwendung in Raumbeobachtung und räumlicher Planung. Dabei werden nicht nur die Qualität, Beschaffenheit und Quelle der Daten untersucht, sondern es wird auch nach geeigneten räumlichen Bezugsgrößen geforscht, die kleinräumige und grenzüberschreitende Aussagen zulassen. Ebenso steht die Entwicklung dafür geeigneter Visualisierungsmethoden im Vordergrund.

THE VALUE OF LEFTOVER SPACE—METHOD AND PRACTICE OF EVALUATING INDETERMINATE SPACES IN CITIES

DOROTHEE RUMMEL, KARLSRUHE

They are leftovers, lying somehow in-between, unattractive, useless, superfluous. Is it too frivolous to regard leftover urban spaces as non-functional or insignificant, even as somehow detracting from the value of a city? Are such undefined spaces underestimated and waiting to be discovered as valuable? Viewed as a whole, do they represent the kind of space that is worth researching?

Leftover spaces are a product of planning, yet they are unplanned. As leftovers and cuttings, they are often found in the vicinity of infrastructure: under bridges and highways or alongside railway lines. Their existence depends on super-ordinate structures but they still remain autonomous, as they are unobserved. Empty spaces that are anything but empty. They function in a sense like seams, they are spacers, if need be, waiting areas; they are not designated to anything and are therefore often nameless—but open for all to use, as they are useless as well as lawless. Due to their locations they are loud, dirty, rough, and wild. They are seen, if at all, as urban eyesores.

However, just because they are what they are, leftover spaces can be of value to citizens, researchers, and planners. Where does such potential value lie? How can it be sought, found, communicated, and possibly made useful? Help is clearly needed as to how to trace such leftover spaces, and then techniques with which to closely investigate such spaces are required, as are ultimately the criteria needed to assess them. The dialectic challenge here is to evaluate a worthless object of investigation. Is it possible to cast aside all prejudices? Such spaces will certainly need to be observed from a number of positions. Evidence of use must be sought, as well as the stories behind it. What do these spaces have to offer, despite their apparent insignificance, who demands such questionable surroundings, and what would happen if they no longer existed? Is there a spontaneous, transitory value or is it valuable only for the future? What methods can be developed to investigate the nature of these spaces? What practical recommendations can be made, apart from scientific findings?

When are leftover spaces (for example, due to their quantity or location) important reserves, when (because of their content) are they a reserve that should be protected, when (because their time has come) do they offer the perfect opportunity, even beyond the professional urban planner? In increasingly optimised and controlled cities, indeterminate spaces represent one of the ultimate places of refuge. The observer encounters something unique and discovers the unexpected. Opportunities still exist here, "This is where Georgie set off his self-made rocket and Anne got her first kiss," wrote the urban wanderer Lucius Burckhardt. A city needs open space—not only for urban planning.

DER WERT DES RESTRAUMS – METHODE UND PRAXIS DER EINSCHÄTZUNG UNBESTIMMTER RÄUME IN STÄDTEN

DOROTHEE RUMMEL, KARLSRUHE

Sie sind übrig geblieben, irgendwie dazwischen liegend, unansehnlich, unbrauchbar und überflüssig. Ist es zu leichtfertig, städtische Resträume als funktions- oder bedeutungslos zu sehen, ja sogar als den Wert einer Stadt mindernd? Sind solche unbestimmten Räume unterschätzt und erst als wertvoll zu entdecken? Bilden sie zusammen einen Typ Raum, den es zu erforschen lohnt?
Resträume sind ein Produkt von Planung und doch ungeplant. Als Überreste und Verschnitt findet man sie häufig im Umfeld von Infrastrukturen: unter Brücken und Hochstraßen oder entlang von Bahngleisen. Sie unterliegen einem Dasein in Abhängigkeit von ihrer übergeordneten Struktur, bleiben aber doch autonom, weil sie unbeachtet sind. Leerräume, die alles andere als leer sind. Gewissermaßen funktionieren sie wie Fugen, sind Abstandhalter, allenfalls Wartungsbereiche, darüber hinaus haben sie keine Bestimmung und sind deshalb oft namenlos – aber allen zur Nutzung offen, weil nutz- und gesetzlos. Sie sind lagebedingt laut, schmutzig, roh und wild. Wenn überhaupt, werden sie als Schandflecken im Stadtbild wahrgenommen.
Aber gerade weil sie sind, wie sie sind, können Resträume wertvoll für Bürger, Forschung und Planung sein. Worin liegt ein solch potenzieller Wert? Wie lässt er sich suchen, wie finden, vermitteln und eventuell fruchtbar machen? Offenbar bedarf es zunächst einer Anleitung, Resträume einer Stadt aufzuspüren, dann werden Methoden benötigt, solche Räume genau zu ergründen und schließlich sind Kriterien gefragt, sie zu beurteilen. Eine Wertschätzung am wertlosen Untersuchungsgegenstand vorzunehmen, wird hier die dialektische Herausforderung sein. Lässt sich aus der Voreingenommenheit aussteigen? Gewiss werden die Räume von mehreren Standpunkten aus gelesen werden müssen. Es wird auf versteckte Details ebenso ankommen wie auf die Bewertung des Offensichtlichen. Also ist nach Nutzerspuren Ausschau zu halten und nach den Geschichten dahinter. Was haben die Räume trotz vermeintlicher Unwichtigkeit zu bieten, wer fragt solch ein zweifelhaftes Angebot nach, was wäre, wenn es nicht mehr existierte? Ist ein spontaner, vorübergehender Wert zu erkennen oder handelt es sich um Wertraum der Zukunft? Welche Methoden sind zu entwickeln, um das Wesen dieser Räume zu durchschauen? Welche praktischen Empfehlungen kann man neben den wissenschaftlichen Erkenntnissen liefern?
Wann sind Resträume (zum Beispiel durch ihre Menge oder Lage) wichtige Reserve, wann (durch ihren Inhalt) ein zu schützendes Reservat, wann (weil ihre Zeit gekommen ist) die perfekte Chance – auch jenseits des stadtplanerisch Professionellen? In Städten, die immer weiter optimiert und kontrolliert werden, stellen unbestimmte Räume einen der letzten Zufluchtsorte dar. Der Beobachter trifft auf Einzigartiges und entdeckt Unerwartetes. Hier sind noch Möglichkeiten: „wo der Schorsch seine selbst gebastelte Rakete zündete und wo die Anne ihren ersten Kuss bekam" schreibt der Stadtwanderer Lucius Burckhardt. Eine Stadt braucht Spielräume – nicht nur planerische.

DISCOUNT CITY
SEVENTEEN POINTS ABOUT THE HISTORY AND FUTURE OF THE RETAIL TRADE CITY

MATTHIAS STIPPICH, KARLSRUHE

1. Retail trade agglomerations and their peripheries often define the agglomerations of Central European cities. Planners and architects are often helpless observers of the constant production of such monstrous masses of city.
2. The aim of this research paper is to change this.
3. Discount City reproduces itself. The good thing about it is, that it does it in accordance with certain rules. This paper investigates these functional and maintenance mechanisms.
4. Economic interests define configuration and image. Discount City remains largely unexplored from a planning and architectural point of view. Studies have investigated adjacent fields of research or ended in destructive aesthetic criticism.
5. The aim of this paper is to change that, too.
6. Discount City is not the entropic, undifferentiated mass that it may appear to be. It can be divided into individual phases of development. These "generations" are the result of social or technical paradigm shifts (development of MIV, changed buying habits, shifts in social values, etc.). This knowledge allows a general theory on the creation of Discount City to be developed.
7. Consumer behaviour produces Discount City.
8. Future consumer behaviour is predictable.
9. Consequently, current trends allow future changes to be forecast. The same production criteria, therefore, apply to the future as it did to past development; the Discount City of the future can be forecast using the developed theory.
10. From the generally recognised trends by which our future can in all probability be construed, three megatrends that are relevant to Retail City can be inferred.
11. LOHAS. A change in values in favour of a lifestyle of health and sustainability.
12. POS. A radical shift in the point of sale.
13. Label Park. Monopolisation in favour of a few major brands.
14. Plural. There will not be one, but a number of futures. Existing generations will continue to be produced in parallel. The future will be a mixture of existing forms of Discount City and the forecast new forms.
15. Best Practice. Some forms of the future Discount City already exist. They are the link between theory and practice, between present and future. We have progressed further than we think.
16. Everything will improve. The foreseeable trends mainly indicate an aesthetic and functional upgrading of Discount City. It can be expected that it will be more urban, more sustainable and aesthetically more sophisticated. Retail City will have to be re-evaluated, a re-definition of Discount City!
17. Discount City ≠ Discount of the City.

DISCOUNTCITY
17 PUNKTE ZUR GESCHICHTE UND ZUKUNFT DER STADT DES EINZELHANDELS

MATTHIAS STIPPICH, KARLSRUHE

1. Einzelhandelsagglomerationen und ihre Peripherie bestimmen in vielen Fällen die Agglomeration mitteleuropäischer Städte. Planer und Architekten sind bisweilen hilflose Beobachter der konstanten Produktion dieser ungeheuren Masse von Stadt.
2. Ziel der Forschungsarbeit ist es, das zu ändern.
3. Die DiscountCity reproduziert sich selbst. Das Gute daran ist, sie tut es nach bestimmten Regeln. Diese Funktions- und Erhaltungsmechanismen werden in dieser Arbeit erforscht.
4. Ökonomische Interessen produzieren die Anordnung und das Erscheinungsbild. Die DiscountCity ist aus planerischer und architektonischer Sicht weitgehend unerforscht. Bisherige Studien untersuchten angrenzende Forschungsfelder oder erschöpften sich in destruktiver Ästhetikkritik.
5. Ziel der Arbeit ist es, auch das zu ändern.
6. Die DiscountCity ist keine entropische, undifferenzierte Masse, wie es den Anschein hat. Sie lässt sich in einzelne Entwicklungsphasen unterteilen. Diese „Generationen" werden von gesellschaftlichen oder technischen Paradigmenwechseln (Entwicklung des MIV, verändertes Kaufverhalten, gesellschaftlicher Wertewandel, etc.) produziert. Aus dieser Erkenntnis lässt sich eine allgemeine Theorie zur Entstehung der DiscountCity entwickeln.
7. Konsumentenverhalten produziert Stadt.
8. Zukünftiges Konsumentenverhalten ist absehbar.
9. Dem folgend lassen sich aus den Trends der Gegenwart zukünftige Veränderungen prognostizieren. Weiterhin davon ausgehend, dass die gleichen Produktionskriterien wie bei der bisherigen Entwicklung gelten, lässt sich durch die entwickelte Theorie die DiscountCity der Zukunft prognostizieren.
10. Aus den allgemein anerkannten Trends, aus denen sich unsere Zukunft mit hoher Wahrscheinlichkeit konstruieren wird, lassen sich drei für die Stadt des Einzelhandels relevante Megatrends ableiten.
11. LOHAS. Der Wertewandel zugunsten eines Lifestyle of Health and Sustainability.
12. POS. Die radikale Verlagerung des *Point of Sale*.
13. Markenpark. Die Monopolisierung zugunsten weniger großer Marken.
14. Plural. Es wird keine Zukunft, sondern verschiedene Zukünfte geben. Existierende Generationen werden auch weiterhin parallel produziert. Die Zukunft wird eine Mischung aus den bestehenden Formen der DiscountCity und den prognostizierten neuen Formen sein.
15. Best Practice. Es existieren bereits heute Elemente der zukünftigen DiscountCity. Sie sind das Bindeglied zwischen Theorie und Praxis, zwischen Gegenwart und Zukunft. Wir sind weiter, als wir denken.
16. Alles wird besser. Die absehbaren Trends lassen überwiegend auf eine ästhetische und funktionale Aufwertung der DiscountCity schließen. Es ist zu erwarten, dass sie urbaner, in verschiedenen Aspekten nachhaltiger und auch ästhetisch anspruchsvoller wird. Es wird eine Neubewertung der Stadt des Einzelhandels geben müssen, eine Qualifizierung der DiscountCity!
17. DiscountCity ≠ Discount of the City

HANOVER BRUNSWICK GÖTTINGEN WOLFSBURG METROPOLITAN REGION

METROPOLREGION HANNOVER BRAUNSCHWEIG GÖTTINGEN WOLFSBURG

Kennzahlen Metropolregion Hannover Braunschweig Göttingen Wolfsburg
Key Data Hanover Brunswick Göttingen Wolfsburg Metropolitan Region

Fläche Area: 1 190 000 ha
Einwohner Population (2008): 3 879 373
Einwohner/ha Population/ha: 3.81[1]
Bevölkerungsentwicklung Population development 1998–2008: -1.27%
Erwerbstätige Active population (2008): 1 861 000
Anzahl Wohneinheiten Number of housing units (2008): 1 908 000
Einwohner/Wohneinheit Residents/housing unit: ca. approx. 2

PORTRAIT OF HANOVER BRUNSWICK GÖTTINGEN WOLFSBURG METROPOLITAN REGION

UDO WEILACHER

"The most complex German metropolitan region with the clumsiest name," as Meite Thiede wrote in the *Süddeutsche Zeitung* newspaper in 2010 is—in contrast to the ten other metropolitan regions in Germany—marked by such unusual characteristics that research within the postgraduate framework promises illuminating insights, especially in relation to the function of landscape within urban development processes. The polycentric metropolitan region, which at 19,000 square kilometres covers roughly a third of the federal state of Lower Saxony, is not only influenced by the cities of Hanover, Brunswick, Göttingen, and Wolfsburg. Well-connected through a national and international infrastructure, these centres view themselves—with their sixteen universities and major companies such as Volkswagen, Continental, Salzgitter, and TUI—as important scientific and industrial locations, as well as the powerhouses behind the development of the region. However the map soon reveals that extensive agricultural areas define the true face of this metropolitan region. The presence of the Harz Mountains means that it also boasts the largest share of national parks compared to all other metropolitan regions in Germany. As far as nature and landscape protection are concerned, above-average allocations of land have been made. Cultural landscapes form an important part of the everyday quality of life of the 3.9 million inhabitants of the region. Hanover, Brunswick, Göttingen, and Wolfsburg (still) have the resource "landscape," one of the most endangered resources worldwide, which requires intelligent urban development strategies and the formulation of unconventional objectives with regard to its current "peak soil" status. In future, unbuilt landscape and productive cultural landscapes will be among mankind's most desirable luxury goods, yet this is being neglected in future strategies for the metropolitan region. Instead, scenarios are being propagated under the title "Grow together," which promote, as desirable aims, the widespread extension of settlement areas along interconnecting traffic axes between the cities in order to achieve a better position in national and international competition for subsidies as a result of stronger interconnectivity. In addition, the region strives to share in the growing importance and positive images enjoyed by economically prosperous conurbations such as Frankfurt/Rhine-Main, Munich, or Hamburg. Intensive research will be carried out within the postgraduate college as to how future-orientated such traditional planning and development strategies really are for polycentric metropolitan regions.

The Hanover-Brunswick-Göttingen-Wolfsburg metropolitan region will possibly thereby reveal its extraordinary potential as an exemplary model region of completely novel character.

PORTRÄT ZUR METROPOLREGION HANNOVER BRAUNSCHWEIG GÖTTINGEN WOLFSBURG

UDO WEILACHER

„Die wohl komplizierteste deutsche Metropolregion mit dem wohl sperrigsten Namen", wie Meite Thiede 2010 in der *Süddeutschen Zeitung* schrieb, ist im Unterschied zu den zehn anderen Metropolregionen Deutschlands durch solch außergewöhnliche Merkmale gekennzeichnet, dass eine Erforschung im Rahmen des Doktorandenkollegs aufschlussreiche Erkenntnisse verspricht – insbesondere, was die Funktion der Landschaft in urbanen Entwicklungsprozessen betrifft.

Die polyzentrische Metropolregion, die mit 19.000 Quadratkilometern etwa ein Drittel der Fläche des Bundeslandes Niedersachsen einnimmt, wird nicht nur durch die Städte Hannover, Braunschweig, Göttingen und Wolfsburg geprägt. National und international infrastrukturell gut vernetzt, betrachten sich diese Städte mit ihren 16 Hochschulen und großen Unternehmen wie der Volkswagen AG, Continental, Salzgitter oder TUI zwar als bedeutende Wissenschafts- und Wirtschaftsstandorte sowie eigentliche Entwicklungsmotoren der Region, doch auf der Landkarte wird rasch ersichtlich, dass ausgedehnte Landwirtschaftsflächen das Gesicht der Metropolregion kennzeichnen. Mit dem Harz verfügt man zudem im Vergleich zu allen anderen Metropolregionen Deutschlands über den größten Anteil an Nationalparks, und auch hinsichtlich des Natur- und Landschaftsschutzes werden hier überdurchschnittlich hohe Flächenanteile ausgewiesen.

Für die etwa 3,9 Millionen Einwohner der Region sind die Kulturlandschaftsräume mitbestimmend für die alltägliche Lebensqualität. Die „Ressource Landschaft", eine der heute weltweit gefährdetsten globalen Ressourcen, steht zwischen Hannover, Braunschweig, Göttingen und Wolfsburg (noch) in einem Umfang zur Verfügung, der nach intelligenten Strategien für die urbane Entwicklung verlangt und unkonventionelle Zielsetzungen im Hinblick auf den aktuell erreichten „Peak Soil" erfordert. Zukünftig werden unbebaute Landschaftsräume und produktive Kulturlandschaften zu den begehrten Luxusgütern der Menschheit zählen, doch in der Zukunftsstrategie der Metropolregion wird dieser Aspekt vernachlässigt. Unter der Überschrift „zusammen wachsen" werden statt dessen Szenarien propagiert, die die umfangreiche Erweiterung der Siedlungsräume entlang verbindender Verkehrsachsen zwischen den Städten als wünschenswert erscheinen lassen, um durch stärkere Vernetzung eine bessere Platzierung im nationalen und europäischen Fördermittelwettbewerb zu erreichen und den Anschluss an den Bedeutungszuwachs und Imagegewinn wirtschaftlich prosperierender Ballungsräume wie Frankfurt/Rhein-Main, München oder Hamburg nicht zu verpassen.

Wie zukunftsweisend solche traditionellen Planungs- und Entwicklungsstrategien für polyzentrische Metropolregionen tatsächlich sind, wird im Doktorandenkolleg eingehend untersucht. Möglicherweise offenbart die Metropolregion Hannover Braunschweig Göttingen Wolfsburg dabei ihr außergewöhnliches Potenzial als vorbildliche Modellregion vollkommen neuartiger Prägung.

WE HAVE TO LEARN
TO PERCEIVE LANDSCAPE

UDO WEILACHER

"When Armstrong landed on the moon, he broadcast his first impressions to earth. What did he see on the moon?—a landscape, of course. Indeed, it was one he didn't need to fly to the moon for: he could have had similar experiences on the Steingletscher glacier, the Furka Pass or in Colorado Canyon. What did Georg Forster see on Tahiti?—what might be expected: a green and pleasant landscape. It was so green and pleasant that all his readers since the eighteenth century have known just what things are like on Tahiti."[1] The international doctoral college Forschungslabor Raum did not set off on research expeditions to outer space or the South Seas in 2007, of course, but there were still unfamiliar landscapes to be discovered—namely, those in the metropolitan regions that have altered completely over the course of the past decades due to changes in economic, social, and ecological conditions. These "new" landscapes pose unusual challenges for planners and designers, quite apart from the space-related issues they are dealing with.

Did we actually succeed in adequate investigation of new landscapes and their specific potentials in the college, or did we just unconsciously rediscover those images of landscape that have always been familiar, appearing natural to us as a collective educational asset? "We see what we have learnt to see. We have to learn to perceive landscape,"[2] as Swiss sociologist Lucius Burckhardt remarked fittingly in the nineteen-eighties. He also provided vivid evidence of the fact that planning approaches based on scientifically valid insights but developed on the basis of conventional perceptions and traditional ideals of landscape have little prospect of long-term success. Landscape is both a real physical object and a mental image of space, which often leads to confusion. Only few planners and designers seem to be aware of the fact that our perception of landscape always needs to be relearnt, so that we can react properly to the diverse qualities of a permanently changing environment. The perception of landscape is regarded as something completely natural and everyday. As a rule, the specialist encounters nothing in everyday planning that he has not already learnt to perceive under the heading of landscape.

"Problems first!" is Walter Schönwandt's justifiable demand to prevent planning from overlooking, for example, the actual problems of the project in question when it starts out from pre-fixed aims and principles. One of the first fundamental problems in everyday planning is the project participants' unclarified understanding of landscape. Rigid patterns of perception

LANDSCHAFT WAHRZUNEHMEN MUSS GELERNT SEIN

UDO WEILACHER

„Als Armstrong auf dem Mond landete, funkte er seine ersten Eindrücke zur Erde. Was sah er auf dem Mond? – Natürlich eine Landschaft. Und zwar eine solche, wegen welcher er nicht hätte auf den Mond fliegen müssen; auf dem Steingletscher, an der Furka oder im Colorado Canyon hätte er ähnliche Erlebnisse haben können. Was sah Georg Forster auf Tahiti? – Was zu erwarten war: eine liebliche Landschaft. Und zwar so lieblich, dass alle seine Leser seit dem 18. Jahrhundert sehr genau wissen, wie es auf Tahiti ist."[1] Zwar brach das internationale Doktorandenkolleg „Forschungslabor Raum" im Jahr 2007 nicht zu Forschungsreisen ins Weltall oder in die Südsee auf, aber unbekannte Landschaften gab es dennoch zu entdecken, nämlich jene, die sich in den Metropolregionen im Laufe der vergangenen Jahrzehnte durch den Wandel der ökonomischen, sozialen und ökologischen Verhältnisse vollkommen veränderten. Diese „neuen" Landschaften stellen alle Planer und Entwerfer vor ungewohnte Herausforderungen, unabhängig von den raumwirksamen Fragestellungen, mit denen sie sich befassen.

Ist es im Kolleg tatsächlich gelungen, die neuen Landschaften und ihre spezifischen Potenziale ausreichend zu ergründen, oder wurden unbewusst nur jene Landschaftsbilder wiederentdeckt, die uns als kollektives Bildungsgut schon lange vertraut sind und vollkommen selbstverständlich erscheinen? „Man sieht, was man sehen lernte. Landschaft wahrzunehmen muss gelernt sein", stellte der Schweizer Soziologe Lucius Burckhardt in den 1980er Jahren treffend fest[2] und belegte anschaulich, dass Planungsansätze, die sich auf wissenschaftlich valide Erkenntnisse stützen, aber auf Basis konventioneller Landschaftswahrnehmung und traditioneller Idealvorstellungen von Landschaft entwickelt werden, kaum Aussicht auf langfristigen Erfolg haben. Landschaft ist sowohl ein reales physisches Objekt als auch ein mentales Bild eines Raumes, was oft zu Konfusionen führt. Dass Landschaftswahrnehmung stets neu erlernt werden muss, damit auf die differenten Eigenschaften einer sich permanent wandelnden Umwelt angemessen reagiert werden kann, scheint überdies nur wenigen Planern und Entwerfern bewusst zu sein. Landschaftswahrnehmung gilt als etwas völlig Selbstverständliches und Alltägliches. In der Regel begegnet dem Fachmann im Planungsalltag ja auch nichts, was er nicht unter dem Begriff Landschaft wahrzunehmen gelernt hätte.

„Problems first!" lautet Walter Schönwandts berechtigte Forderung, um zu verhindern, dass, zum Beispiel gestützt auf vorab gesetzte Ziele und Leitbilder, an den eigentlichen Problemen im jeweiligen Projekt vorbei geplant

and conventional, ideal images of a "beautiful landscape" often shape the fundamental understanding of a situation. Frequently, they are accepted without question as the given conditions in a current spatial planning process or during on-site discussions of the metropolises. A distorted perception of landscape is rarely seen as a relevant question and elucidated consistently as befits its importance. Attempts were made in the doctoral college to question our individual perceptual habits in the context of experimental landscape investigations, but whether this actually led to the discovery of new landscapes is not yet clear; no evidence has been found to date suggesting that it could have contributed to the development of a new type of planning and design approach. However, it can be seen from individual research works,[3] which consciously deal with the undiscovered potentials in metropolitan regions, that serious effort was made to question critically conventional perceptual patterns—one's own as well—in order to gain fresh insight into changed urban and landscape spaces, as well as finally arriving at a fresh approach to a solution.

It is true that a new understanding of landscape is being signalled in specialist circles by metaphors such as "urban cultural landscape," "Zwischenstadt" or "networked city," and the prospect of important discoveries is suggested, but the fear is that most planners currently resemble Georg Forster, the natural scientist who accompanied James Cook on his travels in August 1773. He firmly believed that he had seen Tahiti, and there is evidence that he set foot on the South Sea island, but if one is to believe his drawings and descriptions of landscape[4] it seems that he never left England at all. His perception of landscape as a mental constellation was shaped so forcefully by Central European habits of seeing landscape that his descriptions of the landscape as a physical object tend to convey distorted images of the island. The dramatic results that such unconscious, incorrect interpretations by European explorers have had on the development of what they discovered—in all social ecological and economic fields to the present day—is well known. And what long-term consequences do mistaken images of new landscapes have in this country? Those who cannot read landscape correctly will inevitably make serious errors in their descriptions (written descriptions as well) of landscape, which appear in all planning and design processes and, ultimately, have an effect on every area of life.

Landscape is not easy to read—like all complex systems, it is characterised by the dynamic interaction of individual system components and is changing permanently, adapting, and developing further all the time. "Landscape is not a natural feature of the environment but a synthetic space, a man-made system of spaces superimposed on the face of the land, functioning and evolving not according to natural laws but to serve a community."[5] The co-founder of American Landscape Studies, historian and literary theorist John Brinckerhoff Jackson defines landscape as the entire human environment, comprising the constructed as well as the non-constructed. Its character is determined by a huge range of dynamic relational networks

wird. Eines der ersten grundlegenden Probleme im Planungsalltag ist das ungeklärte Landschaftsverständnis der Projektbeteiligten. Häufig prägen erstarrte Wahrnehmungsmuster und konventionelle Idealbilder von „schöner Landschaft" das grundlegende Verständnis einer Sachlage und werden als Gegebenheiten in aktuellen Raumplanungsprozessen sowie in den Metropolendiskussionen vor Ort unhinterfragt akzeptiert. Selten wird die verzerrte Landschaftswahrnehmung als relevante Fragestellung entdeckt und konsequent in ihrer ganzen Tragweite erörtert. Im Doktorandenkolleg

1 What did Armstrong see on the moon in 1969? A landscape, of course, but those wishing to discover the specific qualities of new landscapes while planning and designing must beware of traditional, ideal concepts.
1 Was sah Armstrong 1969 auf dem Mond? Natürlich eine Landschaft, doch wer beim Planen und Entwerfen neue Landschaften und ihre spezifischen Qualitäten entdecken will, muss sich vor traditionellen Idealvorstellungen in Acht nehmen.

wurden Versuche unternommen, um im Rahmen experimenteller Landschaftserkundungen die individuellen Wahrnehmungsgewohnheiten zu hinterfragen, doch ob das tatsächlich zur Entdeckung neuer Landschaften geführt hat, ist noch unklar, und der Nachweis, dass dies zur Entwicklung neuartiger Planungs- und Entwurfsansätze beigetragen haben könnte, ist noch nicht erbracht. Einzelnen Forschungsarbeiten[3], die sich mit den unentdeckten Potenzialen in Metropolregionen bewusst auseinandersetzen, merkt man jedoch das ernsthafte Bestreben an, konventionelle Wahrnehmungsmuster – auch die eigenen – kritisch zu hinterfragen, um zu neuen Einsichten über veränderte Stadt- und Landschaftsräume sowie schließlich zu andersartigen Lösungsansätzen zu gelangen.

between man and nature, and so today it is regarded as the epitome of that complexity which is emerging increasingly as an essential law of all being.[6] "The study of complex systems …," philosopher and complexity researcher Klaus Mainzer emphasises, "should make us sensitive …, first and foremost, to the delicate balances in nature and society, which may disintegrate and lead to chaotic, unforeseeable developments in their aftermath. But positive attitudes and good intentions are not enough. In complex evolution the secondary conditions under which our desired developments can be realised are what we really need to study."[7] Careful, critical reading of landscape is only the first step here. However, landscape complexity is usually underestimated in customary planning processes, and a tendency to create patterns over-hastily is noticeable, especially with respect to the everyday phenomenon of landscape.

In Europe, there have been new "regions of the earth with their own general character" in Humboldt's sense for a long time: that is, new landscapes have emerged and become the living space, the home of almost ninety-eight million people in Germany, Austria, and Switzerland. Spatial orientation in these constantly changing landscapes is becoming visibly more

2 Undeveloped, unsettled area that has not been cut and fragmented is a limited and equally valuable resource. Of course, every contemporary city expansion takes the protection of this resource very seriously, for we cannot reproduce land.
2 Unbebaute, unzerschnittene und unzersiedelte Fläche ist eine ebenso begrenzte wie wertvolle Ressource. Selbstverständlich wird der Schutz dieser Ressource bei jeder aktuellen Stadterweiterung sehr ernst genommen, denn Boden ist nicht vermehrbar.

difficult as their complexity increases by degrees. This is a grave problem in metropolitan regions in particular, as a loss of orientation may develop into an existential problem for some people. In addition, a landscape without identity, without a face, loses its attractiveness for everyone who may seek a future there. This is also confirmed by those doctoral theses in the college that search in different ways for image-creating identities and stabilising network structures in the metropolitan regions. But landscape cannot be conserved, it needs to be able to change its appearance

3 The planner gazes sceptically into the landscape; especially in the case of new planning, like here in Aspern near Vienna, the question is raised new approaches to development on an up-to-date, progressive concept of landscape.
3 Der Planer blickt skeptisch in die Landschaft, denn gerade bei Neuplanungen wie hier in Aspern bei Wien steht die Frage im Raum, ob neue Entwicklungsansätze tatsächlich auf einem fortschrittlichen Landschaftsbegriff gründen.

Mit Metaphern wie „urbane Kulturlandschaft", „Zwischenstadt" oder „Netzstadt" wird in Fachkreisen zwar ein neues Landschaftsverständnis signalisiert, werden wichtige Entdeckungen in Aussicht gestellt, aber es ist zu befürchten, dass es den meisten Planern gegenwärtig noch immer so geht wie Georg Forster, dem Naturforscher und Reisebegleiter von James Cook im August 1773: Er glaubte fest daran, Tahiti gesehen zu haben und nachweislich betrat er die Südseeinsel, doch seinen Zeichnungen und Landschaftsbeschreibungen[4] zufolge könnte man glauben, er habe England nie wirklich verlassen. Seine Wahrnehmung der Landschaft als mentales Gebilde war so stark geprägt von mitteleuropäischen Landschaftslesegewohnheiten, dass seine Beschreibungen des physischen Objektes Landschaft eher Zerrbilder der Insellandschaft vermittelten. Welche dramatischen Folgen solche unbewussten Fehlinterpretationen europäischer Entdecker bis heute für die Entwicklung der Entdeckten in allen sozialen, ökologischen und ökonomischen Bereichen haben, ist hinlänglich bekannt, und welche langfristigen Folgen haben irrige Bilder von neuen Landschaften hierzulande? Wer Landschaft nicht korrekt zu lesen versteht, dem unterlaufen zwangsläufig beim (Be-)Schreiben von Landschaft gravierende Fehler, die sich in allen Planungs- und Entwurfsprozessen niederschlagen und letztlich auf alle Lebensbereiche auswirken.

Landschaft ist nicht leicht zu lesen, denn sie ist wie alle komplexen Systeme durch die dynamische Interaktion einzelner Systemkomponenten gekennzeichnet und verändert sich permanent, passt sich an und entwickelt sich weiter. „Landschaft ist kein natürliches Phänomen der Umwelt, sondern ein synthetischer Raum, ein von Menschen gemachtes System von Räumen, welches ins Gesicht des Landes übertragen wurde und sich in Funktion und Entwicklung nicht nach natürlichen Gesetzen richtet, sondern der Gemeinschaft dient."[5] Der Mitbegründer der American Landscape Studies, der Historiker und Literaturwissenschaftler John Brinckerhoff Jackson, definiert Landschaft als gesamte menschliche Umwelt, die sowohl Gebautes als auch Ungebautes umfasst. Ihr Wesen ist durch eine ungeheure Vielfalt dynamischer Beziehungsgeflechte zwischen Mensch und Natur bestimmt und deshalb gilt sie heute als Inbegriff jener Komplexität, die sich immer mehr als essenzielle Gesetzmäßigkeit allen Lebens erweist[6]. „Das Studium komplexer Systeme (...)", betont der Philosoph und Komplexitätsforscher Klaus Mainzer, „sollte uns (...) in erster Linie sensibel machen für die empfindlichen Gleichgewichte in Natur und Gesellschaft, die zusammenbrechen und chaotisch unvorhersehbare Entwicklungen nach sich ziehen können. Gutes Meinen und Wollen reichen aber nicht aus. In einer komplexen Evolution müssen wir die Nebenbedingungen genau studieren, unter denen gewünschte Entwicklungen realisiert werden können."[7] Sorg-

constantly in order to remain alive. One of the current challenges in planning, therefore, is guaranteeing orientation and attractiveness by means of design. On the other hand, landscape is the scene of essential interactions between man and nature, and "in the light of complexity theory" according to urban sociologist Detlev Ipsen, "the creation of gestalt represents a reduction in complexity."[8] This means a demand for planners and designers to concern themselves less with the generation of finished products, stable conditions and "clean" solutions. Instead, planning interest should centre on the design of processes as well as sensitive conceptions of multifaceted living spaces, which are open to the unpredictable, the emergent, and the non-linear as well as flexible freedom for development—and to man with his emotions, intuition, and creativity.

The fear of losing control still prevents cheerfully experimental investigation of new design processes and planning strategies in many cases, and so people go on searching for laws in the handling of landscape. This search is not new. One of the most striking demands made by the German Werkbund in 1960 was: "Landscape should become law."[9] The Berlin garden architect Walter Rossow, who propagated this demand with particular insistence, had in mind primarily the growing landscape consumption, against the background impression of an unbridled exploitation of landscape after the German economic miracle. At the same time, he wanted to create a new, modern type of structured city interspersed with open green areas. In the Hansaviertel in Berlin, "landscape as law" was already realised in a vivid way under Rossow's direction at the end of the nineteen-fifties—with a result that was both astonishing and extremely worthy of discussion. One could also demand that "landscape becomes law" against the impression of today's scarcely bridled exploitation of land as a resource, but the concept of landscape needs to be readjusted correspondingly.

Do universally applicable laws in the landscape still exist today? And if so, what might be the new laws of landscape? The following is a suggestion, also influenced by discussions on the topic of landscape in the doctoral college over the past years.

<u>1. Landscape is not a natural feature of the environment but a synthetic space, a complex system of spaces made by man.</u>
This principle may be read as a call to all those involved to take on responsibility for the whole of landscape and the preservation of its essential complexity. Here, there should be no further distinction between natural and artificial components, for not only the metropolitan regions but the entirety of our landscapes in Central Europe have been over-formed by man. Those who accept this as a distinct quality will also prove capable of developing feasible development strategies for the metropolitan regions.

fältiges, kritisches Lesen von Landschaft ist dabei nur ein erster Schritt. In gängigen Planungsprozessen wird die landschaftliche Komplexität jedoch meist unterschätzt, und die Neigung zu voreiliger Modellbildung ist gerade im Hinblick auf das Alltagsphänomen Landschaft stark ausgeprägt.

4 William Hodges, a painter who accompanied James Cook on his voyages of exploration, portrayed Tahiti – here Matavai Bay – at the beginning of the 18th century. But even his fellow travellers noticed that the painted landscape appeared rather Central European.
4 William Hodges, der James Cook auf seinen Forschungsreisen als Maler begleitete, porträtierte Tahiti, hier die Matavai Bay, zu Beginn des 18. Jahrhunderts, doch selbst seinen Reisegefährten fiel auf, dass die gemalte Landschaft eher mitteleuropäisch wirkte.

Längst sind in ganz Europa neue „Erdgegenden mit eigenem Totalcharakter" im Humboldt'schen Sinn, also neue Landschaften entstanden, die für knapp 98 Millionen Menschen in Deutschland, Österreich und der Schweiz zu Lebensraum und Heimat geworden sind. Die räumliche Orientierung in diesen sich stets verändernden Landschaften wird mit steigendem Komplexitätsgrad zusehends schwieriger. Gerade in Metropolregionen ist das ein gravierendes Problem, denn Orientierungsverlust kann für Menschen zum existenziellen Problem werden. Eine Landschaft ohne Identität, ohne Gesicht verliert überdies an Attraktivität für alle, die dort ihre Zukunft suchen. Das bestätigen auch jene Dissertationen im Kolleg, die in unterschiedlichster Weise auf der Suche nach bildgebenden Identitäten, nach stabilisierenden Netzstrukturen in den Metropolregionen sind. Landschaft kann man jedoch nicht konservieren, sie muss ihr Gesicht stets verändern können, um lebendig zu bleiben. Eine der aktuellen Herausforderungen in der Planung besteht deshalb darin, einerseits durch Gestaltung für Orientierung und Attraktivität zu sorgen. Andererseits ist Landschaft der Schauplatz lebensnotwendiger Mensch-Natur-Interaktionen, und „im Lichte der Komplexitätstheorie", so der Stadtsoziologe Detlev Ipsen, „ist die Gestaltbildung eine Komplexitätsreduktion"[8]. Daraus leitet sich für Planende und Entwerfende die Forderung ab, sich weniger mit der Herstellung fertiger Produkte, stabiler Zustände und „sauberer" Lösungen zu beschäftigen. Stattdessen steht die Gestaltung von Prozessen im Mittelpunkt des planeri-

2. Accept what exists already and the contemporary along with it, that is: view the structures of the present and the past synchronously.
If searching for structures in landscape to serve one's orientation in space and the creation of identity, it needs to be a matter of indifference whether these structures evolved in the past (e.g., the course of rivers) or have been shaped by the present (e.g., refuse mountains). They should be regarded as equal in value. The one-sided accentuation of historic structures, possibly connected to a compulsion for strict conservation and restoration, brings the danger of completely "musealizing" and rigidifying landscape.

5 A new, complex type of landscape is also developing in the Hanover-Brunswick-Göttingen-Wolfsburg metropolitan region; it is shaped in an entirely anthropogenic way, no longer corresponding to the classical ideal concepts of landscape.
5 Auch in der Metropolregion Hannover-Braunschweig-Göttingen-Wolfsburg etabliert sich ein neuer, komplexer Landschaftstypus, der vollkommen anthropogen geprägt ist und den klassischen Idealvorstellungen nicht mehr entspricht.

3. Ensure that structures can be appropriated freely by creating "polyvalent spaces."
Landscape structures capable of appropriation, which may be grass and meadow areas suitable for play, accessible waterlines, or usable garden areas, for example, create structural stability and offer people a chance to incorporate them into everyday life as a matter of course. This is positive not only for the vitality of a landscape: it also promotes residents' identification with their environment. Spatial development must centre on man within the landscape, along with his notions of a "good life."

4. Develop and uphold structures' capacity for change, growth, and transformation.
A living landscape, whatever its character may be, must be able to change face without losing face. This can only be guaranteed when landscape is not understood as a finished synthesis of the arts but as an adaptable, complex

6 Spatial orientation in the permanently changing landscapes of the metropolitan regions is becoming increasingly difficult as their complexity grows. This makes it all the more important to stabilize structures that create identity, like here in Vienna.

6 Die räumliche Orientierung in den sich stets verändernden Landschaften der Metrolpolregionen wird mit steigendem Komplexitätsgrad zusehends schwieriger. Umso wichtiger ist die Stabilisierung von identitätsstiftenden Strukturen wie hier in Wien.

schen Interesses sowie das sensible Entwerfen von vielfältigen Lebensräumen, die dem Unvorhersagbaren, dem Emergenten und Nichtlinearen ebenso als flexible Spielräume offenstehen wie dem Menschen mit seinen Emotionen, seiner Intuition und Kreativität.

Noch verhindert die Furcht vor planerischem Kontrollverlust in vielen Fällen die experimentierfreudige Erkundung neuer Gestaltungsprozesse und Planungsstrategien, und deshalb wird immer wieder nach Gesetzmäßigkeiten im entwerferisch-planerischen Umgang mit Landschaft gesucht. Diese Suche ist nicht neu. „Die Landschaft muss das Gesetz werden", lautete 1960 eine der markantesten Forderungen des Deutschen Werkbundes[9]. Der Berliner Gartenarchitekt Walter Rossow, der diese Forderung besonders nachdrücklich propagierte, hatte unter dem Eindruck des ungezügelten Landschaftsverbrauchs infolge des deutschen Wirtschaftswunders primär den Schutz der Landschaft vor der zunehmenden Zersiedlung vor Augen. Zugleich wollte er einen neuen, einen modernen Typus von durchgrünter und aufgelockerter Stadtlandschaft schaffen. Im Berliner Hansaviertel wurde bereits Ende der 50er Jahre die „Landschaft als Gesetz" unter der Regie von Rossow anschaulich umgesetzt – mit ebenso erstaunlichem wie durchaus diskussionswürdigem Ergebnis. „Die Landschaft muss das Gesetz werden" könnte man unter dem Eindruck des kaum gezügelten Verbrauchs der Ressource Boden auch heute wieder fordern, aber der Landschaftsbegriff muss entsprechend neu justiert werden.

Existieren heute überhaupt noch universell anwendbare Gesetzmäßigkeiten in der Landschaft? Und wenn ja, welches könnten die neuen Gesetze der Landschaft sein? Hier ein Vorschlag, der auch von den Diskussionen der vergangenen Jahre im Doktorandenkolleg um das Thema Landschaft beeinflusst wurde.

1. Landschaft ist kein natürliches Phänomen der Umwelt, sondern ein synthetischer Raum, ein komplexes, von Menschen gemachtes System von Räumen.

Dieser Grundsatz kann als Aufforderung an alle Beteiligten gelesen werden, die Verantwortung für die ganze Landschaft und den Erhalt ihrer lebensnotwendigen Komplexität zu übernehmen. Zwischen natürlichen und künstlichen Komponenten darf dabei nicht mehr unterschieden werden, denn nicht nur die Metropolregionen, sondern unsere gesamten mitteleuropäischen Landschaften sind vollkommen anthropogen überformt. Wer

7 An ideal landscape? Using complicated manipulations of images like "Landscape 0/010" dating from 2005, artist Michael Reisch leads the gullible viewer astray, so unearthing his weakness for beautiful semblance.
7 Eine ideale Landschaft? Mit aufwändig manipulierten Bildern wie der „Landschaft 0/010" aus dem Jahr 2005 verführt der Künstler Michael Reisch den leichtgläubigen Betrachter und entlarvt damit dessen Schwäche für den schönen Schein.

weave supported by sound structures that provide orientation and a basis, but are also attractive, allowing for the greatest possible flexibility in usage, so that people are able to appropriate them.

5. Density is an ecological necessity. The density of population in cities should therefore be increased deliberately.

Cities such as Munich aim to develop in a "compact, urban and green" way for good reasons: only a city that is suitably compact can use its limited resources efficiently and protect the valuable resource of land in an effective way. But the question is—what density? In other words, what number of inhabitants per square kilometre is still tolerable, and how is it possible to arrive at a high population density while assuring that there is still plenty of free space and that the vitality of society remains intact?

6. Unbuilt, unfragmented areas are a resource both limited and valuable. We need to protect them.

The current exploitation of land in Germany still amounts to approximately 100 hectares per day.[10] Unbuilt, unfragmented land is a resource both limited and valuable: it should be consistently protected as a result. In future, it will also be possible to measure the success of regional developments on the basis of how much ground has been spared building or use as designated public and traffic areas.

"The growing cheapness and velocity of transport—whether of materials, energy or ideas—has made it possible for us to build and extend almost anything, everywhere, for more than a century. The old is demolished or its core is removed and filled with something new. Components from all areas of the world can be combined."[11] Under the current social, economic, and ecological framework conditions, the demand "landscape should become law" needs to be redefined, certainly, but it may be supposed that many basic principles will re-emerge in the process; principles whose fundamen-

das als eigenständige Qualität anerkennt, wird auch tragfähige Entwicklungsstrategien für die Metropolregion entwickeln können.

2. Akzeptiere das Vorgefundene und damit Zeitgleiche, das heißt: betrachte die Strukturen der Gegenwart und der Vergangenheit synchron.
Wenn nach Strukturen in der Landschaft gesucht wird, die der Orientierung im Raum und der Identitätsstiftung dienen sollen, dann muss es vollkommen gleich sein, ob diese Strukturen in der Vergangenheit entstanden sind (zum Beispiel Flussläufe) oder von der Gegenwart geprägt wurden (zum Beispiel Müllberge). Sie sind gleichwertig zu betrachten. Die einseitige Betonung historischer Strukturen, womöglich verbunden mit dem Drang nach starrer Konservierung und Restaurierung, ist mit der Gefahr verbunden, Landschaft vollkommen zu musealisieren und zu sklerotisieren.

3. Sorge für die freie Aneignungsfähigkeit von Strukturen durch die Schaffung von „polyvalenten Räumen".
Aneignungsfähige Landschaftsstrukturen, das können bespielbare Rasen- und Wiesenflächen sein, zugängliche Gewässerufer oder nutzbare Gartenareale, schaffen strukturelle Stabilität und bieten den Menschen die Chance, sie in ihr alltägliches Leben selbstverständlich mit einzubeziehen. Das dient nicht nur der Lebendigkeit einer Landschaft, sondern fördert auch die Identifikation der Bewohnerinnen und Bewohner mit ihrer Umwelt. Der Mensch in der Landschaft mit seinen Vorstellungen vom „guten Leben" muss im Mittelpunkt der Raumentwicklung stehen.

4. Entwickle und stärke die Veränderungs-, Wachstums- und Wandlungsfähigkeit von Strukturen.
Eine lebendige Landschaft, welcher Prägung auch immer, muss ihr Gesicht verändern können, ohne ihr Gesicht zu verlieren. Das ist nur zu gewährleisten, wenn man Landschaft nicht als fertiges Gesamtkunstwerk auffasst, sondern als anpassungsfähiges, komplexes Gewebe, welches durch tragfähige Strukturen gestützt wird, die für Orientierung und Halt sorgen, aber auch attraktiv sind und eine möglichst große Flexibilität in der Nutzung erlauben, damit der Mensch sie sich aneignen kann.

5. Dichte ist eine ökologische Notwendigkeit. Die Einwohnerdichte in Städten und Siedlungskernen ist daher sinnvoll zu erhöhen.
Aus guten Gründen wollen sich Städte wie München „kompakt, urban und grün" entwickeln, denn nur eine adäquat verdichtete Stadt kann ihre begrenzten Ressourcen effizient nutzen und die wertvolle Ressource Boden wirksam schützen. Es stellt sich aber die Frage, welche Dichte, also welche Einwohnerzahl pro Quadratkilometer noch erträglich ist und wie eine hohe Einwohnerdichte bei gleichzeitiger Gewährleistung einer guten Freiraumversorgung und einer intakten sozialen Lebendigkeit zu erzielen ist.

tal significance has long been known to us. On close examination, the familiar principles of structuralism and the new theories of complexity are outlined quite strikingly behind the laws formulated. Rather than searching for constantly new formulas and labels, it is surely apposite to learn to read landscape in a new way, and to finally implement the laws of landscape consistently.

<u>6. Unbebaute, unzerschnittene und unzersiedelte Fläche ist eine ebenso begrenzte wie wertvolle Ressource. Sie gilt es zu schützen.</u>

Der Flächenverbrauch in Deutschland liegt aktuell noch immer bei etwa 100 Hektar pro Tag.[10] Unbebaute, unzerschnittene und unzersiedelte Fläche ist eine ebenso begrenzte wie wertvolle Ressource. Sie gilt es konsequent zu schützen. Zukünftig wird der Erfolg regionaler Entwicklungen auch daran zu messen sein, wie viel Fläche nicht verbaut oder für die Anlage von gestalteten Frei- und Verkehrsflächen genutzt wurde.

„Die Verbilligung und Beschleunigung des Transportes von Materialien, Energie und Ideen macht es seit über einem Jahrhundert möglich, so gut wie alles überall zu bauen und anzubauen. Altes wird abgerissen oder entkernt und mit Neuem gefüllt. Formen aus allen Teilen der Welt sind kombinierbar."[11] Unter den aktuellen gesellschaftlichen, ökonomischen und ökologischen Rahmenbedingungen muss die Forderung „Die Landschaft muss das Gesetz werden" zwar neu definiert werden, aber die Vermutung liegt nahe, dass dabei viele Grundprinzipien wieder zum Vorschein kommen werden, deren fundamentale Bedeutungen längst bekannt sind. Hinter den formulierten Gesetzen zeichnen sich bei genauerer Betrachtung die bekannten Prinzipien des Strukturalismus und die neuen Theorien der Komplexität besonders markant ab. Anstatt nach immer neuen Formeln und Etikettierungen zu suchen, ist es angebracht, Landschaft neu lesen zu lernen und die Gesetze der Landschaft endlich konsequent umzusetzen.

SUCCESS GUARANTEED? VISIONS, DRIVING FORCES, AND PROJECTS WITHIN THE CONTEXT OF METROPOLITAN ISSUES

SUSANNE BRAMBORA-SEFFERS, HANOVER

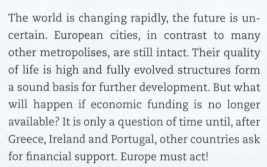

The world is changing rapidly, the future is uncertain. European cities, in contrast to many other metropolises, are still intact. Their quality of life is high and fully evolved structures form a sound basis for further development. But what will happen if economic funding is no longer available? It is only a question of time until, after Greece, Ireland and Portugal, other countries ask for financial support. Europe must act!

One possible solution would be to create metropolitan regions; this urban planning concept is being propagated in Germany in particular, a state with eleven designated regions of this kind. A good example is Hanover-Brunswick-Göttingen-Wolfsburg. There is a firm belief in regard to the region that synergies can be better exploited within the framework of a holistic approach.

The metropolitan region mentioned covers an extensive catchment area, which connects neighbouring communities to create a differentiated, polycentric ensemble. It is, however, an artificial entity rather than a real space; it only exists in the minds of urban and rural planners. It has been difficult to create enthusiasm for this vision: among decision-takers, representatives of industry, scientific, and cultural bodies, or the general public. Indeed, an extremely critical debate is under way.

The conclusion: A metropolitan region must be viewed as a whole and must fill the politically created space with perception and life in order to achieve identity. However, planners generally do not possess a valid approach to these challenges. On the contrary, planners in particular face problems that were unknown to them in the past. Therefore, forms of expression must be found that reflect the self-conception of the region while also promoting its external representation. This again requires visions, driving forces and projects—the latter of which do not exist.

What projects are relevant on a metropolitan regional level? Can they increase the chances of realising the vision? On what scale are projects suitable as a medium for solving spatial problems? What periods of time must be planned for their implementation and at what point can one speak of success? What are the obstacles to be overcome for a successful conclusion? What evaluation criteria can be drawn on to assess it?

To answer these questions, project features and characteristics that have a decisive influence on the project content within the field of investigation and its—successful(?)—execution must be identified. On top of this, a practicable diagnostic instrument is needed with which projects initiated within the context of metropolitan regions can be specifically investigated and their success factors identified.

ERFOLG GARANTIERT? VISIONEN, ANTREIBER UND PROJEKTE IM KONTEXT METROPOLITANER FRAGESTELLUNGEN

SUSANNE BRAMBORA-SEFFERS, HANNOVER

Die Welt verändert sich rasant, die Zukunft ist ungewiss. Europäische Städte sind im Gegensatz zu vielen anderen Metropolen noch intakt. Die Lebensqualität ist hoch und gewachsene Strukturen bilden eine gute Basis für Weiterentwicklungen. Doch was passiert, wenn die wirtschaftlichen Mittel nicht mehr vorhanden sind? Es ist nur eine Frage der Zeit, bis nach Griechenland, Irland und Portugal weitere Staaten um eine Finanzspritze bitten. Europa muss handeln! Eine mögliche Lösung wäre das Schaffen von Metropolregionen. Insbesondere in Deutschland, einem Staat mit elf ausgewiesenen Regionen dieser Art, wird dieses Raumordnungskonzept propagiert. Ein Beispiel ist Hannover-Braunschweig-Göttingen-Wolfsburg. Mit dieser Region ist die feste Vorstellung verknüpft, dass im Rahmen einer ganzheitlichen Betrachtung Synergien besser genutzt werden können.

Die genannte Metropolregion umfasst ein weitreichendes Einzugsgebiet, das nah beieinanderliegende Orte zu einem differenzierten, polyzentrischen Ensemble verknüpft. Es ist jedoch kein realer Raum, sondern ein Kunstgebilde, das bisher nur in den Köpfen von Regionalwissenschaftlern und Raumordnern existiert. Begeisterung für diese Vision konnte bisher nicht entfacht werden, bei politischen Entscheidungsträgern ebensowenig wie bei Vertretern aus Wirtschaft, Wissenschaft und Kultur oder der breiten Öffentlichkeit. Vielmehr wird eine sehr kritische Debatte geführt.

Die Folge: Eine Metropolregion muss dafür sorgen, als Ganzes wahrgenommen zu werden und sie muss den politisch geschaffenen Raum mit Anschauung und Leben füllen, um an Identität zu gewinnen. Doch für diese Herausforderungen haben Raumordner kein allgemeingültiges Lösungskonzept parat. Vielmehr sehen sich insbesondere die Planer mit Fragestellungen konfrontiert, die sie in dieser Form bisher nicht kannten. Es müssen also Ausdrucksformen gefunden werden, die das Selbstverständnis der Region widerspiegeln und andererseits die Außendarstellung befördern können. Dafür wiederum braucht es Visionen, Antreiber und Projekte – letztere sind nicht vorhanden.

Aber was sind relevante Projekte auf der Ebene einer Metropolregion? Können sie die Realisierungschancen der Vision erhöhen? In welchen Dimensionen eignet sich das Medium Projekt zur Bewältigung räumlicher Problemlagen? Welche Zeiträume müssen bei ihrer Umsetzung eingeplant werden und ab wann spricht man von Erfolg? Was sind hindernde Faktoren für einen erfolgreichen Abschluss? Welche Evaluierungsgrundlagen können zur Bewertung herangezogen werden?

Zur Beantwortung dieser Fragen müssen diejenigen Projektmerkmale und Eigenschaften identifiziert werden, die innerhalb des Untersuchungsfeldes einen entscheidenden Einfluss auf die Projektinhalte und deren – erfolgreiche? – Umsetzung haben. Zudem ist ein praktikables Diagnoseinstrument nötig, mit dem Projekte, die im Kontext der Metropolregion initiiert wurden, gezielt untersucht und deren Erfolgsfaktoren bestimmt werden können.

LANDSCAPE METROPOLIS—DESIGN OF A LANDSCAPE-BASED MODEL FOR A TWENTY-FIRST CENTURY URBAN REGION

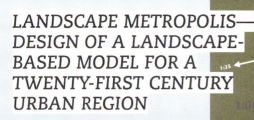

ANDREAS NÜTTEN, MUNICH

The city of the future will emerge from the landscape and thereby directly and sustainably activate its territorial potential, as well as its aesthetic and spatial qualities. "City" has in the last few decades taken on a territorial dimension based on the qualitative and quantitative increases in performance of communication and transport. In the same way, global influences on all economic, social, and cultural levels have decisively changed our living environments and ways of life. Real as well as virtual networks have practically brought about the disintegration of physical space and the classical town-country contradistinction. This opening, flexibilisation, and wealth of possibilities has been accompanied by an enormous consumption of resources, a loss of importance for localities, and a search for identity via new, larger spatial entities.

Against this background, current debate on the sustainable post-fossil city is bringing a general paradigm-shift to planning—with different priorities, evaluation benchmarks, and a renaissance of local contexts of impact and significance. In this way, expansive polycentric urban regions—the soil resources of which presumably make them potentially self-subsistent entities, and whose landscapes provide a basis for identity and environmental quality—represent the urban system best equipped for the future.

The landscape-metropolis model is based on this hypothesis. It consists of sketch strategies and exemplary approaches to the aesthetic implementation of sustainable regional restructuring. In the spirit of a twenty-first century regional garden city, a large-scale town-country fusion is proposed and graphically presented as a holistic, complementary, spatial unit.

Town and country then constitute a strongly contrasting urban landscape in which the accessibility of public transport defines partial spaces of varying intensity, which—like city neighbourhoods—take on specific tasks within the global urban system.

The aim of this research paper—taking Hanover as an exemplary area of investigation—is to show how town and country can in future form postfossil, urban-landscape units as well as which lifestyles and aesthetic aspects can be connected with them. To this end, relevant features and phenomena are defined according to the Hanover model and then transferred to an abstract, general "Model for Landscape Metropolis," optimised and finally retranslated to the Hanover area. Proposed designs will demonstrate this based on selected spatial examples. In conclusion, meaningful communication and implementation processes, as well as the consequences for the profession will be discussed. Rather than generating yet another planning model, pictographic anticipation of possible futures will be created within the context of spatial specifics.

"The landscape must become the law."[1]
(Walter Rassow, 1959)

LANDSCHAFTSMETROPOLE – ENTWURF EINES LANDSCHAFTSBASIERTEN MODELLS FÜR DIE STADTREGION DES 21. JAHRHUNDERTS

ANDREAS NÜTTEN, MÜNCHEN

Die kommende Stadt wird aus der Landschaft hervorgehen und dabei ihre Flächenpotenziale und ästhetisch-räumlichen Qualitäten unmittelbar und nachhaltig aktivieren. Stadt hat in den vergangenen Jahrzehnten eine territoriale Dimension angenommen, basierend auf den qualitativen und quantitativen Leistungssteigerungen von Kommunikation und Verkehr. Ebenso haben globale Wirkungszusammenhänge auf allen wirtschaftlichen, aber auch sozialen und kulturellen Ebenen den Lebensraum und die Lebensweise entscheidend verändert. Reale wie auch virtuelle Netze haben den physischen Raum und den klassischen Stadt-Land-Gegensatz nahezu aufgelöst. Diese Öffnung, Flexibilisierung und Vielfalt an Möglichkeiten geht mit einem enormen Ressourcenverbrauch einher, einem Bedeutungsverlust des Lokalen und einer Identitätssuche für neue, größere räumliche Entitäten.

Vor diesem Hintergrund leitet die aktuelle Diskussion um die nachhaltige postfossile Stadt einen allgemeinen Paradigmenwechsel in der Planung ein – mit veränderten Prioritäten, Bewertungsmaßstäben und einer Renaissance lokaler Wirkungs- und Bedeutungszusammenhänge. So stellen weiträumige polyzentrische Stadtregionen mit ihren Bodenressourcen als potenzielle Selbstversorgungskapazitäten und ihren Landschaften als Identitätsbasis und Umgebungsqualität vermutlich das zukunftsfähigste aller Stadtsysteme dar.

Das Modell Landschaftsmetropole basiert auf dieser Hypothese und beinhaltet Entwurfsstrategien und exemplarische Ansätze der ästhetischen Umsetzung eines nachhaltigen regionalen Umbaus. Im Sinne einer regionalen Gartenstadt des 21. Jahrhunderts wird eine großräumige Stadt-Land-Fusion als ganzheitliche komplementäre Raumeinheit vorgeschlagen und bildhaft vermittelt. Stadt und Land bilden dann eine kontrastreiche urbane Landschaft, in der Erreichbarkeiten des öffentlichen Verkehrs Teilräume unterschiedlicher Intensitäten definieren, die – Stadtvierteln gleich – spezifische Aufgaben des urbanen Gesamtsystems übernehmen.

Ziel der Forschungsarbeit ist es, am Untersuchungsraum Hannover modellhaft aufzuzeigen, wie Stadt und Land zukünftig postfossile landschaftsurbane Einheiten bilden können und welche Lebensstile und Aspekte einer ästhetischen Qualifizierung sich damit verbinden lassen. Hierzu werden am „Modell von Hannover" relevante Merkmale und Phänomene bestimmt und in einem Modellierungsprozess zunächst in ein abstraktes, allgemeines „Modell für Landschaftsmetropole" übertragen, optimiert und schließlich auf den Raum Hannover rückübersetzt. An ausgewählten räumlichen Beispielen wird dies entwurflich aufgezeigt. Abschließend werden sinnvolle Kommunikations- und Umsetzungsprozesse sowie Konsequenzen für die Fachdisziplinen diskutiert. Nicht ein weiteres universelles Planungsmodell soll entstehen, sondern vielmehr wird ein bildhaftes Antizipieren möglicher Zukünfte unter Einbeziehung der räumlichen Spezifika beispielhaft veranschaulicht.

„Die Landschaft muss das Gesetz werden."[1]
(Walter Rossow, 1959)

LOCATING THE LANDSCAPE— ON THE QUALITY OF AWARENESS OF CONTEMPORARY LANDSCAPE SPACE

HEIKE SCHÄFER, HANOVER

Profoundly and stealthily, occasionally however at great speed, the landscape has been transformed in recent years and so far no change in this trend can be observed. This is the effect of ongoing globalisation, the interconnection of economies and the urbanisation of lifestyles, which extend deep into rural areas. This leads to the disintegration of familiar landscapes and their specific identities wherever land is intensively cultivated. The former used to characterise the nature of the cultural landscape and provided people with both spatial and cultural orientation.

Whether in the infinite expanses of farming landscapes or the unclear patchwork landscapes of urban regions, much evidence points to the fact that the fundamental qualities of orientation in dynamically changing landscapes are being lost. This loss of identity and orientation can become an existential threat for populations and it endangers the capacity of regions to cope with the future, as apart from representing a system of reference for the people in a region, it serves the same purpose for those involved in planning. One-sided conservation of traditional ideas of landscape is not an option; on the contrary, it carries the danger of masking the contemporary features of landscape and its potential for development.

New landscapes demand critical questioning of visual traditions and much rethinking in planning. However, does public awareness and consciousness of these new landscape typologies really exist today? What planning solutions can be found to orientation problems in present-day landscapes? And what contribution can landscape architecture make towards a better reading of new ideas of landscape? These issues are of particular relevance to metropolitan regions, because landscape is a strategically effective medium of communication, forging important links to socio-political understanding through spatial development and its evolution.

Fundamental criteria, which determine the future potential and quality of landscape, are required to enable the development of appropriate identities for new landscapes. These must be communicated in an understandable way to all of those involved in metropolitan regions. How can the new characteristics, in their manifold but also contradictory constraints, be effectively registered and accurately described, specifically as well as in contrast to historical examples? What role do connections to concrete location and specific topological conditions play? New methods of description and documentation are required, which enable communication of complex knowledge of landscape—particularly within an interdisciplinary context—if it is to establish itself as a multi-disciplinary field.

ORTUNG DER LANDSCHAFT – ZUR WAHRNEHMUNGSQUALITÄT ZEITGENÖSSISCHER LANDSCHAFTSRÄUME

HEIKE SCHÄFER, HANNOVER

Tiefgreifend und schleichend, mitunter aber in rasanter Geschwindigkeit hat sich Landschaft in den vergangenen Jahren verändert und eine Trendwende dieser Entwicklung ist derzeit nicht in Sicht. Es sind die Auswirkungen fortschreitender Globalisierung, der Vernetzung von Ökonomien und der Urbanisierung von Lebensstilen, die sich bis in die ländlichen Räume niederschlagen. Sie führen überall dort, wo Landschaft intensiver Nutzung unterliegt, zur Auflösung gewohnter Landschaftsbilder mit ihren spezifischen Identitäten, die bislang das Wesen von Kulturlandschaft charakterisierten und Menschen in räumlicher wie auch in kultureller Hinsicht Orientierung vermittelten.

Ob in den maßstabslosen Weiten von Agrarlandschaften oder den unübersichtlichen Patchworklandschaften der Stadtregionen – vieles spricht dafür, dass Grundqualitäten der Orientierung in den sich dynamisch wandelnden Landschaften verlorengehen. Identitäts- und Orientierungsverlust kann für Menschen zu einer existenziellen Bedrohung werden und die Zukunftsfähigkeit ganzer Regionen gefährden, denn Landschaft ist nicht nur ein Bezugssystem für die Menschen der Region, sondern auch für die Akteure planerischen Handelns. Die einseitige Konservierung traditioneller Landschaftsbilder bietet keine Option, sondern sie birgt im Gegenteil die Gefahr, die zeitgenössischen Erscheinungen von Landschaft und ihre mögliche Entwicklungsfähigkeit auszublenden.

Neue Landschaften erfordern ein kritisches Hinterfragen von Sehtraditionen und ein Umdenken in der Planung. Aber existiert heute überhaupt eine öffentliche Wahrnehmung und ein Bewusstsein für diese neuen Typologien von Landschaft? Welche planerischen Antworten können für den Umgang mit Orientierungsproblemen in heutigen Landschaften gefunden werden? Und welchen Beitrag zur besseren Lesbarkeit neuer Landschaftsbilder kann die Landschaftsarchitektur leisten? Für die Metropolregionen sind diese Fragen von besonderer Relevanz, denn Landschaft ist ein strategisch wirksames Medium der Kommunikation und schafft wichtige Zugänge zur gesellschaftspolitischen Verständigung über räumliche Entwicklungen und deren Qualifizierung.

Um die Identitäten neuer Landschaften in angemessener Form entwickeln zu können, bedarf es grundlegender Kriterien, die zur Bestimmung zukünftiger Potenziale und Qualitäten von Landschaft entscheidend sind. Sie müssen innerhalb der Metropolregionen für alle Akteure nachvollziehbar kommuniziert werden. Wie lassen sich die neuen Charakteristika in ihren vielschichtigen, aber auch widersprüchlichen Bedingungen effizient erfassen und zutreffend beschreiben, in ihrer spezifischen Wesensart wie auch im Unterschied zu historischen Vorbildern? Welche Rolle spielen die Bezüge zum konkreten Ort mit seinen spezifisch topologischen Bedingungen? Hier sind neue Methoden der Beschreibung und Erfassung erforderlich, die geeignet sind, ein komplexes Wissen über Landschaft insbesondere auch in einem interdisziplinären Kontext zu vermitteln, um ihre Qualifizierung als disziplinübergreifende Aufgabe zu verankern.

HAMBURG METROPOLITAN REGION
METROPOLREGION HAMBURG

Kennzahlen Metropolregion Hamburg[1]
Key Data Hamburg Metropolitan Region[1]

Fläche Area: 1 978 700 ha
Einwohner Population (2008): 4 266 000
Einwohner/ha Population/ha: 2.15
Bevölkerungsentwicklung Population development: 2007–2010: + 0.32%%
Erwerbstätige Active population: 2 100 000
Anzahl Wohneinheiten Number of housing units: keine Angabe not specified
Einwohner/Wohneinheit Residents/housing unit: keine Angabe not specified

PORTRAIT OF HAMBURG METROPOLITAN REGION

MICHAEL KOCH, JULIAN PETRIN

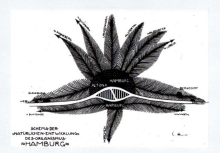

The axis model for Hamburg by Fritz Schumacher, 1920
Fritz Schumachers Achsenmodell für Hamburg 1920

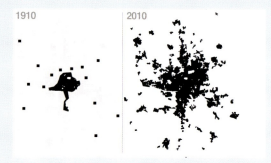

Area and productivity: the number of inhabitants is increasing until 1910, after that the urban area is increasing.
Fläche und Produktivität: bis 1910 größter Einwohnerzuwachs, danach größter Flächenzuwachs

Fragmented giant: Hamburg Metropolitan Region runs through three federal states, from the North Sea to the Baltic Sea and far away into Mecklenburg-Vorpommern and Lüchow-Dannenberg—almost to the gates of Hanover and Bremen. It is a space whose identity is difficult to grasp yet is of strong small-spatial quality. Different-sized political territories and different territorial affiliation make action on a regional level challenging. At the same time, the fear of being left behind and a desire to belong is causing expansion in the Metropolitan Region: A northern state through the backdoor? From a structural point of view, the opportunity exists to productively network metropolitan and peripheral spaces. Several theories on this are presented here.

Hypothesis: Axis Model vs. Reality

Axially-structured core metropolitan area: The centre of power of the Hanseatic region in the middle, transport corridors radiate out into the hinterlands. Fritz Schumacher's model remains relevant in today's world of planning—look at the spatial model of the city of Hamburg. However, "suburbia" is spreading into the land and the spaces between these axes are becoming increasingly settled. Disadvantages of the axis structure: one always has to go to the centre—there is no tangential networking within suburbia. Could this be a prerequisite for the emancipation of suburbia? And the exoneration of the core city?

Area and Productivity: Green vs. Grey

Space of productivity: The factors that economically define the region—port, airplane manufacturing, media, logistics—only characterise the area from a spatial point of view in a few places. Agriculture occupies and characterises the area. Restructuring towards—sustainable—"agro-industry" provides the opportunity to strengthen regional supply chains. Also: Could Hamburg's hinterland become a kind of energy territory?

PORTRÄT ZUR METROPOLREGION HAMBURG

MICHAEL KOCH, JULIAN PETRIN

Area and efficiency: The Metropolitan Region as "urban countryside"
Fläche und Produktivität: Die Metropolregion als Stadt-Land Hamburg

Fragmentierter Riese: Die Metropolregion Hamburg erstreckt sich über drei Bundesländer, von der Nordsee bis zur Ostsee und weit nach Mecklenburg-Vorpommern und Lüchow-Dannenberg hinein – bis fast vor die Tore von Hannover und Bremen. Es ist ein Raum mit schwer fassbarer Gesamtidentität, jedoch mit starken teilräumlichen Qualitäten. Unterschiedlich große politische Territorien und unterschiedliche territoriale Zugehörigkeiten erschweren regionales Handeln. Gleichwohl erzeugen Ausschlussängste und Zugehörigkeitswünsche Erweiterungen der Metropolregion: ein Nordstaat durch die Hintertür? Strukturell besteht die Chance einer produktiven Vernetzung metropolitaner und peripherer Räume. Im Folgenden einige Thesen dazu.

Denkmodell: Achsenmodell vs. Realität

Axial strukturierter metropolitaner Kernraum: das Machtzentrum der Hanse in der Mitte, Verkehrsachsen strahlenförmig ins Hinterland. Fritz Schumachers Achsenmodell ist bis heute planerisch wirksam, siehe das räumliche Leitbild der Stadt Hamburg. Aber „Suburbia" wächst in die Fläche und die Achsenzwischenräume werden mehr und mehr besiedelt. Nachteile der Achsenstruktur: Man muss immer ins Zentrum, es gibt keine tangentiale Vernetzung der Suburbia. Wäre diese Voraussetzung für die Emanzipation der Suburbia? Und eine Entlastung der Kernstadt?

Fläche und Produktivität: Grün vs. Grau

Raum der Produktivität: Das, was die Region ökonomisch ausmacht – Hafen, Flugzeugbau, Medien, Logistik –, prägt den Raum flächenmäßig nur an wenigen Stellen. Die Landwirtschaft besetzt und prägt die Fläche. Der Umbau zur – nachhaltigen – „Agro-Industrie" bietet die Chance, regionale Versorgungskreisläufe zu stärken. Und: Könnte Hamburgs Hinterland eine Art Energierevier werden?

Programmatic approach
Programmatische Annäherung

Invisible Space
How the Nineteenth Century City is Influencing the Image of the Region

Visual power: Most of Hamburg's settled area consists of suburban space. As a very sparsely populated metropolis, Hamburg has one of Europe's largest areas of detached housing—a largely "hidden" city. The city is still represented by images of its historical and Wilhelminian centre. Urban upgrading has now taken place through the new construction of HafenCity and the International Building Exhibition (IBA) on the Elbe island of Wilhelmsburg. At the same time, the IBA addresses varying characters of the inner periphery: A new city is being postulated. This thus far invisible or "not seen" space has a contribution to make to Hamburg's visual image: Building blocks of a new city identity?

Framing the Region: Conceptual Approaches

Programmatic Approach
Numerous potential spaces: Hamburg's suburban space is full of spatial issues and functional specialisations: spaces for logistics, the maritime landscape of the lower Elbe, suburban traffic axes with their commercial centres. These "centres of power" of urban regional development could be redefined as its actual core spaces with specific identities: strengthening the metropolitan region through partial spaces with new self-confidence?

Approach through Perception Spaces
Region in the mind: Everyday life and spatial (hi)stories shape the mosaic of different identities within regional subspaces. Subtle boundaries and obstacles separate minds and spaces, making alliances more difficult. One must understand these areas and their multiple identities in order to be able to look ahead and develop suburban space further: which methods can facilitate this as quickly yet as plausibly as possible?

Spatial Typological Approach
Typology of the region: It is the opposite of the "region in the mind." Different landscapes create networks of cultural spaces that have always operated in close exchange with the metropolis. Such interdependencies represent a specific expression of the post-industrial productivity and transformation of space.

Approach through Lifestyles
Suburbia as a way of life: It is more than a way of life—it is a lifestyle that is connected to specific consumption patterns and activities. For example: The relative density of the typical suburban catering industry (the suburban Greek restaurant) as an experimental indicator of suburban lifestyle (see map). Is a decline in post-fordistic lifestyle models being accompanied by the retreat of the "suburbanite" genre? Will suburbia become a banlieue for city-centre-price refugees?

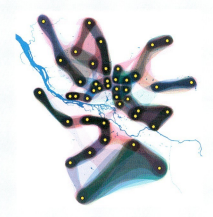
Approach through perception spaces
Annäherung über Wahrnehmungsräume

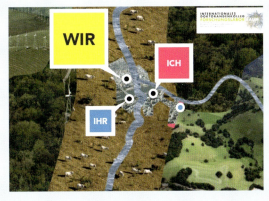
Approach through lifestyles
Annäherung über Lebensstile

Der unsichtbare Raum
Wie die Stadt des 19. Jahrhunderts das Bild der Region prägt

Bildermacht: Der größte Teil der Hamburger Siedlungsfläche gehört dem suburbanen Raum an. Hamburg als sehr dünn besiedelte Metropole besitzt eine der größten suburbanen Einfamilienhauszonen Europas – eine weitgehend „ausgeblendete" Stadt. Die Stadt wird noch immer durch Bilder des historischen und gründerzeitlichen Kernbereichs repräsentiert. Mit dem Neubau der HafenCity und mit der IBA auf der Elbinsel Wilhelmsburg wird städtebaulich nachgerüstet. Gleichzeitig thematisiert die IBA verschiedene Charaktere der inneren Peripherie: Eine neue Art von Stadt wird postuliert. Dazu muss der bisher unsichtbare oder nicht gesehene Raum seinen Teil zur Bildwelt Hamburgs beitragen: Bausteine einer neuen Stadtidentität?

Framing the Region: konzeptionelle Annäherungen

Programmatische Annäherung
Zahlreiche Potenzialräume: Der suburbane Raum Hamburgs ist voll von räumlichen Themen und funktionalen Spezialisierungen: Räume der Logistik, die maritime Landschaft an der Unterelbe, suburbane Magistralen mit ihren Gewerbezentren. Diese „Kraftzentren" der stadtregionalen Entwicklung könnten zu eigentlichen Schwerpunkträumen mit besonderer Identität weiter qualifiziert werden: Stärkung der Metropolregion durch Teilräume mit neuem Selbstbewusstsein?

Annäherung über Wahrnehmungsräume
Region im Kopf: Der Lebensalltag und die Raumgeschichte(n) prägen das Mosaik der unterschiedlichen Identitäten der regionalen Teilräume. Subtile Grenzen und Gräben trennen Gemüter und Räume und erschweren Allianzen. Um den suburbanen Raum strategisch weiterdenken und weiter entwickeln zu können, muss man ihn und seine multiplen Identitäten verstehen: Mit welchen Methoden ist das möglichst schnell und trotzdem plausibel möglich?

Raumtypologische Annäherung
Typologie der Region: Sie ist das Gegenstück zur „Region im Kopf". Unterschiedliche Landschaften bilden Netze von Kulturräumen, die immer schon im engen Austausch mit der Metropole standen. Diese Wechselbeziehungen sind besonderer Ausdruck der postindustriellen Produktivität und Überformung des Raumes.

Annäherung über Lebensstile
Suburbia als Lebensweise: Es ist mehr als ein räumliches Phänomen – es ist ein Lebensstil, der verbunden ist mit speziellen Mustern des Konsums und der Aktivität. Zum Beispiel: Die relative Dichte typisch suburbaner Gastronomie (der suburbane „Grieche") als ein experimenteller Indikator für suburbanen Lebensstil (siehe Karte). Ist nun mit dem Rückgang postfordistischer Lebensmodelle die Gattung „Suburbanit" auf dem Rückzug? Wird Suburbia zur Banlieue der Preisflüchtlinge aus der Kernstadt?n

IN PRAISE OF PRAGMATISM
OR: THE APPLICABILITY OF NEW DESIGN AND RESEARCH CONCEPTS IN URBAN DEVELOPMENT

MICHAEL KOCH

In Hamburg, the IBA invented the "metrozone."[1] Was that necessary? How do such novel concepts help in the preparation of planning and urban-developmental projects and strategies? Mentioning the development of urbanist concepts and urban-developmental or planning design[2] in the same breath leads us directly to the understanding of science upon which planning is based, and thus into controversial territory.

Ambivalence
Urban-developmental analyses and concepts, even regional guidelines, are often headed by new word combinations or terminology. No less often, such matters are smiled at by planning science, which calls for sound definitions of the phrases that direct insight and design. A loquacious superficiality is suspected: "For if your meaning's threatened with stagnation, then words come in, to save the situation."[3] Research and practice have become mistrustful strangers to each other. When conceptual planning work cannot be argued sufficiently with science, and often that also means in a "politically correct" way, the accusation is quick to rise: This is just another attempt to get to grips with unpleasant urban reality using rhetoric, conjuring possible change through an unhealthy reduction of its complexity to model concepts. The term "interim city" coined by Thomas Sieverts, for example, continues to be accused in this way. There is no doubt that newly created words and concepts involve an inherent danger of nebulising and obfuscation: They can distract, ideologise, whitewash, or present the illusion of conceivable planning action. Certainly, in face of some eloquent promises of social salvation in contemporary urban development, we need to query the significance and derivation of its fundamental terminology and concepts.

Necessary pragmatism
Architects and planners have a pragmatic relationship to words and concepts: Often they do not define them, or at least not at first, but apply and use them, allowing themselves to be stimulated and driven. Sometimes a dazzling choice of words may also hide a lack of intellectual grasp. Everyone who produces practical planning and design work probably gets into this type of situation occasionally and thus make themselves vulnerable. But

LOB DES PRAGMATISMUS
ODER: ZUR TAUGLICHKEIT NEUER BEGRIFFE
FÜR DAS STÄDTEBAULICHE ENTWERFEN
UND FORSCHEN

MICHAEL KOCH

In Hamburg wurde von der IBA die „Metrozone" erfunden.[1] War das nötig? Was leisten neue Begriffe für die Erarbeitung planerischer und städtebaulicher Konzepte und Strategien? Urbanistische Begriffsentwicklungen und städtebauliches oder planerisches Entwerfen[2] in einem Atemzug zu erwähnen, führt direkt zur Frage nach dem der Planung zugrunde liegenden Wissenschaftsverständnis und damit auf umstrittenes Terrain.

Ambivalenz

Städtebauliche Analysen und Entwürfe bis hin zu regionalen Leitbildern werden häufig mit neuen Wortkombinationen oder Begriffen überschrieben. Von der Planungswissenschaft wird solches Tun nicht minder häufig belächelt und nach einer robusten Definition der erkenntnis- und entwurfsleitenden Begriffe gefragt. Der Verdacht geschwätziger Oberflächlichkeit steht im Raum: „Denn eben wo Begriffe fehlen, da stellt ein Wort zur rechten Zeit sich ein."[3] Forschung und Praxis sind sich fremd geworden und misstrauen einander. Wenn sich planerisch konzeptionelles Arbeiten nicht ausreichend wissenschaftlich, das heißt oft auch „politisch korrekt", begründen lässt, ist der Vorwurf schnell zur Hand: Hier wird mal wieder versucht, die unschöne urbane Realität rhetorisch in den Griff zu bekommen und die Möglichkeit ihrer Veränderung durch unzuträgliche Reduktion der Komplexität leitbildhaft zu beschwören. Dem Begriff der Zwischenstadt von Thomas Sieverts zum Beispiel wurde und wird dieser Vorwurf gemacht. Zweifellos besteht immer auch Vernebelungs- und Verdunklungsgefahr durch neue Wortschöpfungen und Begriffe: Sie können ablenken, ideologisieren, etwas schön reden oder planerische Handlungsmöglichkeiten vorgaukeln. Gerade auch angesichts beredter gesellschaftlicher Heilsversprechen so manchen zeitgenössischen Städtebaus muss man nach Bedeutung und Herleitung zugrundeliegender Begrifflichkeiten fragen.

Notwendiger Pragmatismus

Architekten- und Planerschaft haben ein pragmatisches Verhältnis zu Worten und Begriffen: Sie definieren sie häufig nicht, oder zunächst nicht, sondern sie setzen sie ein, benutzen sie, lassen sich von ihnen anregen und antreiben. Manchmal überspielt auch eine schillernde Wortwahl eine ausreichende gedankliche Durchdringung. Vermutlich kommt jeder, der prak-

new concepts—also in the sense of metaphors—can be very important intellectual aids to understanding, i.e., ways of exploring urban realities and the design of urbanist strategies. According to Bruno Latour, a "… collective … only moves into action when it has seen the right metaphor for a problem—an 'aide pensée' …"[4] By coining the term "metrozone," the IBA Hamburg correctly and thankfully sought to direct disciplinary attention towards the specific phenomena and potentials of the inner peripheries. It is not particularly relevant here whether the concepts employed in everyday planning are really new. Or whether they are new but actually attempt to describe and thus re-illuminate conditions that were described using other terms long ago. "Old wine in new bottles" may also make sense if the new packaging attracts fresh notice and well-meaning attention and therefore stimulates new ideas and activities. At the same time, in this way we are operating in the minefield of current specialist debate, as new metaphors and concepts are often—still—imprecise; frequently, they are both urbanist descriptions of conditions and the strategic or conceptual formulation of aims. So that this lack of conceptual precision does not aid and abet vulgar location-marketing rhetoric or demagogic political promises, efforts to uphold concepts argumentatively must be discernible.

Location definition

New urban-developmental guidelines have been generated repeatedly using new concepts and metaphors since the end of the nineteenth century. The industrial and civil revolutions fundamentally altered the city and its conditions of development. Subsequently, modernism in architecture and urban development struggled for a suitable new concept of urbanity: the so-called new cities had to be filled with ideas and conceptual content. The discipline made many attempts to arrive at new conventions about the "correct" city of the future using a sequence of different urban-developmental guidelines. Each of these guidelines expressed the way in which people understood the city as a spatial-functional unit and how they intended to develop it structurally. Debate on "cautious renewal" and "critical reconstruction" of the city in the late nineteen-seventies and the nineteen-eighties turned attention to existing urban structures. The era of the major guidelines was over. The discussion of principles that began at that time also developed into discussion of citizens' participation in urban construction, town planning, and development. Since then, new concepts—attempts to "regulate language" about analytical and strategic agreements concerning city districts—have been very closely linked to specific urban typologies and concrete, on-the-spot urbanist phenomena and developmental conditions. Regulation of language and concepts now attempts to subsume area- and task-related, collective efforts of interpretation and design. In addition, new concepts are used to break up routine perceptions and evaluations, and help to avoid mental traps. This means that the concepts and guidelines circulating since then lay less claim to categorical, global significance. They are given meaning and value in a specific situation. They cannot

tische Planungs- und Entwurfsarbeit leistet, immer mal wieder in solche Situationen und ist damit angreifbar. Neue Begriffe, auch im Sinne von Metaphern, können aber sehr wichtige gedankliche Versuche des Begreifens, das heißt des Erkundens urbaner Realitäten und des Entwerfens urbanistischer Strategien, sein. Nach Bruno Latour tritt ein „(...) Kollektiv (...) erst dann in Aktion, wenn es für ein Problem die richtige Metapher – eine ‚aide pensée' – gefunden (...)" hat.[4] Die IBA Hamburg hat mit der Begriffsschöpfung „Metrozone" zu Recht und dankenswerterweise versucht, die disziplinäre Aufmerksamkeit auf bestimmte Phänomene und Potenziale innerer Peripherien zu lenken. Dabei ist die Frage nicht besonders relevant, ob die im Planungsalltag verwendeten Begriffe wirklich neu sind. Oder ob sie zwar neu sind, aber schon mit anderen Begriffen längst beschriebene Zustände neu zu beschreiben, also auch neu auszuleuchten versuchen. Auch „alter Wein in neuen Schläuchen" kann Sinn machen, wenn die neue Verpackung neue Aufmerksamkeit sowie wohlwollende Zuwendung verschafft und neue Ideen sowie neue Aktivitäten stimuliert. Gleichwohl bewegt man sich damit im Minenfeld aktueller fachlicher Debatten, denn neue Metaphern und Begriffe sind häufig – noch – unscharf und oft beides: urbanistische Zustandsbeschreibungen und strategische oder konzeptionelle Zielformulierungen. Damit diese begriffliche Unschärfe nicht vulgärer Stadtmarketingsrhetorik oder demagogischen politischen Versprechungen Vorschub leistet, muss das Bemühen um eine ausreichende argumentative Abstützung erkennbar sein.

Standortbestimmung

Mit neuen Begriffen und Metaphern werden seit Ende des 19. Jahrhunderts immer wieder neue städtebauliche Leitbilder generiert. Die industrielle und die bürgerliche Revolution hatten die Stadt und ihre Entwicklungsbedingungen grundlegend verändert. Die Moderne in Architektur und Städtebau rang in der Folge um einen angemessenen neuen Begriff von Stadt: Die sogenannte „Neue Stadt" musste mit Vorstellungen und konzeptionellen Inhalten gefüllt werden. Mit verschiedenen aufeinander folgenden städtebaulichen Leitbildern versuchte die Disziplin immer wieder zu neuen Konventionen über die „richtige" Stadt der Zukunft zu kommen. Diese Leitbilder bringen zum Ausdruck, wie man Stadt als raumfunktionale Einheit jeweils verstand und strukturell zu entwickeln versuchte. Mit der Debatte um die „behutsame Erneuerung" und die „kritische Rekonstruktion" der Stadt in den späten 1970er und den 1980er Jahren wandte man sich den urbanen Beständen zu. Damit war die Zeit der großen Leitbildkonventionen vorbei. Die nun einsetzenden Leitbilddiskussionen wurden auch zu Diskussionen über bürgerschaftliche Teilhabe an Städtebau, Stadtplanung und -entwicklung. Seither sind neue Begriffe als Versuche von „Sprachregelungen" über analytische und strategische Übereinkünfte für Stadtteile sehr eng mit den spezifischen Stadttypologien und mit konkreten urbanistischen Phänomenen und Entwicklungsbedingungen vor Ort verbunden. Sprachregelungen und Begrifflichkeiten versuchen nun gebiets- und aufga-

easily be transferred as mottos; their innovative content emerges from a specific context of problems and discourse and they can be understood as an expression of specific, localised processes of understanding and agreement.[5] Separated from their evolutionary context, these mottos rapidly turn into dogma. The concept "interim city" challenged people once again to think about what—bearing in mind most existing structures—constitutes the reality of the city today, and what conceptual consequences can or should be drawn. A competition launched under the metaphorical heading "Le Grand Pari(s)" in 2009 had postulated the need to deal with the city within regional contexts once again, "backing" the idea that it could only be developed sustainably by entering into necessary interdisciplinary and political cooperation to that end. The Rotterdam Biennial concerning the "Open City" (2009/10), despite or perhaps because of its slight conceptual and thus thematic "nebulosity," triggered vehement discussion of the city as a global phenomenon with all the accompanying social, economic, political, and aesthetic dimensions, and above all as a living space to be designed within the community. Much can be written and the "sea of words" is wide and deep: It will always be possible to criticise the language or content of the new concepts or metaphors cited in this article or otherwise used in specialist discussion in some way. In specialist discourse, however, and primarily in the practice of planning and changes to the city, it is a matter of effects rather than precise meaning. How pleasing and fitting, therefore, that the IBA Hamburg—with its experiences in the development of an inner periphery—has recently started inviting guests in its "Lounge" to participate in discussion of the "New City."[6]

Productive pragmatism

One starting point of the International Doctoral College (IDK) was a certain weariness with self-referential, self-sufficient planning research that refers to practice only in its secondary literature. To what extent is planning research that is distant from experience and thus only indirectly practical—with an autistic tendency, so to speak—actually capable of providing insights that will help the discipline to advance? At the same time, the frequently heard, omnipotent but little reflected assertion that any kind of design is research cries out for consensus on what constitutes research in the action-oriented, creative disciplines of urban development and planning. To what extent do scientific and/or artistic working methods contribute to the aim of all research, the generation of new knowledge? One measure for the aims of all urban-developmental or planning research should be new insights' relevance with respect to our understanding of urban conditions; only this enables the discipline and society to influence these conditions in the desired way. When planning theorist Uwe Altrock refers, as he did a short time ago, to an "experimental-performative turnabout" in planning,[7] he opens our eyes to different—i.e., artistic—ways from the classic scientific ways in which fresh knowledge about the city and innovative opportunities to change can be generated.

benbezogen kollektive Interpretations- und Gestaltungsanstrengungen auf den Punkt zu bringen. Darüber hinaus werden neue Begriffe benutzt, um Routinewahrnehmungen und -bewertungen aufzubrechen und Denkfallen zu umgehen. Das heißt, die seither neu kursierenden Begrifflichkeiten und Leitbilder haben viel weniger den Anspruch auf eine kategorische und globale Bedeutung. Sie erhalten ihre Bedeutung und ihren Wert situativ. Sie sind als Leitvokabeln nicht einfach übertragbar, sondern ihr Innovationsgehalt erschließt sich aus dem besonderen Problem- und Diskurszusammenhang, und sie können als Ausdruck spezifischer örtlicher Verständigungsprozesse verstanden werden.[5] Aus ihrem Entstehungskontext herausgelöst, werden diese Leitvokabeln schnell zum Dogma. Der Begriff „Zwischenstadt" hatte dazu herausgefordert (wieder einmal) darüber nachzudenken, was denn, angesichts der Mehrheit des Gebauten, die Realität von Stadt heute ausmacht und was die konzeptionellen Konsequenzen sein könnten oder müssten. Der unter der Metapher „Le Grand Pari(s)" 2009 ausgeschriebene Wettbewerb hatte die Notwendigkeit postuliert, die Stadt wieder in regionalen Zusammenhängen zu behandeln, darauf „zu wetten", dass sie nur so nachhaltig entwickelt werden könne, wenn die dafür notwendigen interdisziplinären und politischen Kooperationen eingegangen würden. Die Rotterdamer Biennale zur „Open City" (2009/10) hat, trotz oder vielleicht auch wegen ihrer gewissen begrifflichen und damit auch thematischen „Nebulosität", die Stadt als globales Phänomen in ihren sozialen, wirtschaftlichen, politischen und ästhetischen Dimensionen und vor allem als gemeinschaftlich zu gestaltenden Lebensraum vehement in die Diskussion gebracht. Papier ist geduldig und der „Wörtersee" groß und tief: An jedem der in diesem Artikel genannten oder sonst in den Fachdiskussionen benutzten neuen Begriffe oder Metaphern wird man sprachlich-inhaltlich etwas aussetzen können. Aber es geht im fachlichen Diskurs und vor allem in der Praxis der Planung und Veränderung der Stadt weniger um die exakten Bedeutungen als um Wirkungen. Wie schön und treffend also, dass die Hamburger IBA mit ihren Erfahrungen bei der Entwicklung einer inneren Peripherie in ihrer „Lounge" seit kurzem zu Gesprächen zur „Neuen Stadt" lädt.[6]

Produktiver Pragmatismus

Ein Ausgangspunkt des Internationalen Doktorandenkollegs (IDK) war ein gewisser Überdruss an einer selbstreferenziellen und selbstgenügsamen Planungsforschung mit einem nur sekundärliterarischen Praxisbezug. Inwieweit ist eine erfahrungsferne und entsprechend nur durch mittelbare praktische, gleichsam zum Autismus neigende Planungsforschung wirklich in der Lage, Erkenntnisse bereitzustellen, die die Disziplin weiterbringen? Gleichzeitig ruft die häufig zu hörende, omnipotente, aber wenig reflektierte Behauptung, jegliches Entwerfen sei Forschung, nach einer Verständigung darüber, was denn nun Forschung in den handlungsorientierten und kreativen Disziplinen des Städtebaus und der Planung ausmacht. Inwieweit tragen zum Ziel aller Forschung, der Generierung neuen Wissens, wissenschaftliche und/oder künstlerische Arbeitsweisen bei? Maßstab für das

Laboratory experiences

As a whole, the many discussions in the IDK led to a great number of new concepts or specific attempts, via a creative or conceptual process, to arrive at new insights about spatial phenomena and applicable innovative urban-developmental concepts and strategies. All the participants, therefore, may have exposed themselves to the abovementioned criticism from the perspective of a limited notion of science. But at the same time, all the participants championed a productive understanding—also suited to the discipline—of ways in which urbanist insights may be gained. Roughly speaking, the word-creations and conceptual debates among the doctoral candidates could be categorised in two groups: First, the characterisation of spaces, meaning the clarification of the object of planning, albeit often linked with an additional conceptual dimension — that is, what features should be displayed by the desired spatial constellation; and second, suggestions for planning methods and the planning process, i.e., how the desired state could be achieved.

Most terms and conceptual and strategic suggestions were developed situatively from the relevant problem situations in the different metropolitan regions and part-areas investigated. The "intrinsic logic" (Martina Löw) of the various urban areas investigated became apparent in this way. Although the general terms "metropolitan region" and "strategy" are used in some of the works presented in this book, this always occurs with a view to the special challenges of a concrete space (see, for example, the works of Susanne Brambora and Antje Herbst in Chapter 3). The fact that concepts, especially when employed in regional politics, constitute a special challenge and may also lead to disadvantages in terms of subsidies, is described vividly using the example of "peri-urban space" and European regional policy (Susanna Caliendo and Reinhard Henke). When reference is made to "planning culture" and to "planning processes as learning processes," these themes should always be illuminated in the light of concrete situations (Silke Faber, Ilaria Tosoni, Werner Tschirk). The attractive metaphor of "locating the landscape" helps us develop an appropriate understanding and design of landscape with its current dimensions and phenomena (Heike Schäfer). Others bring "exploration" into play (Felix Günther) as a method of spatial planning, or thematise "action-oriented planning" (Florian Stellmacher) as a necessary integrative approach, particularly in metropolitan areas. A frequent topic of discussions in the IDK was the fact that properly understood "design in spatial planning" (Markus Nollert) and "urban regional mental mapping" (Julian Petrin) are not only possible but perhaps even necessary creative approaches to the solution of urban regional problems. Often, particularly for large-scale problem situations, there is an insufficient overview of the constituent phenomena and of current and threatening conflicts. GIS provides possibilities to create this overview, which need to be adapted carefully to the needs of planning assignments, however. There is a need to represent "data landscapes" relevant to tasks and problems, and the immanent evaluation of these should be visualised.

Ziel jeglichen städtebaulich-planerischen Forschens sollte die Relevanz der neuen Erkenntnisse im Hinblick auf ein Verständnis urbaner Zustände sein, das die Disziplin und die Gesellschaft in die Lage versetzt, diese Zustände im gewünschten Sinne zu beeinflussen. Wenn der Planungstheoretiker Uwe Altrock wie kürzlich von einer „experimentell-performativen Wende" in der Planung spricht[7], dann öffnet er den Blick auf andere als die klassischen wissenschaftlichen, nämlich auf künstlerische Wege zur Generierung neuen Wissens über die Stadt und auf neue Möglichkeiten ihrer Veränderung.

Laborerfahrungen

Die zahlreichen Diskussionen im IDK führten im Ergebnis zu einer ganzen Reihe neuer Begrifflichkeiten bzw. spezifischer Versuche, entwurflich oder konzeptionell suchend zu neuen Erkenntnissen über räumliche Phänomene und zu angemessenen innovativen städtebaulichen Konzepten und Strategien zu kommen. Damit setzen sich alle Beteiligten womöglich der oben erwähnten Kritik vonseiten eines verkürzten Wissenschaftsverständnisses aus. Aber damit setzen sich alle Beteiligten gleichzeitig für ein produktives und der Disziplin angemessenes Verständnis über die Wege zum urbanistischen Erkenntnisgewinn ein.

Die Wortschöpfungen und begrifflichen Auseinandersetzungen der Doktorierenden lassen sich grob zwei Bereichen zuordnen: 1. Der Charakterisierung von Räumen, also der Klärung des Planungsgegenstandes, allerdings öfters verknüpft mit einer zusätzlichen konzeptionellen Dimension, das heißt, welche Eigenschaften das anzustrebende Raumgefüge aufweisen sollte, und 2. Vorschlägen zur Planungsmethode und zum Planungsprozess, das heißt, wie der angestrebte Zustand erreicht werden könnte.

Die meisten Begrifflichkeiten und konzeptionellen wie strategischen Vorschläge wurden situativ aus den jeweiligen Problemlagen in den verschiedenen Metropolregionen und untersuchten Teilgebieten heraus entwickelt. In ihnen scheint auf diese Art und Weise die „Eigenlogik" (Martina Löw) der unterschiedlichen untersuchten Stadt-Teile auf. Auch wenn in verschiedenen der in diesem Buch vorgestellten Arbeiten die allgemeinen Begriffe „Metropolregion" und „Strategie" verwendet werden, geschieht dies doch immer mit Blick auf die besonderen Herausforderungen eines konkreten Raumes (siehe hierzu zum Beispiel die Arbeiten von Susanne Brambora und Antje Herbst). Dass Begriffe, besonders wenn sie in der Regionalpolitik eingesetzt werden, eine besondere Herausforderung darstellen und auch zu Förderungsbenachteiligung führen können, wird am Beispiel des „peri-urbanen Raumes" und der europäischen Regionalpolitik anschaulich gemacht (Susanna Caliendo und Reinhard Henke). Wenn von „Planungskultur" die Rede ist und von „Planungsprozessen als Lernprozessen", so müssen diese Themen immer im Lichte konkreter Situationen beleuchtet werden (Silke Faber, Ilaria Tosoni, Werner Tschirk). Die schöne Metapher von der „Ortung der Landschaft" dient dazu, Landschaft in ihren aktuellen Dimensionen und Phänomenen angemessen

Connect@

Aus der Sicht von ... besteht eine themati...

	#	Name
Hamburg	1	Becher Britta
	2	Johann Rainer
	3	Lindfeld Julia
	4	Petrin Julian
Hannover	5	Weisleder Simona
	6	Brambora Susanne
	7	Nütten Andreas
	8	Schäfer Heike
Karlsruhe	9	Barbey Kristin
	10	Berchtold Martin
	11	Krass Philipp
	12	Rummel Dorothee
Stuttgart	13	Stippich Matthias
	14	Caliendo Susanna
	15	Diehl Xenia
	16	Henke Reinhard
	17	Herbst Antje
Wien	18	Faber Silke
	19	Schnepper Marita
	20	Tschirk Werner
	21	Günther Felix
Zürich	22	Kadrin Yose
	23	Nollert Markus
	24	Stellmacher Florian
	25	Tosoni Ilaria

On this basis, GIS is able to not only support design in spatial planning but also lend it a new dimension (Martin Berchtold, Philipp Krass). In order to deal with climate change effectively, local energy potentials have to be tapped in a new way to provide action-oriented concepts. In this context, the productive adjacency of industrial and commercial areas is examined (Julia Lindfeld), as well as viewing the entire region as an energy provider (Kristin Barbey) or discussing the possibility of "energy autonomy" (Simona Weisleder). Regarding development in housing construction, new social tasks emerge before the background of small cycles of provision and waste disposal, which should be upheld by appropriate subsidies on the municipal but also regional level: Housing construction as "Beheimatung" in the sense of Martin Heidegger and Ernst Bloch means "more than just living" (Britta Becher, Xenia Diehl). Many works of the IDK were about developing a conceptual grasp of existing urban aggregate states and making suggestions for their specific qualification. Viewing "remaining areas" as valuable areas (Dorothee Rummel) continues the discussion of the "metrozone." While Marita Schnepper approaches peripheral settlement developments in Vienna from the perspective of the "planning centre-city periphery," Matthias Stippich investigates the real existing city of small retail as "Discount-City" together with its laws and design potentials, in order to suggest measures for improvement and qualification. Rainer Johann suggests a "Lufthanse" as an urbanist model, in order to relate and match general urban development and airport development more productively against the background of current technical innovations (Yose Kadrin). And in face of existing metropolitan development problems, the "landscape metropolis" (Andreas Nütten) is an attempt to bring into discussion—again—landscape as constitutive of urban and regional development and an eminently important element of a sustainable future.

Creating knowledge

"Recognition that science also has a history that cannot be reconstructed as development within science alone, according to the model of progressive insights, does not permit the understanding of science as the production site of definite, timeless truths that allows relief from the constant need to reflect."[8] In other words: We cannot rest upon the laurels of what has already been projected.

In 1976, Paul Feyerabend raged "against method," presenting his "outline of a theory of epistemological anarchy" for discussion.[9] And in 1988, Ulrich Schwarz established with regard to the character of architecture that it could not be either an artistic or a scientific discipline; instead, it needed to make use of heterogeneous knowledge from many separate sciences without being able to develop its own science.[10] The same is true of urban development and planning. It would be worthwhile devoting some research effort or at least self-critical reflection to an investigation of why, in this matter of the disciplinary understanding of urban development and planning, we are still running on the spot, standing firm in the trenches of past

begreifen und gestalten zu können (Heike Schäfer). Andere bringen die „Erkundung" (Felix Günther) als raumplanerische Methode ins Spiel und thematisieren die „aktionsorientierte Planung" (Florian Stellmacher) als notwendige integrative Vorgehensweise gerade auch in besonderen Metropolräumen. Dass ein richtig verstandenes „raumplanerisches Entwerfen" (Markus Nollert) und ein „Stadtregionales Mental Mapping" (Julian Petrin) nicht nur mögliche, sondern vielleicht sogar notwendige kreative Herangehensweisen zur Lösung stadtregionaler Probleme darstellen, war immer wieder ein Gegenstand der Diskussionen im IDK. Häufig fehlt gerade für großräumige Problemlagen ein angemessener Überblick über konstituierende Phänomene und aktuelle wie drohende Konflikte. Das GIS stellt hierfür Möglichkeiten bereit, die jedoch präzise auf die Bedürfnisse von Planungsaufgaben abgestimmt werden müssen. Es gilt, aufgaben- und problemrelevante „Datenlandschaften" darzustellen, deren immanente Bewertungen sichtbar zu machen sind. Auf dieser Basis kann GIS das raumplanerische Entwerfen nicht nur unterstützen, sondern ihm auch eine neue Dimension verleihen (Martin Berchtold, Philipp Krass). Um dem Klimawandel wirksam begegnen zu können, müssen örtliche Energiepotenziale für handlungsorientierte Konzepte neu erschlossen werden. Dazu werden sowohl produktive Nachbarschaften von Industrie- und Gewerbegebieten untersucht (Julia Lindfeld) als auch die gesamte Region als Energielieferant betrachtet (Kristin Barbey) oder die Möglichkeit einer „Energiewende" diskutiert (Simona Weisleder). Für die Entwicklung im Wohnungsbau ergeben sich vor dem Hintergrund der Diskussion kleiner Ver- und Entsorgungskreisläufe neue gesellschaftliche Aufgaben, die durch eine geeignete Förderung auf städtischer, aber auch regionaler Ebene unterstützt werden sollten: Wohnungsbau als Beheimatung im Sinne Martin Heideggers und Ernst Blochs bedeutet „Mehr als Wohnen" (Britta Becher, Xenia Diehl). Viele Arbeiten des IDK beschäftigen sich damit, bestehende urbane Aggregatzustände begrifflich zu fassen und Vorschläge für deren spezifische Qualifizierung zu machen. „Resträume" als Werträume zu betrachten (Dorothee Rummel) führt die Diskussion um die „Metrozone" fort. Während sich Marita Schnepper mit der Optik „Planungszentrum Stadtrand" peripheren Siedlungsentwicklungen in Wien nähert, untersucht Matthias Stippich die real existierende Stadt des Einzelhandels als „DiscountCity" in ihren gestalterischen Gesetzmäßigkeiten und Potenzialen, um Aufwertungs- und Qualifizierungsmaßnahmen vorschlagen zu können. Rainer Johann schlägt eine „Lufthanse" als urbanistisches Modell vor, um auch vor dem Hintergrund aktueller technischer Neuerungen (Yose Kadrin) Stadtentwicklung und Flughafenentwicklung besser aufeinander abstimmen zu können. Und die „Landschaftsmetropole" (Andreas Nütten) ist ein Versuch, angesichts bestehender metropolitaner Entwicklungsprobleme die Landschaft als ein für Stadt- und Regionsentwicklung konstituierendes und für eine nachhaltige Zukunft eminent wichtiges Element – wieder – in die Diskussion zu bringen.

verbal battles. When there is no linear development in specialist knowledge and progress in insight is due more to new interpretations than to new facts,[11] each generation must receive backing for its efforts to make—conceptually upheld—sense of the reality of the city along with its forces and potentials for development. Public commitment to urban development also calls for identification with urban reality and its potentials. This identification is based, among other things, on history and narratives: Narratives that decode and define specific urban qualities and layers of urbanity, relating them to people's everyday lives. New concepts can also be attempts to capture such worlds. The works by the doctoral candidates of the IDK and discussion triggered by them in the context of the college have made us aware, repeatedly, of the relevance of orientation on application and implementation in urban-developmental and planning research. However, this type of scientific understanding does not make life any easier in the specialist scientific community: University administrations and ministries emphasise that "real" research comprises research into principles, and only that kind of research is appropriate at universities. The orientation on application and implementation in planning research suggested here definitely makes it more difficult to acquire research funding. And occasionally one can expect a further argumentative "blow"—receiving the friendly, jovial hint that orientation on application is actually more characteristic of technical colleges.

Poetic pragmatism

The ambivalence of the discipline, wavering between a "science of action" and the "art of action," a necessity to employ the mind, heart, and hand competently in order to develop successfully convincing arguments, commitments and concepts—together with their procedures and instruments—calls for heterogeneous methods and a situative approach: This is evidenced by self-understanding in the profession under such headings as "situative urbanism" (Arch+ 183), "relational designing as a theory of action for sustainable urban planning in the future" (Kurath),[12] or the demand for "ReplayCity, improvisation as urban practice" (Christopher Dell).[13] However, the associated working methods run counter to the traditional organisation of fees and institutional organigrams of public clients. That is another, albeit "existential" matter. Honest use of new concepts and word-creations within the discipline spring from an attempt to explain and understand. In certain stages of work, some lack of clarity is also permissible rather than reprehensible. But concepts are in the wrong place when they evade discussion targeting understanding or they are made out to be absolute. The litmus text of conceptual relevance is involvement in planning discourse and communicative testing of concepts' usefulness in planning practice and urban development work. But how can we test this relevance, what can and should be the characteristics of work towards understanding? Socrates was sceptical about the invention and introduction of writing: He believed that the knowledge it expressed was harder to follow because it was made

Wissen schaffen

„Die Erkenntnis, dass auch die Wissenschaft eine Geschichte besitzt, die sich nicht als reine wissenschaftsinterne Entwicklung nach dem Erkenntnisfortschrittsmodell rekonstruieren lässt, erlaubt es nicht, die Wissenschaft als Ort der Produktion sicherer, zeitloser Wahrheiten aufzufassen, der Entlastung bietet von dem Dauerzwang zur Reflexion."[8] Mit anderen Worten: man kann sich nicht auf einmal Erdachtem ausruhen. 1976 hatte Paul Feyerabend „Wider den Methodenzwang" gewettert und seine „Skizze einer anarchistischen Erkenntnistheorie" zur Diskussion gestellt.[9] Und Ulrich Schwarz hat 1988 zum Charakter der Disziplin der Architektur festgehalten, dass sie weder Kunst noch Wissenschaft sein könne und sich vielmehr des heterogenen Wissens zahlreicher Einzelwissenschaften bedienen müsse, ohne selbst eine eigene Wissenschaft herausbilden zu können.[10] Gleiches gilt für Städtebau und Planung. Es wäre eine kleine Forschungsanstrengung oder zumindest selbstkritische Reflexion wert, warum wir in dieser Frage des disziplinären Verständnisses von Städtebau und Planung immer noch so sehr auf der Stelle treten und in alten Wortgefechtsgräben verharren. Wenn es keine lineare Höherentwicklung des fachlichen Wissens gibt und Erkenntnisfortschritte weniger neue Fakten als neue Interpretationen zur Ursache haben,[11] dann muss auch jede Generation darin unterstützt werden, sich ihren – begrifflich gestützten – Reim auf die Realität der Stadt, ihre Entwicklungskräfte und -potenziale zu machen. Außerdem braucht bürgerschaftliches Engagement für die Stadtentwicklung die Identifizierung mit der urbanen Realität und deren Potenzialen. Diese Identifizierung basiert unter anderem auf Geschichte und Geschichten: Geschichten, die urbane Eigenarten, Schichten des Städtischen, entziffern und benennen und in Beziehung zum Lebensalltag der Menschen bringen. Neue Begrifflichkeiten können auch Versuche sein, diese Lebenswelten einzufangen. Die Arbeiten der Doktorierenden des IDK und die durch sie ausgelösten Diskussionen im Rahmen des Kollegs haben die Relevanz der Anwendungs- und Umsetzungsorientierung in der städtebaulichen und planerischen Forschung immer wieder vor Augen geführt. Mit einem derartigen wissenschaftlichen Selbstverständnis macht man sich das Leben in der fachwissenschaftlichen Community allerdings nicht einfacher: „Richtige" Forschung sei Grundlagenforschung, betonen Universitätsleitungen und Ministerien, und nur eine solche wirklich universitär. Die hier angedeutete Anwendungs- und Umsetzungsorientierung von Planungsforschung erschwert jedenfalls das Einwerben von Forschungsgeldern. Und gelegentlich wird dann noch mit dem freundschaftlich jovialen Hinweis argumentativ „nachgetreten", Anwendungsorientierung sei ja das Merkmal der Fachhochschulen.

Poetischer Pragmatismus

Die disziplinäre Ambivalenz, zwischen „Handlungswissenschaft" und „Verhandlungskunst" zu schwanken, die Notwendigkeit, Kopf, Herz und Hand kompetent einsetzen zu können, um Überzeugungen, Engagement und Konzepte samt Verfahren und Instrumenten entwickeln zu können, erfor-

impersonal, lacking the direct presence and sensory perceptions of the person expressing himself; thus it was more difficult to grasp the meaning of a statement and to notice misunderstandings. A common sphere of observation, experience and encounters eases our understanding of language and content, but also of images and metaphor. Created concepts fulfil their function in a situative context, oriented on problems and solutions, and they must be elucidated and evaluated against this evolutionary context of concrete worlds and experience. In the eyes of author Gert Neumann, appropriate expression of the "sovereign territory of life" in words and text is the noble task of literature and poetry: "Poetry is connected with revolt against the presumption of the predicate in a sentence. This is a revolt that attempts to re-abolish the judgements on life that emerge when we are writing. Poetry is a conversation with the soul of writing …"[14] Conceptual understanding of everyday urban life and its possibilities for change must evolve with this awareness that what is said and what is meant may be very different, and that written language has a tendency to force the complexity of life into extremely narrow explicatory rhetoric. Why not view things in the spirit of poetic pragmatism? It would involve a plea for discourse that is both playful and serious, only tolerable with a decent portion of humour and self-irony—otherwise, the debates in our country rapidly turn into ideological dogmatism. And in that case, we might almost prefer scientific irrelevance.

dert einen methodisch heterogenen und auch situativen Zutritt: Berufliche Selbstverständnisse wie „Situativer Urbanismus" (*Arch+* 183), „relationales Entwerfen als Handlungstheorie zukunftsfähiger Stadtplanung" (Kurath)[12] oder die Aufforderung „ReplayCity – Improvisation als urbane Praxis" (Christopher Dell)[13] zeugen davon. Die damit verbundenen Arbeitsweisen liegen allerdings vollständig quer zu den tradierten Honorarordnungen und institutionellen Organigrammen öffentlicher Auftraggeber. Aber das wäre ein weiteres, allerdings durchaus „existenzielles" Thema. Ein fachlich redlicher Einsatz von neuen Begriffen und Wortschöpfungen verpflichtet sich dem Versuch von Erklärung und Verständigung. Gleichzeitig ist in bestimmten Arbeitsstadien die Unschärfe zulässig und nicht verwerflich. Wenn Begriffe sich einer auf Verständigung abzielenden Auseinandersetzung entziehen oder verabsolutiert werden, sind sie fehl am Platze. Der Lackmustest begrifflicher Relevanz ist die Teilhabe am Planungsdiskurs und die kommunikative Überprüfung ihrer Nützlichkeit in der Planungspraxis und in der urbanistischen Entwicklungsarbeit. Aber wie lässt sich diese Relevanz überprüfen, wie kann und muss die Verständigungsarbeit aussehen? Sokrates hatte die Erfindung und die Einführung der Schrift beargwöhnt: Das damit ausgedrückte Wissen sei weniger nachvollziehbar, weil entpersönlicht, indem die unmittelbare Anwesenheit und sinnliche Wahrnehmung des sich Äußernden fehle und so der Bedeutungsgehalt der Äußerung und auch Missverständnisse schwerer erfasst werden könnten. Ein gemeinsamer Anschauungs-, Erfahrungs- und Begegnungsraum erleichtert also die sprachlich-inhaltliche, aber auch die bildlich-metaphorische Verständigung. Begriffsschöpfungen erfüllen ihren Dienst situativ, also problem- und lösungsorientiert, und müssen auch in diesem Entstehungskontext konkreter Lebens- und Erfahrungswelten erörtert und bewertet werden. Das „Hoheitsgebiet des Lebens" sprachlich und schriftlich angemessen zum Ausdruck zu bringen, ist für den Schriftsteller Gert Neumann die vornehme Aufgabe von Literatur und Poesie: „(…) Poesie hat irgendwie mit dem Widerstand gegen die Anmaßung des prädikativen Satzes zu tun. Das ist ein Widerstand, der das beim Schreiben entstehende Urteil über das Leben wieder aufzuheben versucht. Poesie ist ein Gespräch mit der Seele der Schrift (…)."[14] In diesem Bewusstsein, dass Gesagtes und Gemeintes etwas sehr Unterschiedliches bedeuten können und dass die verschriftlichte Sprache dazu neigt, die Komplexität des Lebens in allzu enge Erklärungsrhetorik einzuzwängen, muss auch die begriffliche Verständigung über den urbanen Lebensalltag und seine Veränderungsmöglichkeiten erfolgen. Warum nicht im Sinne eines poetischen Pragmatismus? Es wäre ein Plädoyer für ebenso spielerische wie ernsthafte Diskurse, die auch nur mit einer gehörigen Portion Humor und Selbstironie auszuhalten sind, sonst schlagen in diesem unserem Lande die Debatten schnell in ideologische Rechthaberei um. Und da könnte einem dann wissenschaftliche Irrelevanz fast lieber sein.

MORE THAN LIVING—DEVELOPING COMMUNAL LIVING IN HAMBURG, ZURICH, AND VIENNA

BRITTA BECHER, HAMBURG

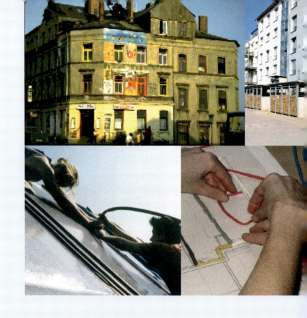

Over the last thirty years, many projects for communal living forms have been initiated, especially in cities. They are characterised by neighbourly, collective living conditions as well as by the initiative and direct participation of the future inhabitants in the project development, planning, financing, construction, and management of their homes.

The motivating factors for these residents are as varied as their individual lifestyles, but ultimately the desire for communal forms of living, for a closely connected neighbourhood, and social collaboration in self-created habitats is what unites them all. The organising and sponsoring bodies are also multifarious: young cooperatives, associations for individual ownership, societies, or traditional institutions were established and further developed to satisfy the various needs of such groups of home-builders.

This paper carries out a detailed reworking of communal living projects in Hamburg. Using Hamburg as a case study and contrasting it with examples from Zurich and Vienna, the motivation of the groups is investigated, as well as what general conditions led to their creation, what issues they address, and what impulses emerged from them.

The squatting and renovation projects of the nineteen-seventies and -eighties, which grew out of protests against and criticism of housing and urban renewal policies, were innovative trail-blazers for the subsequent generations of projects. Examinations are made as to the conditions under which the schemes offer transferable strategies for solving current problems of social and demographic change and how they can point to new approaches to future housing and urban development policies. The juxtaposition of the examples Hamburg, Zurich, and Vienna enable an alignment of the development of communal living forms in European cities, which have been created within different contexts as far as social aspects and housing policy are concerned.

The development and shaping of public space through a building scheme is in many ways a human design achievement, which is above all of a social, technical, economic, and political nature. Common action creates localities, room for opportunity, and atmosphere, adding value to mere buildings.

This paper examines how one can succeed in making room for this "extra" in new buildings and ways to contribute to the further development of the social element in housing, as well as the question as to how communal living forms provide impulses for the home environment and local neighbourhoods.

MEHR ALS WOHNEN – ENTWICKLUNG GEMEINSCHAFTLICHER WOHNFORMEN IN HAMBURG, ZÜRICH UND WIEN

BRITTA BECHER, HAMBURG

In den vergangenen 30 Jahren sind vor allem in Städten zahlreiche Projekte gemeinschaftlicher Wohnformen entstanden. Sie zeichnen sich aus durch nachbarschaftliches und gemeinschaftliches Wohnen und durch die Initiative und direkte Beteiligung der zukünftigen Bewohner und Bewohnerinnen an Projektentwicklung, Planung, Finanzierung, Errichtung und Bewirtschaftung ihrer Häuser.

Die Motivationen der Akteure sind so vielfältig wie ihre individuellen Lebensweisen. Doch verbindet sie letztlich das Bedürfnis nach gemeinschaftlichen Lebensformen, nach verbindlicher Nachbarschaft und nach einem sozialen Miteinander im selbst gestalteten Wohnzusammenhang. Vielfältig sind auch die Organisations- und Trägerformen: junge Genossenschaften, Gemeinschaften individuellen Eigentums, Vereine oder traditionelle Genossenschaften wurden gegründet und weiterentwickelt, um den jeweiligen Bedürfnissen der Baugruppen gerecht zu werden.

Die Arbeit widmet sich einer ausführlichen Aufarbeitung der Projekte gemeinschaftlicher Wohnformen in Hamburg. Mit Hamburg als Modellfall und kontrastierenden Beispielen aus Zürich und Wien wird in dieser Arbeit die Motivation der Gruppen untersucht, welche Rahmenbedingungen zu ihrer Entwicklung führten, welche Themen sie besetzten und welche Impulse von ihnen ausgingen. Die Hausbesetzer- und Instandbesetzerprojekte der 1970er und 1980er Jahre, die aus Protest und Kritik an der Wohnungs- und Stadterneuerungspolitik entstanden sind, waren ein innovativer Wegbereiter für die darauffolgenden Generationen von Projekten. Untersucht wird, unter welchen Bedingungen die Projekte übertragbare Strategien für die aktuellen Probleme des sozialen und demografischen Wandels bieten und wie sie auf innovative Wege in der zukünftigen Wohnungs- und Stadtentwicklungspolitik hinweisen können. Die Gegenüberstellung der Beispiele in Hamburg mit Zürich und Wien ermöglicht eine Einordnung der Entwicklung gemeinschaftlicher Wohnformen in europäischen Städten, die unter unterschiedlichen gesellschafts- und wohnpolitischen Rahmenbedingungen entstanden sind.

Die Entwicklung und die Gestaltung von Raum durch die Realisierung eines Bauvorhabens ist eine menschliche Konstruktionsleistung in vielerlei Hinsicht, auch und vor allem sozialer, technischer, ökonomischer und politischer Art. Durch das gemeinsame Handeln entstehen sowohl Orte und Möglichkeitsräume als auch Atmosphären, die als Mehrwert über das rein baulich Entstandene hinausgehen. In der Arbeit geht es um die Frage, wie es gelingt, aus den gebauten Räumen Orte für dieses „Mehr" zu machen, um die Art und Weise, wie durch gemeinschaftliches oder kollektives Handeln Beiträge zur Weiterentwicklung des Sozialen im Wohnen entstehen und um die Frage, wie gemeinschaftliche Wohnformen Impulse für das Wohnumfeld und zur Quartiersentwicklung geben.

LUFTHANSEATIC CITY—
AN URBAN MODEL FOR STABILISATION OF THE "AIR-PORT-CITY" RELATIONSHIP IN EUROPEAN METROPOLITAN REGIONS

RAINER JOHANN, HAMBURG

The research background to this paper is formed by observations of the instability of the relationship between airports and cities in German Metropolitan Regions as a result of their spatial separation. Two prominent examples of this phenomenon are the Berlin-Brandenburg and Munich Metropolitan Regions. In 1992, a new airport was opened in the Munich Metropolitan Region in the Erdinger Moos area, to the north of the state capital, while the inner-city airport Munich-Riem was closed. In the Berlin-Brandenburg Metropolitan Region, the planning of a new airport for the capital on the south-eastern borders of the city began shortly after German reunification, and is scheduled for completion by 2012. As a result, the inner-city airports Berlin-Tempelhof and Berlin-Tegel were earmarked for closure in 2008 and 2012 respectively. The aim of this spatial separation is to reduce both the risk of accidents and aircraft noise levels for the city's inhabitants, whilst at the same time enabling economic growth for the airport.
However, the lack of acceptance of these new airports amongst the population, as well as inadequate resources and control mechanisms for the cities with regard to the qualitative spatial and functional interconnection of cities and airports, are leading to the destabilisation of their relationship, and further to a series of contradictions:

1. As a result of spatial separation, the number of residents affected by aircraft noise has diminished, however, those who are now affected are protesting more vigorously against the operation of the airport than the previous residents.
2. After separation from the city, the airport itself produces a new city—a so-called airport city—and its environs are being transformed by the establishment and development of industrial zones, logistics and service centres and residential areas into a suburban "airport region."
3. People are creating new, efficient air technologies to protect the climate and nature, but are flying more and more often.

Within the context of a post-modern, post-fossil, and sustainable twenty-first-century Germany and Europe, this paper reflects the relationship between air travel, airport, and city in German Metropolitan Regions, proposing their future integral development and function in contrast to the trend towards separating airport and city.
Using the reflection and abduction of an evolutionary, relational, and protagonist-orientated reconstruction of the air travel-airport-city relationship in Hamburg Metropolitan Region, this paper develops the urban model of the "Lufthanse," ultimately providing a progressive contribution to our knowledge of the airport—city relationship in European Metropolitan Regions through this model, as well as promoting the protection of our environment.

LUFTHANSE – EIN URBANISTISCHES MODELL ZUR STABILISIERUNG DER FLUGHAFEN-STADT-BEZIEHUNG IN EUROPÄISCHEN METROPOLREGIONEN

RAINER JOHANN, HAMBURG

Den Forschungshintergrund dieser Arbeit bildet die Beobachtung der Instabilität der Beziehung von Flughafen und Stadt in deutschen Metropolregionen infolge ihrer räumlichen Trennung. Zwei prominente Beispiele für dieses Phänomen sind die Metropolregionen Berlin-Brandenburg und München. In der Metropolregion München wurde 1992 nördlich der Landeshauptstadt ein neuer Flughafen im Erdinger Moos eröffnet und gleichzeitig der innerstädtische Flughafen München-Riem geschlossen. In der Metropolregion Berlin-Brandenburg wurde nach der deutschen Wiedervereinigung mit der Planung eines neuen Hauptstadtflughafens am südöstlichen Stadtrand begonnen, welcher voraussichtlich 2012 in Betrieb gehen wird. Infolgedessen wurden sukzessive der innerstädtische Flughafen Berlin-Tempelhof (2008) und der innenstadtnahe Flughafen Berlin-Tegel (2012) geschlossen. Ziel dieser räumlichen Trennung ist es, das Unfallrisiko und den Fluglärm für die Stadtbevölkerung zu reduzieren und gleichzeitig dem Flughafen ein wirtschaftliches Wachstum zu ermöglichen.

Allerdings führen der Mangel an Akzeptanz für die Funktion des neuen Flughafens in der Bevölkerung sowie fehlende Ressourcen und Steuerungsmöglichkeiten der Städte für die qualitätvolle räumlich-funktionale Vernetzung von Stadt und Flughafen zur Destabilisierung ihrer Beziehung, mehr noch, zu einer Reihe von Widersprüchen:

1. Durch die Trennung ist die Anzahl der vom Fluglärm betroffenen Anwohner kleiner geworden, gleichwohl leisten diese größeren Widerstand gegen den Flughafenbetrieb als die Anrainer des alten Flughafens.
2. Nach der Trennung von der Stadt produziert der Flughafen selbst neue Stadt, sogenannte Airport-Cities, und sein Umfeld wird durch die Ansiedlung und Entwicklung von Gewerbegebieten, Logistikstandorten, Dienstleistungszentren und Wohnsiedlungen in eine suburbane Airport-Region transformiert.
3. Menschen entwickeln neue effiziente Flugzeugtechnologien zum Schutz des Klimas und der Natur, fliegen aber immer öfter.

Im Hinblick auf ein nach-modernes, nach-fossiles und nach-haltiges Deutschland und Europa des 21. Jahrhunderts reflektiert die Arbeit die Beziehung von Luftfahrt, Flughafen und Stadt in deutschen Metropolregionen und schlägt im Gegensatz zum Trennungstrend von Flughafen und Stadt deren künftige integrale Entwicklung und Funktion vor. Mittels Reflexion, Abduktion der evolutionären, relationalen und akteursgerichteten Rekonstruktion der Luftfahrt-Flughafen-Stadt-Beziehung der Metropolregion Hamburg entwickelt die Arbeit das urbanistische Modell der Lufthanse und leistet mit dem Modell schließlich einen progressiven Wissensbeitrag sowohl zur Stabilisierung der Flughafen-Stadt-Beziehung in europäischen Metropolregionen als auch zum Schutz der Natur.

THE CHANGING FACE OF INDUSTRIAL AND TRADING AREAS— INTERVENING. CONTAINING. EXPLOITING. DEMARCATING.

JULIA LINDFELD, HAMBURG

Companies increasingly aim to use energy efficiently, protect resources, and operate on a low CO_2 basis. Due to constantly rising energy costs, they are also compelled to invest in updating measures. The initiation of transformation processes is hardly necessary; indeed it is already under way, but only selectively and one-sidedly. Now is the time to react and get going, but how? What opportunities for change in spatial structure and land use within industrial and trading areas as a whole can be seized from this? How can such processes be supported to eliminate long-standing deficits and create a new context?

In existing industrial and commercial areas in Hamburg, planning procedures concentrate on excluding retail trade use on the building development plan level, which is backed up by a master plan, with an emphasis on design to boost image value. Is this too one-sided? Action must be taken by planners to create sustainable locations and win over entrepreneurs; these are important factors in city development. An analysis and concept that meets these needs is essential for the whole area, both on local and municipal levels. How are such areas interconnected on an individual level? Which areas demand urgent action and which do not?

Industrial and commercial areas are like islands in city space; they evolve with little conceptual or planning effort. Their high-emission tenants lie hidden in workshops or office buildings, behind green barriers or close to wooded areas. They cannot be easily seen or visited. What lies concealed behind this image of spatial autism? Are there still districts in which large spatial potential lies hidden? Are these areas already being transformed into a mixture of uses?

An analysis of characteristics and peculiarities, as well as of spatial weak spots and regulating mechanisms, is required to detect the hidden potential and to enable urban planners to intervene in ongoing processes as required. The network-city model proposed by Oswald and Baccini proposes a way to approach these specific spaces in the city via essential knots and grids on various scales, to register and evaluate them in a super-ordinate fashion. If a method is to be usable by planners in their everyday work, adjustments must be made to particular urban areas. Stepping stones for concept development will also provide additional aid. The potential that results from such transformation processes must be exploited and the departure from designating functionally separate uses limited.

INDUSTRIE- UND GEWERBE- GEBIETE IM WANDEL – EINMISCHEN. EINGRENZEN. AUSNUTZEN. ABGRENZEN.

JULIA LINDFELD, HAMBURG

Unternehmen möchten zunehmend energieeffizient, ressourcenschonend und mit einem geringen CO_2-Verbrauch wirtschaften. Durch die stetig steigenden Energiekosten werden sie zudem angetrieben, in Umbaumaßnahmen zu investieren. Transformationsprozesse anzustoßen ist kaum noch notwendig, sie laufen bereits. Jedoch nur punktuell und einseitig. Jetzt heißt es reagieren und einmischen, aber wie? Welche Chancen für Veränderungen in der Raumstruktur und Flächennutzung innerhalb des gesamten Industrie- und Gewerbegebiets ergeben sich dadurch? Wie können die Prozesse unterstützt werden, um ewig währende Missstände zu beheben und ein neues Image zu erzeugen?

In bestehenden Industrie- und Gewerbegebieten in Hamburg konzentrieren sich derzeit die planerischen und planungsrechtlichen Schritte und Maßnahmen auf den Ausschluss von Einzelhandelsnutzungen auf Bebauungsplanebene und auf vielfältige Gestaltungsansätze zur Imageverbesserung. Ist diese Betrachtungsweise nicht zu einseitig? Hier ist planerisches Handeln notwendig, um aus den Gebieten zukunftsfähige Standorte zu machen und Unternehmer als wichtige Akteure für die Stadtentwicklung zu gewinnen. Eine anforderungsgerechte Analyse und Konzeption sind sowohl auf lokaler als auch auf kommunaler Ebene für die gesamten Areale erforderlich. Wie sind die Gebiete auf den einzelnen Skalen vernetzt? Und welche Flächen erzeugen einen Handlungsdruck, welche nicht?

Industrie- und Gewerbegebiete liegen wie Inseln in den Stadträumen und sind mit geringem konzeptionellen und planerischen Aufwand entstanden. Die emmissionsreichen Nutzungen liegen geschützt hinter Hallen- oder Verwaltungsbauten, an Abstandsgrün oder sie grenzen direkt an land- oder forstwirtschaftlich genutzte Flächen. Sie gewähren kaum Einblick und wenig Zutritt. Was verbirgt sich hinter diesem Image des Flächenautisten? Gibt es noch Gebiete, in denen große Flächenpotenziale versteckt vorhanden sind? Befinden sich bereits alle Gebiete im Wandel hin zum Nutzungsmix?

Es bedarf einer Analyse der Merkmale und Besonderheiten sowie der räumlichen Schwachstellen und Stellschrauben, um die verdeckten Potenziale zu finden und sich als Akteur (raum-) planerischen Handelns in die laufenden Prozesse anforderungsgerecht einmischen zu können. Das Netzstadtmodell von Oswald und Baccini bietet eine Methode, sich diesen spezifischen Räumen in der Stadt über die wesentlichen Knoten und Netze auf unterschiedlichen Skalen anzunähern, diese zu erfassen und in einer übergeordneten Weise zu bewerten. Für eine alltagstaugliche Herangehensweise für Planer bedarf es allerdings einer Modifizierung bezogen auf den besonderen Stadtraum. Außerdem werden für die Konzeptentwicklung Trittsteine entwickelt, die Hilfestellung geben können. Die Potenziale, die sich durch die Transformationsprozesse ergeben, gilt es zu nutzen. Die Abkehr von der Ausweisung funktional getrennter Nutzungen braucht Grenzen.

FROM MENTAL IMAGES TO FUTURE IMAGES—URBAN MENTAL MAPPING AS A DESIGN STRATEGY

JULIAN PETRIN, HAMBURG

What will the city look like in 2020, 2030, 2050? Currently, new thinking about strategic orientation on an urban level is widespread. A hunger for images, for large-scale futuristic designs is plainly obvious. However, how can one conjure up a picture of an urban region in the face of its lack of clarity, its political and structural complexity? The thesis reads: Only when you are aware of the dominant mental models of an area can you really shape large spaces. If you do not register the level of "the space behind," on which its production and suitability are pre-traced, you continue to feel around in the dark. Yet what approach should one adopt? The thesis may seem self-evident from an environmental and psychological point of view, but spatial awareness from a planning perspective is seldom systematically explored and implemented. Kevin Lynch's research is still a relevant reference point for "mental mapping" within a planning context. His methods are however, in an era of new awareness and urban structures, in dire need of revision.

So how can one investigate the mental models of larger urban contexts today? And how can one benefit from this? This paper attempts, from a planning perspective, to consolidate and utilise the knowledge of the significance and exploration of mental models scattered throughout the scientific landscape. Using a concrete Hamburg case study, it will be demonstrated how mental models can be empirically investigated and how one can exploit the knowledge gained in conceptual search processes.

In the theoretical part of the paper, the relevance of mental models to the process of spatial production is described. The findings from various disciplines are summarised in my own model of an "awareness spiral." The core of the work is based on the following: an updated method for research into and evaluation of mental models. The prototypical testing of the model is performed using the case study of the Hamburg suburb of Wandsbek as a typical object of large-scale conceptual deliberations. It is in an obscure location that is difficult to visualise, while local politicians and other professionals are also unclear as to what their view on it should be.

The results of this empiricism are shown as awareness maps, indicating inhibitions or unexploited potential in the area, and will be implemented in the ongoing development process as activating instruments of communication. Concrete conclusions for the development of Wandsbek that can be drawn from the questioning of the mental models are also demonstrated. Logistic and methodical limitations are touched-upon, while further questions and the ongoing need for research are expressed. As a future tool for practical implementation, the vision of an "awareness monitor" for Hamburg is outlined, which—as a supplement to classic spatial data—empirically registers "sensitivities" and awareness patterns in the metropolitan region, using them as the basis for urban planning.

VON KOPFBILDERN ZU ZUKUNFTSBILDERN – STADTREGIONALES MENTAL MAPPING ALS ENTWURFSSTRATEGIE

JULIAN PETRIN, HAMBURG

Wie sieht die Stadt 2020, 2030, 2050 aus? Aktuell wird vielerorts neu über die strategische Orientierung im stadtregionalen Maßstab nachgedacht. Unübersehbar ist dabei ein „Hunger" nach Bildern, nach großräumigen Zukunftsentwürfen. Wie aber will man sich ein Bild von einer Stadtregion machen angesichts ihrer Unübersichtlichkeit, ihrer politischen und strukturellen Komplexität? Die These lautet: Erst wenn man die vorherrschenden mentalen Modelle eines Raums kennt, kann man großen Raum tatsächlich gestalten. Wenn man die Ebene des „Raums dahinter" nicht erfasst, auf der seine Produktion und Aneignung vorgespurt werden, tappt man im Dunkeln.

Wie aber vorgehen? So selbstverständlich die These aus umweltpsychologischer Sicht erscheint, so wenig systematisch werden räumliche Wahrnehmungen aus planerischer Perspektive erfragt und eingesetzt. Noch immer gelten die Forschungen von Kevin Lynch als Referenzpunkt für das „Mental Mapping" im Planungskontext. Dabei sind seine Methoden in Zeiten neuer Wahrnehmungsgewohnheiten und Raumgefüge längst revisionswürdig. Wie also kann man mentale Modelle großer Raumkontexte heute erforschen? Und wie kann man in Planungsprozessen daraus einen Nutzen ziehen? Die Arbeit versucht, die weit in der Wissenslandschaft verstreuten Erkenntnisse über die Bedeutung und Erforschung mentaler Modelle aus planerischer Perspektive zusammenzutragen und nutzbar zu machen. Anhand eines konkreten Hamburger Fallbeispiels soll aufgezeigt werden, wie man mentale Modelle empirisch erforschen und wie man die gewonnenen Erkenntnisse in konzeptionellen Suchprozessen nutzen kann.

Im theoretischen Teil der Arbeit wird die Relevanz mentaler Modelle für den Prozess der Raumproduktion erläutert. Mit dem eigens entwickelten Modell einer „Wahrnehmungsspirale" werden die Erkenntnisse aus unterschiedlichen Disziplinen zusammengefasst. Auf dieser Grundlage baut der Kern der Arbeit auf: eine aktualisierte Methode zur Erforschung und Bewertung mentaler Modelle. Die prototypische Erprobung der Methode erfolgt am Fallbeispiel des Hamburger Stadtbezirks Wandsbek als typischer Gegenstand großräumiger konzeptioneller Überlegungen. Es ist ein Raum mit unklarer Lage und geringer Bildmächtigkeit, über dessen Wahrnehmung bei den politisch Handelnden und vielen Fachleuten große Unklarheit herrscht.

Die Ergebnisse jener Empirie werden als Wahrnehmungskarten dargestellt, die Hemmnisse oder nicht ausgeschöpfte Potenziale des Raums deutlich machen und im weiteren Entwicklungsprozess als aktivierende Kommunikationsinstrumente Anwendung finden sollen. Zudem wird aufgezeigt, welche konkreten Schlüsse sich für die Entwicklung Wandsbeks aus der Befragung der mentalen Modelle ziehen lassen. Auch werden logistische und methodische Grenzen benannt sowie weiterführende Fragen und noch bestehender Forschungsbedarf zum Thema formuliert. Als Ausblick für den praktischen Einsatz wird die Vision eines „Wahrnehmungsmonitors" für Hamburg skizziert, der in Ergänzung zu klassischen räumlichen Datensätzen die „Befindlichkeiten" und Wahrnehmungsmuster in der Metropolregion empirisch erfasst und zur Grundlage für räumliche Planungen macht.

URBAN RENEWABLE NOW!— IMPLEMENTATION OPTIONS FOR THE ENERGY TURNAROUND IN CITIES: HAMBURG–ZURICH

SIMONA WEISLEDER, HAMBURG

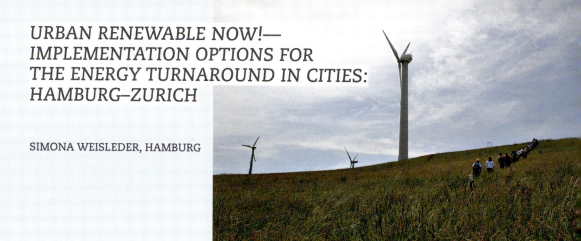

Cities contribute considerably to man-made climate change and consume excessive global resources. However, some cities have taken on a trail-blazing role, demonstrating that inadequate global objectives can easily be surpassed. The finite nature of fossil fuels, wars over raw materials, and the risks involved in exploiting resources from increasingly inaccessible areas all point the way to renewable energy. The necessity to finally stop using atomic energy has once again been clearly shown by the Japanese catastrophe. An energy turnaround is possible and cities must take the lead! The immediate and simultaneous implementation of energy-saving improvements in efficiency and the promotion of renewable energy are thereby absolutely decisive in moving forward. In "Urban renewable now!" current processes for the urban energy turnaround are investigated in two postgraduate "laboratory spaces": Hamburg and Zurich. In Hamburg, on the Elbe island of Wilhelmsburg, the "Urban Planning Emergency Situation" will dominate until 2013—through its "City in Climate Change" model, the International Building Exhibition IBA is striving towards a target of 100 per cent renewable energy provision. In 2010, it published Energy Atlas, an urban-energy action concept, and implemented a wide range of innovative projects.

Since 2008, municipal regulations in Zurich have been striving towards the target of creating a 2000-watt society, reducing carbon emissions to one tonne per head and stopping atomic energy. Which factors favour the energy turnaround in cities? Energy autonomy is the key—self-determination and responsibility by cities in regard to their energy supplies will give them the power to decide on a future with renewable energy.

The driving force behind the energy turnaround—as long as such transformation has not become a matter of course, politically or socially—is the commitment of local residents.

Local and decentralised solutions point to the future. Renewable energy supplies must be secured, using decentralised, interconnected plants and a range of technical responses, which react more flexibly and independently than fossil fuels and nuclear plants.

Spatial concepts localise solutions—the development of a road map (not only as a theoretical concept) and the simultaneous implementation of model projects make objectives clearer and more tangible.

Nothing will happen without the courage to experiment. The administrative and political spheres, as well as the public, must travel unfamiliar paths. Only clear goals, stamina, and the determination to put up a fight will allow us to bring about the energy turnaround!

URBAN ERNEUERBAR JETZT! – UMSETZUNGSOPTIONEN DER ENERGIEWENDE IN STÄDTEN: HAMBURG–ZÜRICH

SIMONA WEISLEDER, HAMBURG

Städte tragen wesentlich zum anthropogenen Klimawandel bei und verbrauchen im Übermaß die globalen Ressourcen. Aber: Einzelne Städte übernehmen eine Vorreiterrolle und zeigen, dass die bisherigen unzureichenden globalen Zielsetzungen weit übertroffen werden können. Die Endlichkeit fossiler Energiequellen, Kriege um Rohstoffe und die Risiken bei der Ausbeutung von Ressourcen aus immer unzugänglicheren Gebieten stellen die Weichen auf Erneuerbare Energien. Die Notwendigkeit des endgültigen Ausstiegs aus der Atomenergie ist durch die Katastrophe in Japan erneut überdeutlich geworden. Die Energiewende ist möglich und Städte müssen Vorreiter sein! Dabei ist die unverzügliche und gleichzeitige Umsetzung von Energieeinsparung, Effizienzsteigerung und Einführung der Erneuerbaren Energien bis zum Ziel hundertprozentig entscheidend.

In „Urban Erneuerbar Jetzt!" werden aktuelle Prozesse zur urbanen Energiewende in zwei Laborräumen des Doktorandenkollegs untersucht: Hamburg und Zürich. In Hamburg herrscht bis 2013 auf der Elbinsel Wilhelmsburg der „Ausnahmezustand der Stadtplanung" – die Internationale Bauausstellung IBA Hamburg untersucht im Leitthema „Stadt im Klimawandel" das Ziel der hundertprozentigen Versorgung mit Erneuerbaren Energien. 2010 veröffentlichte sie mit dem *Energieatlas* ein räumlich-energetisches Handlungskonzept und setzt zahlreiche innovative Projekte um.

In Zürich steht seit 2008 das Ziel der 2000-Watt-Gesellschaft, die Reduzierung auf eine Tonne CO_2-Emission pro Kopf und der Ausstieg aus der Atomenergie in der Gemeindeverordnung und seitdem zur Umsetzung an. Welche Faktoren begünstigen die Umsetzung der Energiewende in Städten? Energieautonomie als Schlüssel – durch Selbstbestimmung und Selbstverantwortung der Städte über ihre Energieversorgung können sie entscheiden, dass ihre Zukunft auf Erneuerbaren Energien basiert. „Treiber" für die Energiewende – solange der Energieumbau nicht politisches und gesellschaftliches Selbstverständnis ist, braucht es engagierte lokale „Treiber".

Lokalen und dezentralen Lösungen gehört die Zukunft. Erneuerbare Energieversorgung muss lokal mit dezentralen, vernetzten Anlagen und vielfältigen technischen Lösungen umgesetzt werden, die flexibler und unabhängiger reagieren als fossile und atomare Großstrukturen. Räumliche Konzepte verorten die Lösungen – strategische Voraussetzung ist die Untersuchung der unterschiedlichen „Begabung" der urbanen Räume für Einsparpotenziale, Effizienzmaßnahmen und für den Einsatz von Erneuerbaren Energien in einem räumlich-energetischen Handlungskonzept. Pilotprojekte machen die Konzepte sichtbar – die Entwicklung einer Road Map (nicht nur als theoretisches Konzept) und die gleichzeitige Umsetzung modellhafter Projekte machen Ziele deutlich und anfassbar. Ohne Mut zum Experiment wird sich nichts bewegen. Verwaltung, Politik und Bevölkerung müssen sich auf unerprobte Pfade wagen. Nur mit klaren Zielsetzungen, Durchsetzungskraft und mit dem Durchhaltevermögen, dafür zu streiten, wird man die anstehende Energiewende umsetzen!

ANHANG
APPENDIX

BIOGRAPHIES

Hany Elgendy

Dr.-Ing. Hany Elgendy (*1969) has been a senior assistant at the Institute of Spatial and Landscape Development at the Swiss Federal Institute of Technology Zurich (ETH) since 2006. He has worked as a scientific assistant and associate lecturer at the universities of Karlsruhe and Ain-Shams in Cairo. He is a member of the International Society of City and Regional Planners (ISOCARP) and of the State Group Baden-Württemberg of the Academy for Spatial Research and State Planning (ARL), where he heads the working group "Land-Use Management." Since 2008, he has been owner and CEO of the planning office ProRaum Consult in Karlsruhe.

Michael Heller

Dipl.-Ing. Michael Heller (*1953) has been project coordinator at AS&P, Albert Speer & Partner GmbH in Frankfurt am Main, and an associate lecturer in design in spatial planning in the Institute of Spatial and Landscape Development (IRL) at the Swiss Federal Institute of Technology Zurich (ETH) since 2007. From 1985 to 1991 and also in 1994, he worked at AS&P, Albert Speer & Partner GmbH; in 1994 he also worked at Fischer + Heller, Architekten/Planer in Brühl. From 1998 to 2007, he was associate lecturer in urban-developmental building theory and design in urban development at the Institute for Urban Development and Spatial Planning (ISL), University Fridericiana in Karlsruhe. In 1991 he was academic associate at the Institute for Local, Regional and National Planning (ORL), Swiss Federal Institute of Technology Zurich (ETH).

Michael Koch

Prof. Dr. Michael Koch (*1950) has been professor of urban development and district planning in the department of urban planning at the TU Hamburg-Harburg (as Dean for some of this time) since 2004; in 2006, the department was transferred to the newly founded HafenCity University Hamburg. From 1999 to 2004, he was professor of urban development in the department of architecture at the Bergische University Wuppertal; there, he was Dean of the Faculty of Architecture, Design, and Art from 2003 to 2004 and managing editor of the magazine *Polis*. From 1998 to 1999, he was a guest professor at the Technical University Berlin. As an architect and planner, he is a partner in the office yellow z urbanism architecture, Zurich/Berlin.

Markus Neppl

Prof. Markus Neppl (*1962) studied architecture at the RWTH, where he co-founded the student-planning group ARTECTA. In 1990, he founded the office ASTOC architects & planners in Cologne together with Peter Berner,

BIOGRAFIEN

Hany Elgendy

Dr.-Ing. Hany Elgendy (*1969), ist seit 2006 Oberassistent am Institut für Raum- und Landschaftsentwicklung an der Eidgenössischen Technischen Hochschule Zürich (ETH). Er war als wissenschaftlicher Assistent und Lehrbeauftragter an den Universitäten Karlsruhe und Ain-Shams in Kairo tätig. Er ist Mitglied der International Society of City and Regional Planners (ISOCARP) sowie der Landesarbeitsgemeinschaft Baden-Württemberg der Akademie für Raumforschung und Landesplanung (ARL) und leitet dort die Arbeitsgruppe „Flächenmanagement". Seit 2008 ist er Inhaber und Geschäftsführer des Planungsbüros ProRaum Consult in Karlsruhe.

Michael Heller

Dipl.-Ing. Michael Heller (*1953) ist seit 2007 Projektkoordinator der AS&P, Albert Speer & Partner GmbH in Frankfurt am Main und Lehrbeauftragter für Raumplanerisches Entwerfen an der Eidgenössischen Technischen Hochschule Zürich (ETH) am Institut für Raum- und Landschaftsentwicklung (IRL). Von 1985–1991 war er bei AS&P, Albert Speer & Partner GmbH tätig, ebenso seit 1994, wie auch bei Fischer + Heller, Architekten/Planer in Brühl. 1998 bis 2007 war er Lehrbeauftragter für Städtebaubezogene Gebäudelehre und Städtebauliches Entwerfen an der Universität Fridericiana Karlsruhe am Institut für Städtebau- und Landesplanung (ISL), 1991 wissenschaftlicher Mitarbeiter der Eidgenössischen Technischen Hochschule Zürich (ETH) am Institut für Orts-, Regional- und Landesplanung (ORL).

Michael Koch

Prof. Dr. Michael Koch (*1950) ist seit 2004 Professor für Städtebau und Quartierplanung im Studiengang Stadtplanung an der TU Hamburg-Harburg (zeitweise Dekan), der im Jahr 2006 an die neu gegründete HafenCity Universität Hamburg transferiert wurde. Von 1999 bis 2004 war er Professor für Städtebau am Fachbereich Architektur der Bergischen Universität Wuppertal und dort 2003 bis 2004 Dekan des Fachbereichs Architektur, Design, Kunst und verantwortlicher Redakteur der Zeitschrift *Polis*. Von 1998 bis 1999 hatte er eine Gastprofessur an der Technischen Universität Berlin inne. Als Architekt und Planer ist er Teilhaber des Büros yellow z urbanism architecture, Zürich/Berlin.

Markus Neppl

Prof. Markus Neppl (*1962) hat Architektur an der RWTH in Aachen studiert und war dort Mitbegründer der studentischen Planungsgruppe ARTECTA. 1990 gründete er zusammen mit Peter Berner, Oliver Hall und Kees Christiaanse das Büro ASTOC architects & planners in Köln, welches mit 50 Mit-

Oliver Hall, and Kees Christiaanse; with fifty employees, this office has developed numerous urban-developmental projects and buildings of various sizes. In 1999, he was called to the chair of urban development at the University of Kaiserslautern. This was followed in 2004 by a call to the chair of urban district development and design at Karlsruhe Institute for Technology (KIT) in Karlsruhe. Since 2008, he has been Dean of the Faculty of Architecture.

Eva Ritter

Dr. Eva Ritter (*1955) is a doctor and behavioural therapist; since 1995, she has specialised in empowerment coaching and systemic organisational consultancy. She cooperates with the health service and works in companies as an external lecturer in further education (presentation and communication training, conflict management), also running in-house seminars in personal development for managers and teams. From 2000 to 2011, she worked as an associate lecturer at the University of Karlsruhe and at the Swiss Federal Institute of Technology Zurich (ETH).

Walter L. Schönwandt

Prof. Dr.-Ing. Walter L. Schönwandt (*1950), Dipl.-Ing. Dipl.-Psych., has been full professor and director of the Institute for the Foundations of Planning at the University of Stuttgart since 1993. He has been a guest professor in Oxford, Vienna and Zurich; member of the Chamber of Architects Baden-Württemberg, the Academy for Spatial Research and Planning (ARL), the Society for Urban, Regional and National Planning (SRL), the Association of European Schools of Planning (AESOP), the International Association for People-Environment Studies (IAPS), the International Society of City and Regional Planners (ISOCARP), and the Association of Collegiate Schools of Planning (ACSP). He also works as an evaluator, consultant, and author.

Bernd Scholl

Prof. Dr. Bernd Scholl (*1953) has been full professor of spatial development at the Swiss Federal Institute of Technology Zurich (ETH) since 2006. There, he is responsible for the course Master of Advanced Studies in spatial planning and since 2011 chairman of the Network City and Landscape (NSL). As partner in a planning office with headquarters in Zurich, he has been involved in numerous urban and regional development projects at home and abroad since 1987; he has also headed many international competition juries, test planning procedures, and commissions of experts. From 1997 to 2006, he was head of the Institute of Urban Development and National Planning at the University of Karlsruhe and full professor at the chair of the same name.

Rolf Signer

Dr. Rolf Signer (*1948) first completed a diploma in cultural engineering at the Swiss Federal Institute of Technology Zurich (ETH). Subsequently, he

arbeitern zahlreiche städtebauliche Projekte und Gebäude in unterschiedlichen Größenordnungen bearbeitet. 1999 wurde er auf den Lehrstuhl für Städtebau an die Universität Kaiserslautern berufen. 2004 erfolgte der Ruf auf den Lehrstuhl für Stadtquartiersplanung und Entwerfen an das Karlsruher Institut für Technologie (KIT) in Karlsruhe. Seit 2008 ist er Dekan der Fakultät für Architektur.

Eva Ritter

Dr. Eva Ritter (*1955) ist Ärztin und Verhaltenstherapeutin, seit 1995 spezialisiert auf Empowerment-Coaching und systemische Organisationsberatung. Sie kooperiert im Gesundheitswesen und in Unternehmen als externe Dozentin in der Weiterbildung (Präsentations- und Kommunikationstraining, Konfliktmanagement) und leitet Inhouse-Seminare in der Personalentwicklung für Führungskräfte und Teams. 2000 bis 2011 war sie als Lehrbeauftragte an der Universität Karlsruhe und an der Eidgenössischen Technischen Hochschule Zürich (ETH) tätig.

Walter L. Schönwandt

Prof. Dr.-Ing. Walter L. Schönwandt (*1950), Dipl.-Ing. Dipl.-Psych., ist seit 1993 Ordinarius und Direktor des Instituts für Grundlagen der Planung an der Universität Stuttgart. Er hatte Gastprofessuren in Oxford, Wien und Zürich inne, ist unter anderem Mitglied der Architektenkammer Baden-Württemberg, der Akademie für Raumforschung und Landesplanung (ARL), der Vereinigung für Stadt-, Regional- und Landesplanung (SRL), der Association of European Schools of Planning (AESOP), der International Association for People-Environment Studies (IAPS), der International Society of City and Regional Planners (ISOCARP), der Association of Collegiate Schools of Planning (ACSP) sowie Gutachter, Berater und Autor.

Bernd Scholl

Prof. Dr. Bernd Scholl (*1953) ist seit 2006 ordentlicher Professor für Raumentwicklung an der Eidgenössischen Technischen Hochschule Zürich (ETH). Er ist dort Delegierter für den Studiengang Master of Advanced Studies in Raumplanung und seit 2011 Vorsitzender des Netzwerkes für Stadt und Landschaft (NSL). Als Mitinhaber eines Planungsbüros mit Sitz in Zürich wirkt er seit 1987 in zahlreichen Vorhaben der Stadt- und Regionalentwicklung im In- und Ausland mit und war Vorsitzender zahlreicher international besetzter Wettbewerbsjuries, Testplanungsverfahren und Expertenkommissionen. Von 1997–2006 war er Leiter des Instituts für Städtebau und Landesplanung an der Universität Karlsruhe und Ordinarius für den gleichnamigen Lehrstuhl.

Rolf Signer

Dr. Rolf Signer (*1948) erwarb zunächst an der Eidgenössischen Technischen Hochschule Zürich (ETH) das Diplom eines Kultur-Ingenieurs. Darauf absolvierte er an derselben Schule das Nachdiplomstudium in Raumplanung

completed post-graduate studies in spatial planning at the same university and was awarded a doctorate (Dr. Sc. Techn.). He works as a specialist planner in Switzerland, partner in an office of urban and regional planning in Zurich. Their projects encompass works on an urban and regional scale, both at home and abroad. As a member of the International Society of City and Regional Planners (ISOCARP), he was head of the national Swiss delegation from 2000 to 2006. Since 2009, he has been president of the Zurich Study Society for Construction and Traffic Issues (ZBV).

Andreas Voigt

Prof. Dr.techn. Andreas Voigt (*1962) is a spatial planner, associate university professor of local planning in the Department of Spatial Development, Infrastructure and Environmental Planning at the Vienna University of Technology. His specialist fields in research and teaching focus on sustainable urban and spatial development and space-related simulation on the basis of the Spatial Simulation Lab at the TU Vienna.

Udo Weilacher

Prof. Dr. Udo Weilacher (*1963) is a landscape architect with initial training in garden and landscape design, after which he studied land management at the Technical University Munich in 1986. He studied at California State Polytechnic University Pomona/Los Angeles from 1989 to 1990, then completed his study of landscape architecture at the TU Munich in 1993. Subsequently, he worked as an academic assistant and associate lecturer at the University of Karlsruhe and at the Swiss Federal Institute of Technology Zurich (ETH), where he completed his doctoral thesis with distinction in 2002. He was called to the University of Hanover as a professor of landscape architecture in 2002; from 2006 to 2008 he was Dean of the Faculty of Architecture and Landscape in Hanover. Since April 2009, Weilacher has been professor of landscape architecture and industrial landscape at the TU Munich.

und erwarb den Doktortitel (Dr. sc. techn.). Er arbeitet als Planungsfachmann in der Schweiz und ist Mitinhaber eines Büros für Stadt- und Regionalplanung in Zürich. Die Projekte umfassen Arbeiten im städtischen und regionalen Maßstab im In- und Ausland. Als Mitglied der Internationalen Gesellschaft für Stadt- und Regionalplaner (ISOCARP) war er von 2000 bis 2006 Leiter der nationalen Delegation Schweiz. Seit 2009 ist er Präsident der Zürcher Studiengesellschaft für Bau- und Verkehrsfragen ZBV.

Andreas Voigt

Prof. Dr.techn. Andreas Voigt (*1962) ist Raumplaner, außerordentlicher Universitätsprofessor für Örtliche Raumplanung am Department für Raumentwicklung, Infrastruktur- und Umweltplanung der Technischen Universität Wien. Die Forschungs- und Lehrschwerpunkte konzentrieren sich auf nachhaltige Stadt- und Raumentwicklung und raumbezogene Simulation auf Basis des Stadtraum-Simulationslabors TU Wien (Spatial Simulation Lab).

Udo Weilacher

Prof. Dr. Udo Weilacher (*1963) ist Landschaftsarchitekt mit Ausbildung im Garten- und Landschaftsbau, bevor er 1986 Landespflege an der Technischen Universität München studierte. Von 1989 bis 1990 war er an der California State Polytechnic University Pomona/Los Angeles und schloss sein Landschaftsarchitekturstudium an der TU München 1993 ab. Danach war er als wissenschaftlicher Angestellter und Lehrbeauftragter an der Universität Karlsruhe und an der Eidgenössischen Technischen Hochschule Zürich (ETH) tätig, wo er 2002 seine Dissertation mit Auszeichnung fertigstellte. 2002 wurde er als Professor für Landschaftsarchitektur an die Universität Hannover berufen und leitete dort von 2006 bis 2008 als Dekan die Fakultät für Architektur und Landschaft. Seit April 2009 ist Weilacher Professor für Landschaftsarchitektur und industrielle Landschaft an der TU München.

NOTES

"The Image Precedes the Idea"
Images in Spatial Planning   p. 50
Rolf Signer

1. The image precedes the idea in the development of human consciousness, according to the theory of Herbert Read (1961); cf. Schmidt-Burkhardt, Astrit: „Wissen als Bild. Zur diagrammatischen Kunstgeschichte". In: Hessler, Martina/Mersch, Dieter (ed.): *Logik des Bildlichen. Zur Kritik der ikonischen Vernunft.* Bielefeld, 2009, p. 173.
2. Cf. Boehm, Gottfried: *Wie Bilder Sinn erzeugen. Die Macht des Zeigens.* 3rd edition. Berlin 2010, p. 39
3. Krämer and Bredekamp refer to cultural techniques as, among other things, operative procedures relating to the treatment of objects and symbols as well as routinised ability; cf. Krämer, Sybille/Bredekamp, Horst (eds.): *Bild – Schrift – Zahl.* Munich 2009, p. 18.
   On the triad "images, texts and numbers", cf. Hessler/Mersch (2009), p. 10
4. Cf. Scholl, Bernd: „Projektstudium – Kern universitärer Ausbildung in der Raum- und Infrastrukturplanung." In: Scholl, Bernd/Tutsch, Friedemann: *Projektstudium.* Schriftenreihe Auflage 30 at the Institut für Städtebau und Landesplanung, University of Karlsruhe. Karlsruhe 2002, p. 17 f.
   Cf. Signer, Rolf: „Ein Klärungsprozess für komplexe Schwerpunktaufgaben in der Raumplanung." In: Akademie für Raumforschung und Landesplanung: *Grundriss der Raumordnung und Raumentwicklung.* Hanover 2010, p. 312 ff.
5. Cf. Scholl, Bernd: *Aktionsplanung. Zur Behandlung komplexer Schwerpunktaufgaben in der Raumplanung.* Zurich 1995, p. 210 ff.
   Cf. Signer (2010), p. 311 ff.
6. Cf. Mitchell, W.J.T.: *Bildtheorie.* Frankfurt/Main, 2008, p. 20ff. (Original: "What Is an image?" In: *New Literary History*, Vol. 15, No. 3, "Image/Imago/Imagination", Spring, 1984, pp. 503–537)
7. Lakoff and Johnson propose that "human thought processes take place in a largely metaphorical way"; cf. Lakoff, George/Johnson, Mark: *Leben in Metaphern. Konstruktion und Gebrauch von Sprachbildern.* 7th edition. Heidelberg 2011, p. 14 (Original: *Metaphors we live by.* Chicago, 1980).
8. Cf. Mitchell (2008), p. 30 (emphasis R.S.)
   In the English original, "picture" is used for an external expression and "image" for an affair of the consciousness; cf. Boehm (2010), p. 11.
9. Cf. Scholz, Oliver R.: *Bild, Darstellung, Zeichen.* 3rd edition. Frankfurt/Main 2009, p. 5 ff.
10. "Reflections are images in a limited sense. They are phenomena that remain tied to the presence of the object presented, and insofar they are *intimations* rather than signs, which could signify something apart from their referential objects"; cf. Seel, Martin: *Ästhetik des Erscheinens.* Munich etc. 2003, p. 261 (emphasis R.S.).
11. Cf. Stöckl, Hartmut: *Die Sprache im Bild – Das Bild in der Sprache.* Berlin 2004, p. 121 f.
12. Cf. Schneider, Birgit: „Wissenschaftsbilder zwischen digitaler Transformation und Manipulation. Einige Anmerkungen zur Diskussion des ‚digitalen Bildes.'" In: Hessler/Mersch (2009), p. 193
13. Ibid., p. 190
14. Here, the term "indexical" represents the view that a photograph is a (causal) photo-mechanical trace and thus corresponds to an indexical sign in Peirce's terminology; cf. Stöckl (2004), p. 51.
15. Cf. Schneider (2009), p. 191
16. Ibid., p. 193
17. Ibid., p. 194
18. Cf. Boehm (2010), p. 101
19. Cf. Stöckl (2004)
20. Ibid., p. 99
21. Ibid.
22. Cf. Krämer, Sybille: „Operative Bildlichkeit". In: Hessler/Mersch (2009), p. 104
23. Cf. Stöckl (2004), p. 50
24. Ibid., p. 93
25. Cf. Alloa, Emmanuel: *Das durchscheinende Bild.* Zurich 2011, p. 288
26. Cf. Figal, Günther: "Bildpräsenz. Zum deiktischen Wesen des Sichtbaren." In: Boehm Gottfried et al. (eds.): *Zeigen. Die Rhetorik des Sichtbaren.* Munich 2010, p. 54
27. Ibid.
28. Cf. Boehm (2010), p. 29
29. Cf. Seel (2003), p. 271
30. Denotation is the relation of a sign to a factual object or event (designation is the relation of a sign to a construct).
31. Cf. Alloa (2011), p. 306 (with direct reference to Nelson Goodman)
32. Cf. Scholz (2009), p. 174
33. Cf. Stöckl (2004), p. 97
34. Cf. Friedrich, Thomas, Schweppenhäuser Gerhard: *Bildsemiotik.* Basel 2010, p. 16
35. Cf. Krämer (2009), p. 96
36. Cf. Boehm (2010), p. 70
37. Cf. Friedrich/Schweppenhäuser (2010), p. 20
38. Cf. Stöckl (2004), p. 112
39. Ibid. p. 142
40. Cf. Scholz (2009), p. 182
41. Cf. Lapacherie Jean Gérard (1990): „Der Text als ein Gefüge aus Schrift." In: Bohn, Volker (ed.): *Bildlichkeit. Internationale Beiträge zur Poetik.* Frankfurt/Main 1990. p. 86
42. Cf. Stöckl (2004), p. 103
43. Cf. Krämer (2009), p. 106
44. Cf. Krämer (2010), p. 173
45. Cf Krämer (2009), p. 107
46. Cf. Krämer (2010), p. 175
47. Cf. Schmidt-Burkhardt, Astrit: „Wissen als Bild. Zur diagrammatischen Kunstgeschichte." In: Hessler/Mersch (2009), p. 167 (with reference to Thürlemann and Bogen)
48. Cf. Krämer (2010), p. 185 ff.
49. Cf. Krämer (2009), p. 10
50. Cf. Krämer (2010), p. 185
51. Cf. Günzel, Stephan: „Bildlogik – Phänomenologische Differenzen visueller Medien." In: Hessler/Mersch (2009), p. 132
52. Cf. Krämer (2010), p. 187
53. Ibid.
54. Ibid.
55. Ibid., p. 188
56. Ibid.
57. Cf. Schmidt-Burkhardt (2009), p. 172 (emphasis in the original)
58. Cf. Bredekamp, Horst / Schneider, Birgit / Dünkel, Vera (eds.). *Das Technische Bild. Kompendium zu einer Stilgeschichte wissenschaftlicher Bilder.* Berlin 2008, p. 133
59. Cf. Krämer (2010), p. 187
60. Cf. Schmidt-Burkhardt (2009), p. 172
61. Ibid. p. 182
62. Cf. Hessler/Mersch (2009), p. 45

ANMERKUNGEN

„Das Bild geht der Idee voraus"
Von Bildern in der Raumplanung   S. 51
Rolf Signer

1 Innerhalb der menschlichen Bewusstseinsentwicklung geht gemäß der These von Herbert Read (1961) das Bild der Idee voraus; vgl. Schmidt-Burkhardt, Astrit: „Wissen als Bild. Zur diagrammatischen Kunstgeschichte". In: Hessler, Martina/Mersch, Dieter (Hg.): *Logik des Bildlichen. Zur Kritik der ikonischen Vernunft.* Bielefeld 2009, S. 173.
2 Vgl. Boehm, Gottfried: *Wie Bilder Sinn erzeugen. Die Macht des Zeigens.* 3. Auflage. Berlin 2010, S. 39
3 Kulturtechniken werden bei Krämer und Bredekamp unter anderem als operative Verfahren zum Umgang mit Dingen und Symbolen sowie als routinisiertes Können bezeichnet; vgl. Krämer, Sybille/Bredekamp, Horst (Hg.): *Bild – Schrift – Zahl.* München 2009, S. 18.
Zur Trias „Bild, Schrift und Zahl" vgl. Hessler/Mersch (2009) a.a.O., S. 10
4 Vgl. Scholl, Bernd: „Projektstudium – Kern universitärer Ausbildung in der Raum- und Infrastrukturplanung". In: Scholl, Bernd/Tutsch, Friedemann: *Projektstudium.* Schriftenreihe Heft 30 am Institut für Städtebau und Landesplanung, Universität Karlsruhe. Karlsruhe 2002, S. 17 f.
Vgl. Signer, Rolf: „Ein Klärungsprozess für komplexe Schwerpunktaufgaben in der Raumplanung". In: Akademie für Raumforschung und Landesplanung: *Grundriss der Raumordnung und Raumentwicklung.* Hannover 2010, S. 312 ff.
5 *Vgl. Scholl, Bernd: Aktionsplanung. Zur Behandlung komplexer Schwerpunktaufgaben in der Raumplanung.* Zürich 1995, S. 210 ff.
Vgl. Signer (2010) a.a.O., S. 311 ff.
6 Vgl. Mitchell, W.J.T.: *Bildtheorie.* Frankfurt/Main, 2008, S. 20 ff. (Original: "What Is an image?" In: *New Literary History*, Vol. 15, No. 3, "Image/Imago/Imagination", Spring, 1984, S. 503–537)
7 Lakoff und Johnson legen dar, dass „die menschlichen Denkprozesse weitgehend metaphorisch ablaufen"; vgl. Lakoff, George/Johnson, Mark: *Leben in Metaphern. Konstruktion und Gebrauch von Sprachbildern.* 7. Auflage. Heidelberg 2011, S. 14 (Original: *Metaphors we live by.* Chicago, 1980)
8 Vgl. Mitchell (2008) a.a.O, S. 30 (Hervorhebung R.S.). Hier sei darauf hingewiesen, dass im Englischen „picture" für ein äußeres und „image" für ein inneres Bild steht; vgl. Boehm (2010) a.a.O., S. 11.
9 Vgl. Scholz, Oliver R.: *Bild, Darstellung, Zeichen.* 3. Auflage. Frankfurt/Main 2009, S. 5 ff.
10 „Spiegelbilder sind Bilder in einem eingeschränkten Sinn. Sie sind Darbietungen, die an die Präsenz der dargebotenen Objekte gebunden bleiben und insofern *Anzeichen* sind, keine Zeichen, die unabhängig von ihren Bezugsobjekten bezeichnen könnten"; vgl. Seel, Martin: *Ästhetik des Erscheinens.* München etc. 2003, S. 261 (Hervorhebung R.S.).
11 Vgl. Stöckl, Hartmut: *Die Sprache im Bild – Das Bild in der Sprache.* Berlin etc. 2004, S. 121 f.
12 Vgl. Schneider, Birgit: „Wissenschaftsbilder zwischen digitaler Transformation und Manipulation. Einige Anmerkungen zur Diskussion des ‚digitalen Bildes'". In: Hessler/Mersch a.a.O. (2009), S. 193
13 Ebd. S. 190
14 Mit „indexikalisch" wird hier die Auffassung vertreten, dass eine Fotografie eine (kausale) fotomechanische Spur darstellt und somit in der Terminologie von Peirce einem indexikalischen Zeichen entspricht; vgl. Stöckl (2004) a.a.O., S. 51.
15 Vgl. Schneider (2009) a.a.O., S. 191
16 Ebd. S. 193
17 Ebd. S. 194
18 Vgl. Boehm (2010) a.a.O., S. 101
19 Vgl. Stöckl (2004) a.a.O.
20 Ebd. S. 99
21 Ebd. S. 99
22 Vgl. Krämer, Sybille: „Operative Bildlichkeit". In: Hessler/Mersch (2009) a.a.O., S. 104
23 Vgl. Stöckl (2004) a.a.O., S. 50
24 Ebd. S. 93
25 Vgl. Alloa, Emmanuel: *Das durchscheinende Bild.* Zürich 2011, S. 288.
26 Vgl. Figal, Günther: „Bildpräsenz. Zum deiktischen Wesen des Sichtbaren". In: Boehm Gottfried et al. (Hg.): *Zeigen. Die Rhetorik des Sichtbaren.* München 2010, S. 54
27 Ebd. S. 54.
28 Vgl. Boehm (2010) a.a.O., S. 29
29 Vgl. Seel (2003) a.a.O., S. 271
30 Denotation ist die Relation vom Zeichen zu einem faktischen Objekt oder Ereignis (Designation ist die Relation vom Zeichen zu einem Konstrukt).
31 Vgl. Alloa (2011) a.a.O., S. 306 (mit direktem Bezug auf Nelson Goodman)
32 Vgl. Scholz (2009) a.a.O., S. 174
33 Vgl. Stöckl (2004) a.a.O., S. 97
34 Vgl. Friedrich, Thomas, Schweppenhäuser Gerhard: *Bildsemiotik.* Basel etc. 2010, S. 16
35 Vgl. Krämer (2009) a.a.O., S. 96
36 Vgl. Boehm (2010) a.a.O., S. 70
37 Vgl. Friedrich/Schweppenhäuser (2010) a.a.O., S. 20
38 Vgl. Stöckl (2004) a.a.O., S. 112
39 Ebd. S. 142
40 Vgl. Scholz (2009) a.a.O., S. 182
41 Vgl. Lapacherie, Jean Gérard (1990): „Der Text als ein Gefüge aus Schrift". In Bohn, Volker (Hg.): *Bildlichkeit. Internationale Beiträge zur Poetik.* Frankfurt/Main, 1990. S. 86
42 Vgl. Stöckl (2004) a.a.O., S. 103
43 Vgl. Krämer (2009) a.a.O., S. 106
44 Vgl. Krämer (2010) a.a.O., S. 173
45 Vgl. Krämer (2009) a.a.O., S. 107
46 Vgl. Krämer (2010) a.a.O., S. 175
47 Vgl. Schmidt-Burkhardt, Astrit: „Wissen als Bild. Zur diagrammatischen Kunstgeschichte". In: Hessler/Mersch (2009) a.a.O., S. 167 (mit Bezug auf Thürlemann und Bogen)
48 Vgl. Krämer (2010) a.a.O., S. 185 ff.
49 Vgl. Krämer (2009) a.a.O.
50 Vgl. Krämer (2010) a.a.O., S. 185
51 Vgl. Günzel, Stephan: „Bildlogik – Phänomenologische Differenzen visueller Medien". In: Hessler/Mersch (2009) a.a.O., S. 132
52 Vgl. Krämer (2010) a.a.O., S. 187
53 Ebd. S. 187
54 Ebd. S. 187
55 Ebd. S. 188
56 Ebd. S. 188
57 Vgl. Schmidt-Burkhardt (2009), a.a.O., S. 172 (Hervorhebungen im Original)
58 Vgl. Bredekamp, Horst / Schneider, Birgit / Dünkel Vera (Hg.): *Das Technische Bild. Kompendium zu einer Stilgeschichte wissenschaftlicher Bilder.* Berlin 2008, S. 133
59 Vgl. Krämer (2010) a.a.O., S. 187
60 Vgl. Schmidt-Burkhardt (2009), a.a.O., S. 172
61 Ebd. S. 182
62 Vgl. Hessler/Mersch (2009) a.a.O., S. 45

63 Cf. for example Schönwandt, Walter: „Probleme als Ausgangspunkt für die Auswahl und den Einsatz von Methoden." In: Akademie für Raumforschung und Landesplanung: *Grundriss der Raumordnung und Raumentwicklung.* Hanover 2010, p. 291 ff.

Zurich Metropolitan Region   p. 83
1 Zurich metropolitan area according to the Swiss Federal Statistical Office, supplemented by the Luzern agglomeration (Metropolitankonferenz Zürich, 2008)
Sources: Statistisches Jahrbuch der Stadt Zürich 2011; Bundesamt für Raumentwicklung, Monitoring Urbaner Raum: B3 Metropolräume, 2006; Bundesamt für Statistik (Schweiz)

Portrait of Zurich Metropolitan Region p. 84
Bernd Scholl
1 Bundesamt für Raumentwicklung ARE: Entwurf Raumkonzept Schweiz. Bern 2011

Vienna Metropolitan Region   p. 119
1 Sum of Vienna and outer conurbation area (Nuts3 regions)

The Planning World Meets the Life World   p. 130
Andreas Voigt
1 Cf. Scholl, Bernd: *Aktionsplanung. Zur Behandlung komplexer Schwerpunktaufgaben in der Raumplanung.* Zurich 1995
2 Cf. Schönwandt, Walter / Voigt, Andreas: „Planungsansätze." In: Akademie für Raumforschung und Landesplanung (ARL): *Handwörterbuch der Raumordnung.* Hanover 2005, p. 772
3 Ibid., pp. 769–776
4 Schönwandt, Walter: „Grundriß einer Planungstheorie der ‚dritten Generation.'" In: *DISP 136/137*, ETH Zurich 1999, p. 30
5 Ibid.
6 Ibid., p. 31
7 Cf. Freisitzer, Kurt / Maurer, Jakob (ed.): *Das Wiener Modell, Erfahrungen mit innovativer Stadtplanung – Empirische Befunde aus einem Großprojekt.* Vienna 1985
8 Schönwandt, p. 31
9 Ibid.
10 Cf. Roo, Gert de / Silva, Elisabete A. (eds.): *A Planners' Meeting with Complexity.* Farnham 2010
11 Cf. Markelin, Antero / Fahle, Bernd: *Umweltsimulation. Sensorische Simulation im Städtebau.* Schriftenreihe 11 des Städtebaulichen Instituts der Universität Stuttgart. Stuttgart 1979, p. 19 f.
12 Cf. Sheppard, Stephen R. J.: *Visual Simulation. A User's Guide for Architects, Engineers, and Planners.* New York 1989
13 Schönwandt, p. 32
14 Kieferle, Joachim / Wössner, Uwe / Becker, Martin: „Interactive Simulation in Virtual Environments – A Design Tool for Planners and Architects". In: *International Journal of Architectural Computing*, Vol. 5 – No. 1, 2007, pp. 116–126
15 Schönwandt, Walter: „Grundriß einer Planungstheorie der ‚dritten Generation'". In: *DISP 136/137*, ETH Zurich 1999, p. 30
16 Ibid. p. 30
17 Ibid. p. 32
18 Ibid. p. 31
19 Ibid. p. 31
20 Ibid. p. 31
21 Ibid. p. 32
22 Schönwandt, Walter / Voigt, Andreas: „Planungsansätze". In: Akademie für Raumforschung und Landesplanung (ARL): *Handwörterbuch der Raumordnung.* Hanover 2005, pp. 769–776
23 Cf. Bunge, Mario: *Finding Philosophy in Social Science.* New Haven/London 1996, p. 79
24 Schönwandt, Walter / Voigt, Andreas: „Planungsansätze". In: Akademie für Raumforschung und Landesplanung (ARL): *Handwörterbuch der Raumordnung.* Hanover 2005, pp. 769–776

Stuttgart Metropolitan Region   p. 144
1 Daten 2010 Quellen: Verband Region Stuttgart: Statistik. http://www.region-stuttgart.org/vrs/main.jsp?navid=51, 21.11.2011;Statistisches Landesamt Baden-Württemberg, Stuttgart 2011: Gemeindegebiet, Bevölkerung und Bevölkerungsdichte 1997 bis 2010 (jährlich), Fortschreibungen (31.12.), Region Stuttgart. http://www.statistik.baden-wuerttemberg.de/SRDB/Tabelle.asp?01515023RV11, 21.11.2011;Statistisches Landesamt Baden-Württemberg, Stuttgart 2011: Bestand an Wohngebäuden, Wohnungen und Räumen in Wohn- und Nichtwohngebäuden seit 1999 (jährlich), Region Stuttgart. http://www.statistik.baden-wuerttemberg.de/SRDB/Tabelle.asp?H=ProdGew&U=05&T=07055013&E=RV&R=RV11, 21.11.2011;Statistisches Landesamt Baden-Württemberg, Stuttgart 2011: Bestand an Wohngebäuden, Wohnungen und Räumen in Wohn- und Nichtwohngebäuden sowie Belegungsdichte 2000 bis 2010 (jährlich), Region Stuttgart. http://www.statistik.baden-wuerttemberg.de/SRDB/Tabelle.asp?H=ProdGew&U=05&T=99045041&E=RV&R=RV11, 21.11.2011

Portrait of Stuttgart Metropolitan Region   p. 146
Walter Schönwandt/Jenny Atmanagara
References
Verband Region Stuttgart 2011: *Die Region Stuttgart – im Herzen Europas.* http://www.region-stuttgart.org/vrs/main.jsp?navid=103, 21.11.2011
Weichhardt, Peter: *Entwicklungslinien der Sozialgeographie – von Hans Bobek bis Benno Werlen.* Stuttgart 2008
Notes
1 See: Herbst, Antje; pp. 185 in this book
2 Weichhardt, Peter: *Entwicklungslinien der Sozialgeographie – von Hans Bobek bis Benno Werlen.* Stuttgart 2008, pp. 77 ff and 79 ff.

Nine Levels of Scientific Work in Planning   p. 156
Walter Schönwandt
1 Krämer, Walter: *Wie schreibe ich eine Seminar- oder Examensarbeit?* Frankfurt/Main 1999, p. 184
2 Groeben, Norbert / Westmeyer, Hans: *Kriterien psychologischer Forschung.* Munich 1975
3 Koppenjan, Joop / Klijn, Erik-Hans: *Managing Uncertainties in Networks.* London 2004, p. 116 ff.
4 Cf. Maurer, Jakob: *Maximen für Planer.* Publikationsreihe des Instituts für Orts-, Regional- und Landesplanung ETH Hönggerberg (ORL Report 47/1995). Zurich 1995
5 Cf. also Bunge, Mario: *Finding Philosophy in Social Science.* New Haven/London 1996
6 Cf. Feyerabend, Paul: *Wider den Methodenzwang. Skizze einer anarchistischen Erkenntnistheorie.* Frankfurt/Main 1979 (Original 1975: *Against Method. Outline of an anarchistic theory of knowledge*)
7 For details, cf. Davy, Benjamin: *Essential Injustice.* New York 1997
8 For details, see Heidemann, Claus: *Regional Planning Methodology. The First und Only Annotated Picture Primer on Regional Planning.* Institut für Regionalwissenschaft: Discussion Paper No. 16. Karlsruhe 1992 and Jung, W.: *Instrumente räumlicher Planung. Systematisierung und Wirkung auf die Regimes und Budgets der Adressaten.* Doctoral dissertation at the Faculty of Architecture and Urban Planning at the University of Stuttgart. Hamburg 2008
9 Schönwandt, Walter L. / Voigt, Andreas: „Planungsansätze." In: Akademie für Raumforschung und Landesplanung (ARL) (ed.): *Handwörterbuch der Raumordnung* Hanover 2005, p. 769–776

63 Vgl. etwa Schönwandt, Walter: „Probleme als Ausgangspunkt für die Auswahl und den Einsatz von Methoden". In: Akademie für Raumforschung und Landesplanung: *Grundriss der Raumordnung und Raumentwicklung*. Hannover 2010, S. 291 ff.

Metropolregion Zürich   S. 83
1 Metropolitanraum Zürich gemäß Bundesamt für Statistik (Schweiz), ergänzt um die Agglomeration Luzern (Metropolitankonferenz Zürich, 2008)
Quellen: Statistisches Jahrbuch der Stadt Zürich 2011; Bundesamt für Raumentwicklung, Monitoring Urbaner Raum: B3 Metropolräume, 2006; Bundesamt für Statistik (Schweiz)

Porträt zur Metropolregion Zürich   S. 85
Bernd Scholl
1 Bundesamt für Raumentwicklung ARE: Entwurf Raumkonzept Schweiz. Bern 2011

Metropolregion Wien   S. 119
1 Summe aus Wien und Umland (Nuts3-Regionen)

Planungswelt trifft Alltagswelt   S. 131
Andreas Voigt
1 Vgl. Scholl, Bernd: *Aktionsplanung. Zur Behandlung komplexer Schwerpunktaufgaben in der Raumplanung*. Zürich 1995
2 Vgl. Schönwandt, Walter / Voigt, Andreas: „Planungsansätze". In: Akademie für Raumforschung und Landesplanung (ARL): *Handwörterbuch der Raumordnung*. Hannover 2005, S. 772
3 Ebd., S. 769–776
4 Schönwandt, Walter: „Grundriß einer Planungstheorie der ‚dritten Generation'". In: *DISP 136/137*, ETH Zürich 1999, S. 30
5 Ebd. S. 30
6 Ebd. S. 31
7 Vgl. Freisitzer, Kurt / Maurer, Jakob (Hg.): *Das Wiener Modell, Erfahrungen mit innovativer Stadtplanung – Empirische Befunde aus einem Großprojekt*. Wien 1985
8 Schönwandt, Walter: „Grundriß einer Planungstheorie der ‚dritten Generation'". In: *DISP 136/137*, ETH Zürich 1999, S. 31
9 Ebd. S. 31
10 Vgl. Roo, Gert de/ Silva, Elisabete A. (Hg.): *A Planners' Meeting with Complexity*. Farnham 2010
11 Vgl. Markelin, Antero / Fahle, Bernd: *Umweltsimulation. Sensorische Simulation im Städtebau*. Schriftenreihe 11 des Städtebaulichen Instituts der Universität Stuttgart. Stuttgart 1979, S. 19 f.
12 Vgl. Sheppard, Stephen R. J.: *Visual Simulation. A User's Guide for Architects, Engineers, and Planners*. New York 1989
13 Schönwandt, Walter: „Grundriß einer Planungstheorie der ‚dritten Generation'". In: *DISP 136/137*, ETH Zürich 1999, S. 32
14 Kieferle, Joachim / Wössner, Uwe / Becker, Martin: „Interactive Simulation in Virtual Environments – A Design Tool for Planners and Architects". In: *International Journal of Architectural Computing*, 1/5, 2007, S. 116–126
15 Schönwandt, Walter: „Grundriß einer Planungstheorie der ‚dritten Generation'". In: *DISP 136/137*, ETH Zürich 1999, S. 30
16 Ebd. S. 30
17 Ebd. S. 32
18 Ebd. S. 31
19 Ebd. S. 31
20 Ebd. S. 31
21 Ebd. S. 32
22 Schönwandt, Walter / Voigt, Andreas: „Planungsansätze". In: Akademie für Raumforschung und Landesplanung (ARL): *Handwörterbuch der Raumordnung*. Hannover 2005, S. 769–776
23 Vgl. Bunge, Mario: *Finding Philosophy in Social Science*. New Haven/London 1996, S. 79
24 Schönwandt, Walter / Voigt, Andreas: „Planungsansätze". In: Akademie für Raumforschung und Landesplanung (ARL): *Handwörterbuch der Raumordnung*. Hannover 2005, S. 769–776

Metropolregion Stuttgart   S. 145
1 Daten 2010 Quellen: Verband Region Stuttgart: Statistik. http://www.region-stuttgart.org/vrs/main.jsp?navid=51, 21.11.2011; Statistisches Landesamt Baden-Württemberg, Stuttgart 2011: Gemeindegebiet, Bevölkerung und Bevölkerungsdichte 1997 bis 2010 (jährlich), Fortschreibungen (31.12.), Region Stuttgart. http://www.statistik.baden-wuerttemberg.de/SRDB/Tabelle.asp?01515023RV11, 21.11.2011; Statistisches Landesamt Baden-Württemberg, Stuttgart 2011: Bestand an Wohngebäuden, Wohnungen und Räumen in Wohn- und Nichtwohngebäuden seit 1999 (jährlich), Region Stuttgart. http://www.statistik.baden-wuerttemberg.de/SRDB/Tabelle.asp?H=ProdGew&U=05&T=07055013&E=RV&R=RV11, 21.11.2011; Statistisches Landesamt Baden-Württemberg, Stuttgart 2011: Bestand an Wohngebäuden, Wohnungen und Räumen in Wohn- und Nichtwohngebäuden sowie Belegungsdichte 2000 bis 2010 (jährlich), Region Stuttgart. http://www.statistik.baden-wuerttemberg.de/SRDB/Tabelle.asp?H=ProdGew&U=05&T=99045041&E=RV&R=RV11, 21.11.2011

Porträt zur Metropolregion Stuttgart   S. 147
Walter Schönwandt/Jenny Atmanagara
Literatur
Verband Region Stuttgart 2011: *Die Region Stuttgart – im Herzen Europas*. http://www.region-stuttgart.org/vrs/main.jsp?navid=103, 21.11.2011
Weichhardt, Peter: *Entwicklungslinien der Sozialgeographie – von Hans Bobek bis Benno Werlen*. Stuttgart 2008
Anmerkungen
1 vgl. Herbst, Antje; S. 192/193 in diesem Buch
2 Weichhardt, Peter: *Entwicklungslinien der Sozialgeographie – von Hans Bobek bis Benno Werlen*. Stuttgart 2008, S. 77 f. und 79 ff.

Neun Ebenen wissenschaftlichen Arbeitens in der Planung   S. 157
Walter Schönwandt
1 Krämer, Walter: *Wie schreibe ich eine Seminar- oder Examensarbeit?* Frankfurt/Main 1999, S. 184
2 Groeben, Norbert / Westmeyer, Hans: *Kriterien psychologischer Forschung*. München 1975
3 Koppenjan, Joop / Klijn, Erik-Hans: *Managing Uncertainties in Networks*. London 2004, S. 116 ff.
4 Vgl. auch Maurer, Jakob: *Maximen für Planer*. Publikationsreihe des Instituts für Orts-, Regional- und Landesplanung ETH Hönggerberg (ORL-Bericht 47/1995). Zürich 1995
5 Vgl. auch Bunge, Mario: *Finding Philosophy in Social Science*. New Haven/London 1996
6 Vgl. Feyerabend, Paul: *Wider den Methodenzwang. Skizze einer anarchistischen Erkenntnistheorie*. Frankfurt/Main 1979 (Original 1975: *Against Method. Outline of an anarchistic theory of knowledge*)
7 Für Details vgl. Davy, Benjamin: *Essential Injustice*. New York 1997
8 Für Details siehe Heidemann, Claus: *Regional Planning Methodology. The First und Only Annotated Picture Primer on Regional Planning*. Institut für Regionalwissenschaft: Discussion Paper Nr. 16. Karlsruhe 1992 und Jung, W.: *Instrumente räumlicher Planung. Systematisierung und Wirkung auf die Regimes und Budgets der Adressaten*. Dissertation an der Fakultät für Architektur und Stadtpla-

Further sources:
Bunge, Mario: "Seven Desiderata for Rationality." In: Agassi, J. / Jarvie, I. Ch. (ed.): *Rationality: The Critical View.* Dordrecht 1987

Bunge, Mario: *Treatise on Basic Philosophy* (eight volumes). Dordrecht 1974–1989

Heidemann, Claus: *Regional Planning Methodology. The First und Only Annotated Picture Primer on Regional Planning.* Institut für Regionalwissenschaft: Discussion Paper No. 16. Karlsruhe 1992, p. 134

Schönwandt, Walter L.: „Probleme als Ausgangspunkt für die Auswahl und den Einsatz von Methoden." In: Akademie für Raumforschung und Landesplanung (ARL) (ed.): *Grundriss der Raumordnung und Raumentwicklung.* Hanover 2011, p. 291 ff.

Hanover Brunswick Göttingen Wolfsburg Metropolitan Region   p. 232
1   Stand 2001

We Have to Learn to Perceive Landscape   p. 244
Udo Weilacher

1   Burckhardt, Lucius: „Was entdecken Entdecker?" (1987), quoted from: same author: *Warum ist Landschaft schön? Die Spaziergangswissenschaft.* Kassel 2006, p. 302
2   Ibid., p. 301
3   Cf., for example essays by Andreas Nütten p. 260, Julian Petrin p. 300, Dorothee Rummel p. 228, or Heike Schäfer p. 262 in this book
4   Cf. Forster, Georg: *A voyage round the world in His Britannic Majesty's sloop, Resolution, commanded by captain James Cook, during the years 1772, 3, 4, and 5.* London 1777
5   Jackson, John Brinckerhoff/Horowitz, Helen L. (eds.): *Landscape in Sight. Looking at America.* New Haven 1997, p. 304–305
6   Cf. Dürr, Hans-Peter: *Warum es ums Ganze geht: Neues Denken für eine Welt im Umbruch.* Munich 2009
7   Mainzer, Klaus: *Komplexe Systeme und Nichtlineare Dynamik in Natur und Gesellschaft.* Berlin/Heidelberg 1999, p. 26
8   Ipsen, Detlev: *Ort und Landschaft.* Wiesbaden 2006, p. 31
9   Cf. Rossow, Walter: *Die Landschaft muss das Gesetz werden.* Stuttgart 1991
10 Statistisches Bundesamt Deutschland (ed.): *Nachhaltige Entwicklung in Deutschland.* Indikatorenbericht 2010. Wiesbaden 2010, p. 14
11 Ipsen, Detlev/Weichler, Holger: "Landscape Urbanism." In: *Monu—magazine on urbanism, #2 Middle Class Urbanism.* Heft 2, 2005, p. 43

Landscape Metropolis
Design of a Landscape-based Model for a Twenty-first Century Urban Region   p. 260
Andreas Nütten

1   Rossow, Walter: „Vortrag aus Anlass der Werkbundtagung" 1959 in Marl. In: Rossow, Walter/Daldrop-Weidmann, Monika (Ed.): *Die Landschaft muss das Gesetz werden.* Stuttgart 1991, p. 54

Hamburg Metropolitan Region   S. 265
1   Stand 2011

In Praise of Pragmatism
Or: The Applicability of New Design and Research Concepts in Urban Development   p. 278
Michael Koch

1   IBA Hamburg (ed.): *Metropole: Metrozone/Metropolis: Metrozones.* Volume 4, Hamburg 2010
2   Cf. Bormann, Oliver/Koch, Michael: „Städtebauliches Entwerfen." In: Henckel, Dietrich et al. (eds.): *Planen – Bauen – Umwelt – Ein Handbuch.* Wiesbaden 2010, p. 461 ff.
3   Mephistopheles in Goethe's Faust, Study. In: Goethe, Johann Wolfgang: *Faust. Der Tragödie erster Teil.* Stuttgart 1986, line 1995
4   Quoted according to: Waibel, Désirée: „Es bleibe, wie es ist." In: *Süddeutsche Zeitung.* 04.06.2011
5   Cf. Becker, Heidede: „Leitbilder." In: Henckel, Dietrich et al. (eds.): *Planen – Bauen – Umwelt – Ein Handbuch.* Wiesbaden 2010, p. 308 ff.
6   IBA Lounge. „Gespräche zur Neuen Stadt"; a prologue to the final presentation in 2013
7   Altrock, Uwe: „Anmerkungen zu einer Geschichte der Institutionen in der Stadtplanung in Deutschland". In: *Polis, Magazin für Urban Development.* 02/2011, p. 16
8   Schwarz, Ullrich: „Wissenschaftlichkeit und historische Reflexion. Anmerkungen zur Selbstbegründungsproblematik in der Architektur." In: Schneider, J. Martina: *Wissenschaft - Zum Verständnis eines Begriffs.* Schriftenreihe Arcus, Architektur und Wissenschaft, vol. 2, Cologne 1988, p. 65
9   Feyerabend, Paul: *Wider den Methodenzwang – Skizze einer anarchistischen Erkenntnistheorie.* Frankfurt/Main 1976
10 Schwarz, p. 67
11 Ibid, p. 66
12 Kurath, Stefan: *Stadtlandschaften Entwerfen? Grenzen und Chancen der Planung im Spiegel der städtebaulichen Praxis.* Bielefeld 2011
13 Dell, Christopher: *ReplayCity – Improvisation als urbane Praxis.* Berlin 2011
14 Neumann, Gert: *Schrift.* http://www.glanzundelend.de/Autoren/gertr.htm, 06.02.2012

nung der Universität Stuttgart. Hamburg 2008
9   Schönwandt, Walter L. / Voigt, Andreas: „Planungsansätze". In: Akademie für Raumforschung und Landesplanung (ARL) (Hg.): *Handwörterbuch der Raumordnung.* Hannover 2005, S. 769–776

Weitere Quellen:
Bunge, Mario: "Seven Desiderata for Rationality". In: Agassi, J. / Jarvie, I. Ch. (Hg.): *Rationality: The Critical View.* Dordrecht 1987
Bunge, Mario: *Treatise on Basic Philosophy* (acht Bände). Dordrecht 1974–1989
Heidemann, Claus: *Regional Planning Methodology. The First und Only Annotated Picture Primer on Regional Planning.* Institut für Regionalwissenschaft: Discussion Paper Nr. 16. Karlsruhe 1992, S. 134
Schönwandt, Walter L.: „Probleme als Ausgangspunkt für die Auswahl und den Einsatz von Methoden". In: Akademie für Raumforschung und Landesplanung (ARL) (Hg.): *Grundriss der Raumordnung und Raumentwicklung.* Hannover 2011, S. 291 ff.

Metropolregion Hannover Braunschweig Göttingen Wolfsburg   S. 232
1   Stand 2001

Landschaft wahrzunehmen muss gelernt sein   S. 245
Udo Weilacher
1   Burckhardt, Lucius: „Was entdecken Entdecker?" (1987), zit. aus: Ders.: *Warum ist Landschaft schön? Die Spaziergangswissenschaft.* Kassel 2006, S. 302
2   Burckhardt, Lucius a.a.O., S. 301
3   vgl. z. B. Beiträge von Andreas Nütten S. 261, Julian Petrin S. 301, Dorothee Rummel, S. 229 oder Heike Schäfer S. 263 in diesem Buch
4   vgl. Forster, Georg: *A voyage round the world in his britannic majesty's sloop Resolution, commanded by captain James Cook, during the years 1772, 3, 4 and 5.* London 1777
5   Jackson, John Brinckerhoff/Horowitz, Helen L. (Hg.): *Landscape in Sight. Looking at America.* New Haven 1997, S. 304–305
6   Vgl. Dürr, Hans-Peter: *Warum es ums Ganze geht: Neues Denken für eine Welt im Umbruch.* München 2009
7   Mainzer, Klaus: *Komplexe Systeme und Nichtlineare Dynamik in Natur und Gesellschaft.* Berlin/Heidelberg 1999, S. 26
8   Ipsen, Detlev: *Ort und Landschaft.* Wiesbaden 2006, S. 31
9   vgl. Rossow, Walter: *Die Landschaft muss das Gesetz werden.* Stuttgart 1991
10 Statistisches Bundesamt Deutschland (Hg.): *Nachhaltige Entwicklung in Deutschland. Indikatorenbericht 2010.* Wiesbaden 2010, S. 14
11 Ipsen, Detlev/Weichler, Holger: „Landscape Urbanism". In: *Monu – magazine on urbanism, Middle Class Urbanism.* Heft 2, 2005, S. 43

**Landschaftsmetropole
Entwurf eines landschaftsbasierten Modells für die Stadtregion des 21. Jahrhunderts   S. 261**
Andreas Nütten
1   Rossow, Walter: „Vortrag aus Anlass der Werkbundtagung" 1959 in Marl. In: Rossow, Walter/Daldrop-Weidmann, Monika (Hg.): *Die Landschaft muss das Gesetz werden.* Stuttgart 1991, S. 54

Metropolregion Hamburg   S. 265
1   Stand 2011

**Lob des Pragmatismus
Oder: Zur Tauglichkeit neuer Begriffe für das städtebauliche Entwerfen und Forschen   S. 279**
Michael Koch
1   IBA Hamburg (Hg.): *Metropole: Metrozone/Metropolis: Metrozones.* Band 4, Hamburg 2010
2   Vgl. Bormann, Oliver/Koch, Michael: „Städtebauliches Entwerfen." In: Henckel, Dietrich et al. (Hg.): *Planen - Bauen - Umwelt - Ein Handbuch.* Wiesbaden 2010, S. 461 ff.
3   Mephistopheles in Goethes Faust, Studierzimmer. In: Goethe, Johann Wolfgang: *Faust. Der Tragödie erster Teil.* Stuttgart 1986, Vers 1995
4   Zitiert nach: Waibel, Désirée: „Es bleibe, wie es ist." In: *Süddeutsche Zeitung.* 04.06.2011
5   Vgl. Becker, Heidede: „Leitbilder." In: Henckel, Dietrich et al. (Hg.): *Planen - Bauen - Umwelt - Ein Handbuch.* Wiesbaden 2010, S. 308 ff.
6   IBA Lounge. Gespräche zur Neuen Stadt, Prolog zur Abschlusspräsentation 2013
7   Altrock, Uwe: „Anmerkungen zu einer Geschichte der Institutionen in der Stadtplanung in Deutschland." In: *Polis, Magazin für Urban Development.* 02/2011, S. 16
8   Schwarz, Ullrich: „Wissenschaftlichkeit und historische Reflexion. Anmerkungen zur Selbstbegründungsproblematik in der Architektur." In: Schneider, J. Martina: *Wissenschaft - Zum Verständnis eines Begriffs.* Schriftenreihe Arcus, Architektur und Wissenschaft, Bd. 2, Köln 1988, S. 65
9   Feyerabend, Paul: *Wider den Methodenzwang - Skizze einer anarchistischen Erkenntnistheorie.* Frankfurt/Main 1976.
10 Schwarz, Ullrich: „Wissenschaftlichkeit und historische Reflexion. Anmerkungen zur Selbstbegründungsproblematik in der Architektur." In: Schneider, J. Martina: *Wissenschaft - Zum Verständnis eines Begriffs.* Schriftenreihe Arcus, Architektur und Wissenschaft, Bd. 2, Köln 1988, S. 67
11 Ebd., S. 66
12 Kurath, Stefan: *Stadtlandschaften Entwerfen? Grenzen und Chancen der Planung im Spiegel der städtebaulichen Praxis.* Bielefeld 2011
13 Dell, Christopher: *ReplayCity - Improvisation als urbane Praxis.* Berlin 2011
14 Neumann, Gert: *Schrift.* http://www.glanzundelend.de/Autoren/gertr.htm, 06.02.2012

ACKNOWLEDGEMENTS DANK

The editors would like to thank the following for contributing to the content and financing of this publication:
Für die inhaltlichen sowie finanziellen Beiträge bedanken sich die Herausgeber herzlichst bei:

Arno Brandt
Reinhard Breit
Jürgen Bruns-Berentelg
Gerd Buziek
Caroline Cramer
Christopher Dell
Gabriele Diewald
Bruno Domany
Fritz Emslander
Otto Engelberger
Wolfgang Feilmayr
Maros Finka
Simone Gabi
Christian Gänshirt
Sabine Giebenhain
Albrecht Häberle
Claudio Hagen
Gerd Hager
Horst Karl Hahn
Uli Hellweg
Bruno Hofer
Fritz Hofmann
Kurt Hofstetter
Christoph Hubig
Alban Janson
Peter Jonquiere
Arthur Kanonier
Markus Koch

Hans Kordina
Knut Koschatzky
Hansjörg Küster
Tobias Liechti
Reto Lorenzi
Thomas Madreiter
Jakob Maurer
Walter Nägeli
Alexander Naujoks
Claudia Nutz
Adalbert Prechtl
Axel Priebs
Walter Pozarek
Kurt Puchinger
Bettina Riedmann
Rudolf Scheuvens
Lukas Schloeth
Heinz Schröder
Renate Semela-Zuckerstätter
Klaus Semsroth
Heinrich Sonntag
Friedrich Stadler
Günther Uhlig
Nicole Uhrig
Jörn Walter
Ansgar Wimmer
Gesa Ziemer

Alfred-Toepfer-Stiftung F.V.S., Hamburg
BAM Deutschland AG
DB Deutsche Bahn AG
ESRI Deutschland (Environmental Systems Research Institute)
ETH Zürich
HafenCity Universität Hamburg
Herrenhäuser Gärten Hannover
Honigfabrik Wilhelmsburg/Hamburg
Internationale Bauausstellung IBA Hamburg GmbH
Karlsruher Institut für Technologie (KIT)
Landeshauptstadt Stuttgart, Amt für Stadtplanung und Stadterneuerung
Leibniz Universität Hannover
Nord/LB Norddeutsche Landesbank Hannover
Region Hannover
Team des Seminarzentrums Gut-Siggen
Technische Universität München
Technische Universität Wien
Universität Stuttgart
ÜSTRA Hannoversche Verkehrsbetriebe AG
Verband Region Stuttgart
Volkswagen Nutzfahrzeuge, Hannover

PICTURE CREDITS BILDNACHWEIS

8/9: Internationales Doktorandenkolleg
26/27, 46/47, 74/75, 100/101, 164/165, 178/179, 210/211, 286/287: Collagen *Collages* „Erinnerungsstücke und Treibgut" *assembled by* erstellt von Jonas Bellingrodt und Tobias Kramer (*Thanks to the professors, teachers, doctoral candidates, and to the IBA Hamburg GmbH for kindly providing the images for the collages.* Dank gilt den Professoren, Lehrbeauftragten, Doktoranden und der IBA Hamburg GmbH, die uns freundlicherweise das Bildmaterial für die Collagen zur Verfügung gestellt haben.)
32/199/200/201/204/205/236/237/238/240/248/249/252/253/270: Udo Weilacher
35/37/39/40: Tobias Kramer
50/51/52/53: Rolf Signer, *visualisation and commentaries* Darstellung und Kommentare: R. Signer
54/55: Rolf Signer, *visualisation and examples* Darstellung und Beispiele: R. Signer
56/57: Rolf Signer, *visualisation* Darstellung: R. Signer
58/59 u./60/61 o./67: Rolf Signer
59 o./62/63: Rolf Signer, Swiss Air
61 u.: Swiss Air
64: Markus Nollert IRL ETHZ, Seidemann Dirk, ISL Karlsruher Institut für Technologie (KIT)
81/83/119/145/195/233/265: *visualisation Metropolitan Regions* Darstellung Metropolregionen Jonas Bellingrodt
86: Marita Schnepper, Bernd Scholl, Florian Stellmacher
87/114/115: Florian Stellmacher
88: Florian Stellmacher, Marita Schnepper
89/91: Bernd Scholl
90: Bernd Scholl (2), Florian Stellmacher
108/109: Felix Günther
110/111: Yose Kadrin
112/113: Markus Nollert
116: Ilaria Tosoni
121/122/124/125/126/127: Andreas Voigt
123: Marita Schnepper, Andreas Voigt, Marita Schnepper
128: Marita Schnepper, Andreas Voigt
129: Andreas Voigt (2), Marita Schnepper
133: Herbert Wittine, Stadtraum-Simulationslabor TU Wien
134: Kieferle, Joachim/Wössner, Uwe/Becker, Martin: Interactive Simulation in Virtual Environments – A Design Tool for Planners and Architects. In: International Journal of Architectural Computing, vol. 5 – no. 1, 2007, pp. 116–126
139: Jonas Bellingrodt
140/141: Marita Schnepper
142/143: kin kohana (photocase.com)
148/152: Verband Region Stuttgart 2011
149: Landeshauptstadt Stuttgart, Amt für Stadtplanung und Stadterneuerung 2011 (2), Verband Region Stuttgart 2011

150: Landeshauptstadt Stuttgart, Amt für Stadtplanung und Stadterneuerung 2011
151: Verband Region Stuttgart 2011, Landeshauptstadt Stuttgart, Amt für Stadtplanung und Stadterneuerung 2011 (2)
153: Xenia Diehl
154/155: Andreas Nütten
186/187: Susanna Caliendo
188/189: Torsten Becker/Andrea Schwappach (*aerial view* Luftbild), Xenia Diehl (*photographs* Fotos)
190: Reinhard Henke
192/193/198/202: Antje Herbst
203: Andreas Nütten
214/215/216/217: ASTOC/RMP/Landschaft Planen und Bauen/Post und Welters
222/223: Kristin Barbey
224/225: *visualisation* Darstellung Martin Berchthold *using works by students* unter Verwendung der Studierendenarbeit V. Hahn/K. Stonane (*supervisor* Betreuung M. Berchtold) *as well as geodata by kind permission of* sowie Geodaten mit freundlicher Genehmigung des Fachbereichs Geoinformation und Vermessung der Stadt Mannheim
226/227: Philipp Krass
228/229: Dorothee Rummel
230/231: Matthias Stippich
239/241: Heike Schäfer, Udo Weilacher
242/243/262/263: Heike Schäfer
247: NASA; AS17-140-21495HR (http://next.nasa.gov/alsj/a17/images17.html)
251: http://upload.wikimedia.org/wikipedia/commons/ 20.09.2011
254: Michael Reisch
258: Susanne Brambora-Seffers
260: Andreas Nütten
266 li.: http://www.monumenta.org/article.php?IssueID=4&ArticleID=291&CategoryID=4&lang=en, 15.07.2012
266 re./267/268/269: Julian Petrin
271: IBA Hamburg GmbH/Stefan Nowicki
272: IBA Hamburg GmbH/Martin Kunze, Holger Weitzel (Aufwind Luftbilder: http://aufwind-luftbilder.photoshelter.com)
273/277: IBA Hamburg GmbH/Axel Nordmeier
274: Rainer Johann, IBA Hamburg GmbH/Martin Kunze
275/276: Holger Weitzel (Aufwind Luftbilder: http://aufwind-luftbilder.photoshelter.com)
294/295: Britta Becher
296/297: Rainer Johann
298/299: Julia Lindfeld
300: Julian Petrin
302/303: Simona Weisleder

IMPRINT IMPRESSUM

© 2012 by jovis Verlag GmbH
Texts by kind permission of the authors.
Pictures by kind permission of the photographers/holders of the picture rights.
Das Copyright für die Texte liegt bei den AutorInnen.
Das Copyright für die Abbildungen liegt bei den FotografInnen/InhaberInnen der Bildrechte.

All rights reserved.
Alle Rechte vorbehalten.

Am Doktorandenkolleg beteiligte Universitäten:
Universities participating in the Doctoral College:
ETH Zürich
HafenCity Universität Hamburg
Karlsruher Institut für Technologie (KIT)
Leibniz Universität Hannover
TU München
TU Wien
Universität Stuttgart

Cover Umschlagmotiv: Udo Weilacher

Editor Redaktion: Dr.-Ing. Nicole Uhrig

Metropolitan Regions general maps Übersichtsgrafiken Metropolregionen, pages Seiten 81, 83, 119, 145, 195, 233, 265: Dipl.-Ing. Jonas Bellingrodt

Collages "Keepsakes and Flotsam" Collagen „Erinnerungsstücke und Treibgut", pages Seiten 26/27, 46/47, 74/75, 100/101, 164/165, 178/179, 210/211, 286/287: Dipl.-Ing. Jonas Bellingrodt, Dipl.-Ing. Tobias Kramer

Translation Übersetzung: Rachel Hill, London; Lucinda Rennison, Berlin;
Annette Wiethüchter, Witzenhausen (p. S. 117)
Design and setting Gestaltung und Satz: Susanne Rösler, Berlin; Claudia Bauer, Berlin
Lithography Lithografie: Bild1Druck, Berlin
Printing and binding Druck und Bindung: GCC Grafisches Centrum Cuno, Calbe

Bibliographic information published by the Deutsche Nationalbibliothek
The Deutsche Nationalbibliothek lists this publication in the Deutsche Nationalbibliografie;
detailed bibliographic data are available on the Internet at http://dnb.d-nb.de
Bibliografische Information der Deutschen Nationalbibliothek
Die Deutsche Nationalbibliothek verzeichnet diese Publikation in der Deutschen Nationalbibliografie; detaillierte bibliografische Daten sind im Internet über http://dnb.d-nb.de abrufbar.

jovis Verlag GmbH
Kurfürstenstraße 15/16
10785 Berlin

www.jovis.de

ISBN 978-3-86859-127-9